博士论丛

城市设计领域的实地调查方法
——环境行为学视角下的研究

（国家自然科学基金资助项目，编号：51208465）

戴晓玲　著

U0286149

中国建筑工业出版社

图书在版编目（CIP）数据

城市设计领域的实地调查方法——环境行为学视角
下的研究 /戴晓玲著. — 北京：中国建筑工业出版社，
2013.5
（博士论丛）
ISBN 978-7-112-15428-9

Ⅰ.①城…　Ⅱ.①戴…　Ⅲ.①城市规划 — 建筑设
计 — 调查方法 — 研究　Ⅳ.①TU984-31

中国版本图书馆CIP数据核字（2013）第098340号

　　本书从社会学、环境行为学、空间句法、设计方法论等视角研究城市设计领域
的实地调查方法。全书内容包括文献综述；设计调查的类型、功能与基本概念；设
计调查的对象分类及其解读；行为与认知的调查；实体环境要素的调查；上海虹口
地区的实地调查等。
　　本书可供广大建筑师、规划师、城市规划理论工作者、高等建筑院校师生等学
习参考。

责任编辑：吴宇江
责任设计：董建平
责任校对：张　颖　赵　颖

博士论丛
城市设计领域的实地调查方法
——环境行为学视角下的研究
戴晓玲　著
＊
中国建筑工业出版社出版、发行（北京西郊百万庄）
各地新华书店、建筑书店经销
北京京点设计公司制版
北京建筑工业印刷厂印刷
＊
开本：787×1092毫米　1/16　印张：15　字数：280千字
2013年7月第一版　2020年6月第二次印刷
定价：**68.00**元
ISBN 978-7-112-15428-9
　　　（24009）

前　言

　　近年来，我国的城市建设取得了令人瞩目的成就。然而不能回避的是，重物轻人的现象依然存在——视觉美学成为很多设计的出发点，场所感的物质维度被片面强调，空间的真实使用情况却被忽视了。为什么"以人为本"的良好理念仅仅停留在口号上？笔者认为，除了社会、文化、管理体制等因素外，设计中的实地调查工作不受重视、成效有限，也是造成这种令人叹息现象的关键原因。因此，本研究试图从现有调查方法的改良出发，为创造高品质的城市环境出一份力。

　　通过文献回顾和分析，可以发现尽管调查工作被视为设计的基石，然而对它的讨论却十分有限。在当前的学术界和设计界，人们隐隐持有这样的立场：实地调查方法无外乎问卷、访谈、观察三类；要提高调查能力，只需向这些方法的起源地——社会学调查方法——借鉴即可。但要指出的是，由于学术研究和设计中的调查工作具有不尽相同的性质，其方法也存在极大的区别。如果一个设计师照搬研究中的方法作调查，仅仅能保证其工作的"准确性"，却很难满足"有效性"和"可行性"的要求。在另一方面，尽管实践中存在不少优秀案例，然而就整体而言设计师们拥有的调查能力参差不齐，在设计案例文献中介绍具体调查方法的文字也很少。这样，调查方法就难以得到有效的传承和改进，新进设计人员往往只能依靠师徒制或自学的方式摸索这方面的知识。

　　在哲学家波兰尼认识论思考的启发下，笔者提出城市设计中的调查方法是一种典型的隐性知识。这种知识难以用语言充分表述，但并不是说绝对地不能言说。本研究的目的就在于敲开设计的黑箱，将其中的一些步骤明晰化，把有关调查方法的知识显性化。在此背景下，提出了研究问题：如何在社会学调查方法的基础上，通过调整、扬弃和增补工作，将其转化成一套适用于城市设计的实地调查方法？这个问题的核心动词在于"转化"，转化的标准在于"适用性"。所谓适用，笔者将它定义为能同时满足准确性、有效性与可行性三方面的要求。在这三项准则中，准确性要求是社会学调查强调的特性，因此转化工作的重点就在于提高调查的有效性与可行性上。由于可行性中控制时间人力成本的要求与准确性要求之间存在着张力，在三项准则中保持平衡就尤为关键。

　　笔者从社会学、环境行为学、空间句法、设计方法论等理论中汲取养分，采用文献分析、理性思辨、经验主义的案例研究等方法来探索调查方法转化工作的可能。本书的第一部分是对既有文献的回顾和整理，对四部分文献进行了考察，以此得到对转化工作现状知识基础的清醒认识。在对城市设计方法论和实践案例文献的分析中发现，由于种种原因能找到的有关调查方法的文献并不多。此外，一方面关注行为与环境互动的城市设计方法理论还有待开拓，另一方面在实践中从这个视角出发的调查也比较少。可以说，不少设计"见物不见人"是调查工作"见物不见人"的直接后果。笔者又考察了社会学研究、环境行为学、空间句法以及其他建成环境相关学科中有关调查方法的内容。在澄清了服务于研究的调查（研究调查）与服务于设计的调查（设计调查）之间区别的前提下，这些极为丰富的资料将能够作为调查方法转化工作的重要基础。

本书的第二部分考察了转化工作的理论依据。在第 3 章中，研究明确了调查在设计过程中的地位；解析了调查对设计可以起到的三大功能和一项衍生功能；将社会学调查中的重要概念在设计调查新语境中进行了重新定位；明晰了调查工作的具体程序，并以"设计假设"的概念取代"研究假设"，成为设计调查的核心和依据。在第 4 章中，把设计调查的对象分为三块内容：使用者的行为活动、知觉认知以及实体环境要素；并对每一块内容进行了细分，为复杂信息的记录与整理提供了基础性框架。由于分为三类的调查对象与场所感的三极（活动、意义和物质环境）成对应的关系，调查获取的信息与设计构思之间就能取得紧密的联系。笔者把与本研究之间相关的城市设计原则提炼为三项内容：人性化，鼓励社会交往，公平与公正；并整理了三类调查对象信息解读的线索和技巧，以此检验抽象原则是否能在具体的地点中得以落实。在此基础上，本研究提出了改良版的设计构思过程，以此促进环境行为学思考更好地融入设计过程。

本书的第三部分探索了转化工作的具体内容和细节。紧扣准确性、可行性以及有效性这三大标准，详细阐释了各种调查方法技术层面的内容，包括对象测量与分析的操作手段，各种方法的优点、局限性和适用情况；并以生动的案例作为范例说明调查工作的多种应用可能性，以此化解隐性知识难以书面化的问题。由于使用者行为和认知这两类对象的调查方法有一定重合，因此把它们合并在第 5 章阐释，对实体环境要素的调查方法则放在第 6 章。这两个章节引用的案例既包括优秀的城市设计实践项目，也包括建成环境学科研究中值得借鉴的调查工作，中英文实例都有所涉及。第 7 章陈述了以上海市虹口地区的一部分作为对象所进行的一手调查。这部分工作是与其他章节所陈述的文献分析和理性思辨工作同时展开的，它不但使笔者对多种调查方法取得了更直观的经验，还加深了对设计调查特质的体会。

在以上所有这些工作的基础上，在结论部分提炼出四点普适性的转化策略（社会性与空间性信息的整合，以目标为导向的信息收集，设计假设的具体化与检验，适可而止的统计分析），对本研究开篇提出的适用性调查三项准则的实现进行了回应，并整理了具体调查方法选用的指南。这些"显性化"的经验总结将能推进设计调查知识的传承和更新，最终起到加强设计决策科学性，推进公众参与程度，真正落实以人为本理念的重要作用。

目　录

第1章 引言

1.1 研究的背景和缘起

1.1.1 背景

近30年来，我国的城市建设取得了举世瞩目的成就。然而伴随着城市大规模扩张和改造的，除了赞歌，还存在着很多尖锐的批评声。杨保军（2006）谈到，回头审视一下过去20多年的城市建设，从开发建设速度看，成绩骄人；从拉动经济增长看，功不可没；从塑造城市形象看，有所作为；从改善生活质量看，却差强人意……很多时候，我们是在自觉或不自觉地设计建造"增长机器"，而不是在用心营造生活家园。邹德慈（2003）认为，不少城市设计的出发点主要为了创造"形象"，因此出现重形式、轻功能；夸大尺度，无端地追求气派、排场，浪费土地和资金；设计中重物不重人。虽然经常打着"以人为本"的旗号，实际上往往过分重视建筑（包括建筑的标志作用），很少研究人的实际需要和行为规律，包括认知和感受。

当前城市建设中重物轻人的倾向令人担忧。其成因涉及复杂的背景和多方面的因素，许多学者对此有过精彩的论述。例如杨保军（2006）将之概括为四点原因：汽车入侵、现代主义、功利主义以及管理制度。缪朴（2007）将公共空间的开发、设计与管理中存在的问题归纳为橱窗化、私有化和贵族化三项主要问题。然而，社会、文化、管理体制这些方面的原因却是设计师在单个项目中所无力改变的。本研究要探究的是，在这些非设计的因素以外，从狭义城市设计的范畴来看，研究者能对城市环境品质的改善有所作为吗？

经过大量的阅读和思辨，笔者发现当前我国有关城市设计原理的论著已经非常全面，在理论层面创造好的城市空间并不是什么难题。那么，为什么这些理论并没能在实践中得到落实呢？除了上面提到的社会、文化、管理体制方面的原因外，还有一个常常会被人忽视的重要因素：城市设计中的实地调查环节过于薄弱。我们知道，放之四海而皆准的设计是不存在的，要把抽象的理念落实到具体的地点中去，需要具体问题具体分析的过程。成功的城市设计，不光有赖于设计师的专业素养和创造力，还需要对场地的物质空间特性以及使用者的行为和认知进行踏实的测量、分析和解

1

读工作。因此可以说，实地调查建构了城市设计理论与其实践之间重要的桥梁（图1-1）。这项看似平凡琐碎的工作，却是将普适性原则转化为具体设计目标和措施，在真实世界中创造出优秀场所的金钥匙。

图1-1　起到桥梁作用的调查工作（改绘自：李和平、李浩，2004：16）

1.1.2　缘起

在这样的背景下，本项研究的着眼点就落在城市设计的调查环节上。通过对既有城市设计文献的回顾和分析，可以发现，尽管调查的重要性在理论层面得到了认可，但有关调查方法的学术讨论和成果并不多。的确有不少结合设计实践案例介绍方法的文章，然而其中的调查过程往往被一笔带过。这样的状况带来了三点不利的影响：其一，有关调查方法的知识难以通过实践的检验而获得更新和改良；其二，相关知识难以有效传承，新近的城市设计师只能通过师徒制或自我摸索学习调查技能；其三，在当前的设计实践中，由于缺乏得力调查工作而导致的设计质量问题比比皆是，调查的桥梁作用并没有得到实现。

那么，为什么在学术界很少见到有关城市设计调查方法的讨论呢？笔者认为这主要是由三方面的原因所造成的。首先，部分设计人员和研究者隐隐持有这样的立场：实地调查方法无外乎问卷、访谈、观察三类，现有的知识已经够用。如果要进一步提高调查的技能，完全可以向社会学研究中的调查方法学习。然而这种观点忽略了一个关键的事实：研究与设计中调查工作存在着极大的区别。首先是目标取向的差异——研究中的调查是描述性和解释性的，其目标指向规律的发现；而设计中的调查是探索性和诊断性的，其目标指向对既有环境的改造[1]。其次是着眼点的差异——研究关注的是调查对象的共性特征，忽略偶然性的特殊情况；而设计关注的是基地的个性特征，要挖掘其独一无二的潜质。再次是调查效率的差异——理论研究代表着对真理的追求，强调数据的精确性和分析的严密性，因此服务于研究的调查会花费大量时间和精力，一个项目往

---

[1]　"与描述世界是怎样的科学家不同，设计师要指出世界可能会成为什么样。"引自：布莱恩·劳森.设计师怎样思考——解密设计［M］.北京：机械工业出版社，2008：107.

往涉及数年的调查工作，如果资金枯竭，还可以申请新的课题以获取经费；然而服务于设计的调查对时间的要求则十分苛刻，必须根据项目时间表在十分有限的时间内完成，它能够支配的经费也十分有限。最后是调查对象的差异，这一条又可以细分作2个小点：（1）研究关注的对象要比设计来的宽泛，那些"不可设计"的因素，如社会、经济、管理等，也是研究的关注对象；（2）传统社会学研究对空间要素的关注度不够，而这却是设计调查的重点考察对象。

因此，这里要澄清的一个重大的误区就是：不能将基础理论研究中的调查方法直接"拿来"，应用于设计①。如果盲目搬用研究中的调查方法为设计服务，仅仅能保证调查工作的严谨性，而其可行性和效用就会大打折扣。或是因为调查计划所需要的时间和人力成本过高，在实施过程中被项目负责人所削减；或是由于调查成果与设计相脱离，对设计构思起不到应有的效用。在以上分析的基础上，我们可以得到一个判断：来源于社会学的调查方法只有经过"转化"才能具有可行性，真正起到支持设计的作用。而这一转化工作正是现有知识体系的空白点，值得下工夫去弥补。

第二项导致调查方法研究稀缺的原因在于：城市设计调查方法属于设计方法论的一部分，而设计思考在传统上被认为是一种黑箱操作，很多技巧"只可意会不可言传"，无法用语言明确表达出来。这种状况可以被认识论领域的一组概念所解释。英国哲学家迈克尔·波兰尼②提出，人类的知识可以分成两大类。通常被描述为知识的，是以书面文字、图表和数学公式所表达的，而这只是一种类型的知识，即显性知识（explicit knowledge）；未被表达的知识，例如我们在做某事的行动中所拥有的知识，是另一种知识，即隐性知识（tacit knowledge）③。波兰尼认为，"我们所知道的要比我们所能言传的多"这一日常生活和科学研究中的基本事实，就表明了隐性知识的存在（郁振华，2001）。隐性知识隐藏在身体和大脑里，具有高度个人化、难以规范化的特点，不易传递给他人。此外在某些情况下，还存在着"不愿意传递给他人"的现象④。

由此看来，城市设计中的调查方法就是一种典型的隐性知识。如何观

---

① 尽管我们有时会称设计前期的调查为"基础性研究"，但这种研究与以发现普遍规律为己任的学术性研究是有很大差别的。

② 迈克尔·波兰尼（Michael Polanyi，1891—1976），英籍犹太裔物理化学家和哲学家。

③ tacit knowledge 有时也被翻译为缄默知识、默会知识或隐微知识，explicit knowledge 有时也被翻译为外显知识。有不少学者认为，波兰尼提出的隐性知识概念引发了现代认识论上一场根本性的变革。

④ 由于显性知识具有高流失风险，在企业界，没有哪个公司愿意将自己的隐性知识全部显性化，从而将蕴藏于隐性知识中的竞争优势拱手让与他人（参考：互动百科"知识转化灰箱模型"条目 http://www.hudong.com/wiki/）。设计界的情况要好一些，但是也很少有专业设计事务所出版文献，系统地说明自己的工作方式和技巧，将其内部的隐性知识全部转化成显性知识。

察基地，找到设计的灵感和线索，是很难用语言表达清楚的。有经验的设计师在实践中知道如何去操作，但却难以将这种经验和能力用语言准确地表达出来。现有学习设计方法的主要途径是基于设计工作室的师徒制。学生通过不断亲近并观察老师的设计过程，在实践中领悟与揣摩自己的方法，所谓"师傅领进门，修行靠自身"。对于隐性知识能否教导、应该如何教导的问题，不少知名的设计师也持有非常矛盾的心态。例如，建筑大师菲利普·约翰逊曾在一次演讲中谈到，"你不能学建筑，就如你不能学对音乐的感觉或者绘画的感觉一样。你不应该谈论艺术。你应该实实在在地来做它。"但是他又接着说，他认为"评论"是建筑的七个支柱之一："在学校里，我们不得不用语言来与别人交流，因为没有其他的沟通方式。"①

那么，到底有没有可能敲开设计的黑箱，将其中的一些步骤明晰化，将有关调查方法的知识显性化呢？波兰尼提醒我们，隐性知识并不等于神秘经验，它只是难以用语言来充分地表达，并不是说绝对地不能言说。社会学感兴趣的研究问题之一就是通过一些策略推进隐性知识的显性化过程（闻曙明 2006）。《设计师怎样思考》一书中的部分思想就源于其作者和设计师们之间的讨论。布莱恩·劳森（2008：序）谈到，"一些非常成功的设计师经常在讨论开始时告诉我，描述他们的作品会比描述他们的设计过程更容易一些。实际上，到最后常常是他们所说的关于设计过程的东西比他们原先认为所能谈的要多得多。"因此，笔者试图将服务于设计的调查方法显性化的努力是有可能成功的。

最后一项原因与我国城市设计项目的特点有关。一方面，急剧加速的城市化进程将很多乡村用地转变成城市用地。另一方面，历史保护意识的缺失使得不少城市在旧区改造中抹平原有的一切痕迹，试图在白纸上涂画最新最美的图画。对于这些清除式的总体开发，实地调查就没有什么用武之地。一些设计师会认为，基地上并没有什么可以被调查的环境行为对象，设计就只能从形式和功能要求出发。然而人们逐渐认识到，尽管现有的大量建筑看起来疏于管理，缺乏吸引力，但这并不意味着它们就应该被推倒了之。改变并不总是需要牵扯到大规模的二次开发。它可能只是一个逐步改进的过程，一个改头换面的计划，却可能使整个地区的环境面貌和空间质量焕然一新，可使资金得到更大的利用价值（弗朗西斯·蒂巴尔兹，2005：79）。在当前，可持续发展的呼声非常高，清除式总体开发的做法正在被慢慢改变，渐进更新式，或者说"柔性更新"的设计越来越多（左辅强，2006）。另一方面，经过几十年的高速建设，很多城市已经步入了成熟

---

① 引自：查尔斯·詹克斯，卡尔·克罗普夫编．(2005)．当代建筑的理论和宣言 [M].北京：中国建筑工业出版社，2005：217．

期，在"棕地"上的再开发项目逐渐增多。在这样的背景下，对服务于城市设计实践的有效调查方法的需求一定会更加迫切。对实地调查重要性的认同将成为我国城市设计理论和实践发展的重要趋势。

上文详细剖析了有关城市设计调查方法学术讨论稀缺的三方面原因。在此基础上，这里就要引出本文的研究问题：如何在社会学调查方法的基础上，通过调整、扬弃和增补工作，将其转化成一套适用于城市设计的实地调查方法？这个研究问题的核心动词在于"转化"，而转化的标准在于"适用性"。所谓适用，本文指的是要能同时

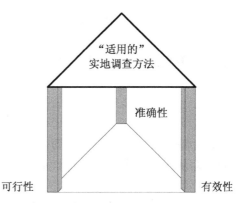

图1-2　具有适用性的实地调查方法

满足准确性、有效性与可行性三方面的要求（图1-2）。其中"准确性"是社会学调查方法非常重视的品质。虽然主观性成分是不可避免的[1]，但我们可以通过各种技巧将它控制在可以接受的范围内。这同时也是调查工作的基本要求，达不到准确性要求的调查成果不但没用，还会对设计产生十分有害的误导。"有效性"指的是调查工作要能起到支撑设计的功能。社会学调查要起到的主要功能包括现象描述以及证明普遍性规律，这与设计调查的目标指向截然不同。这种目标上的差异就决定了这两类调查手法上的极大区别。如果直接套用社会学中的调查方法而不加以改造，再精准的事实描述对设计而言也是没有用处的。在不少设计实践中，经常出现调查成果和设计方案相脱离的现象，这就是不注重有效性准则而造成的后果。"可行性"准则包括两部分内容。它首先指的是效率的要求，即对人力、物力和时间成本的控制。在上文中我们已经谈到，设计对调查效率的要求比研究要苛刻得多。在设计师的头脑里，时间就是金钱。一旦预算控制很严时，首先削减的就是调研项目（阿尔伯特·J.拉特利奇，1990：28）。如果一项调查过于费时费力，即使调查方法再精确可靠，也不具有可行性。可行性还意味着技术可行。例如，部分社会学调查方法对调查人员个人素质的要求较高，而设计中的调查工作不一定有条件调动具有相关技能的人员进行调查。这也是调查方案设计时所必须考虑到的因素。

---

[1]　完全客观的调查是不可能做到的，只能尽可能地降低主观性的成分。引自：Jacobs, A. B. Looking at Cities[M].Cambridge Mass.：Harvard University Press.1985：11.

在三项准则中，准确性要求是社会学调查本身所强调的，因此"转化工作"的重点就放在实现设计调查的有效性与可行性上。由于可行性中控制时间和人力成本的要求与准确性要求存在着天然的矛盾，要兼顾三方面准则就需要寻找恰当的平衡点。这正是本研究对源于社会学的调查方法进行调整、扬弃和增补的关键所在。

1.2 研究的视角与核心概念

1.2.1 研究视角

作为城市设计方法论研究的分支内容，本研究采取的是环境行为学的视角，即从使用者出发的视角。采取这个视角的研究都拥护一个基本的前提假设，即空间可以促进某些行为的发生，也可以抑制某些行为的发生。这一视角有别于那种较为早期的、极端化的物质决定论观点，即认为特定的空间形式将导致特定的社会行为；它也不同于认为物质空间仅仅是社会行为中性背景的观点。本文所持有的看法与当前主流的环境行为学思想是一致的。具体地说，即认为物质空间与社会公共生活之间的互动是一个间接的过程，物质环境在不同程度上影响着行为，可以"促进"或"限制"某些行为的发生，但是它不能确定任何事件（于雷，2005：18）。在这个视角下，文本所探讨的实地调查工作的主要对象是三项：使用者的行为活动，知觉认知以及与之相关的实体环境要素。

当然，在城市设计实践中，设计师要照顾到多方面的因素。从环境行为学单一视角出发的调查并不能涵盖真实设计项目中调查工作的广度。然而，如果我们把庞杂调查工作的所有内容进行分类，则会发现有很大一部分调查是从美学、生态、历史保护、技术等视角出发的，从环境行为学视角出发的调查并不多。引用韩国学者李石贞教授的一段话为这种现象作注脚："对人本主义的城市设计而言，任务是明了的——用人的眼睛去为人类的未来设计城市。但是实现它却非常困难，因为它意味着那些诸如经济利益、融资价值、技术要求，以及教条的城市规划明星专家的意见都不再是重点，而应以人作为所有工作的核心，然而我们对人的了解还远远不够……人对城市的需要不仅是物质的、精神的，还应关注人在城市环境中的行为模式与反映"（德国 SBA 设计事务所，2006：18）。

在近年来的研究中，不少学者都发现了类似的问题。刘宛（2006：20）指出，关注行为与环境互动的理论在实践中尚没有得到充分的发挥。卢济威和于奕（2009）则指出，目前我国城市设计最大的问题就是只追求视觉美学，而不研究城市活动行为。他们将行为环境互动法归纳为六大类城市设计方法的一种[①]，认为这方面的研究还有待开拓。这些观点或许都可以被张剑涛（2005）对当代城市设计理论转型的评析所解释。他指出，城市设计理论从最初的建筑和景观美学研究的基础上发展至今，其间受到了社会科学发展的巨大影响。研究对象从单一的城市物质环境扩展到了人、环境以及人和环境的相互作用关系。研究方法从研究者的主观观察、分析和评价发展到大量应用社会科学的理性、系统和客观的研究方法论。因此，本研究所致力于从事的工作与城市设计学科发展的脉络是一致的。笔者对设计调查方法的整理和更新工作将成为行为与环境互动理论在实践中真正得以落实的重要技术支撑。

1.2.2 核心概念

1）城市设计

在中、英大百科全书以及很多中英文城市设计专著中，都对城市设计这个概念进行了的定义。然而由于城市设计领域一直在发展成熟之中，至今为止，并没有一个简单的、单一的、广为接受的定义。不过，各种定义之间表现出一定的类同和连续性。根据这些定义的侧重性不同，刘宛（2006）将它们总结为 7 个类型：（1）注重三维空间的城市设计；（2）作为艺术处理的城市设计；（3）针对各个领域的城市设计；（4）强调功能组织的城市设计；（5）关注行为与环境互动的城市设计；（6）强调过程的城市设计；（7）广义综合的城市设计。在此基础上，她作出了一个较为全面的城市设计定义，即一种主要通过控制公共空间的形成，促进城市社会空间和物质空间健康发展的社会实践。本研究将沿用这一定义。

2）环境行为学

环境行为学（environment-behaviour studies）也称为环境设计研究（environmental design research），是研究人与周围各种尺度的物质环境之间相互关系的科学。它着眼于物质环境系统与人的系统之间的相互依存关系，同时对环境的因素和人的因素两方面进行研究（李斌 2008）。它的定义有狭义和广义之分。狭义环境行为学主要由建筑学和心理学领域的研究人员进行，缺乏人类学、社会学、地理学等社会文化领域的研究人员加入。澳大利亚悉尼大学教授穆尔（Gary T Moore，2004）把环境—行为研究扩展为英文缩写字母同样为 EBS 的"环境、行为与社会研究"（environment，

---

① 这六种城市设计方法包括：设计目标策划法、城市空间分析法、城市要素整合法、城市基面组织法、行为环境互动法和公众参与法。

behaviour and society），称为广义环境行为学。按照穆尔的分类，环境行为学的研究领域涉及社会地理学、环境社会学、环境心理学、人体工学、室内设计、建筑学、景观学、城市规划学、资源管理、环境研究、城市和应用人类学，是这些社会科学以及环境科学的集合^①（图1-3）。这个领域具有跨学科的特点，追求环境与行为的辩证统一。特别要注明的是，本文的副标题"环境行为学视角下的研究"采用的是这个概念的广义定义，然而文献综述部分的2.4节"环境行为学中的调查"采用的则是这个概念的狭义含义。

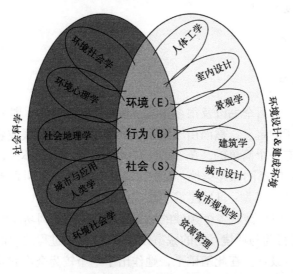

图1-3 广义环境行为学的研究领域（Moore，2004）
注：环境行为学是社会科学与建成环境学科中多种研究的汇合之处

3）实地调查

"调查"在其狭义概念中仅仅包括问卷和访谈这两种数据收集方式，即英文"survey"；而在其广义概念中它也被称为调研，包括信息收集和信息分析两个环节的内容，即英文"investigation"。李和平和李浩（2004：7）对我国多年来出版的有关社会调查的论著进行了整理，发现大多数著作都倾向于不对社会调查和社会调查研究这两个概念作严格的区分。因此，本研究也沿用这一做法，采用广义的调查概念。另外，对调查所包括的信息收集和信息分析这两个环节，本文将沿用社会学中的做法，把信息收集称

① MOORE，G. T. Environment and behavior research in North America：History，developments，and unresolved issues [M]// STOKOLS D，ALTMAN I. Handbook of environmental psychology. New York：John Wiley and Sons，1987：1359-1410. 转引自李斌. 环境行为学的环境行为理论及其拓展 [J]. 建筑学报，2008（2）.

为"测量"——在科学领域,科学家们使用"测量"这个词来代表对现实世界小心、细心、慎重的观察,并凭借变量的属性描述事物(艾尔·巴比,2005:116)。

实地调查中的"实地"(on-site)指的是在自然情景下的实地勘察,与在实验室中进行调查的方法以及通过二手资料获得信息的调查方法相区别。日本建筑学会编著的《应用于建筑·城市规划的调查分析方法》一书中把设计师常用的调查方法分为 5 类:观察类、访问类、意识捕捉类、试验类、资料调查类①。而本研究关注的实地调查方法指的主要是前面三种。

4)设计调查

在本研究中,把"服务于城市设计的实地调查"简称为"设计调查",与"服务于理论研究的实地调查"(即研究调查)相对应。由于本文关注的是能支撑设计的调查方法,在环境行为学中经常采用的试验法或半试验法就没有了用武之地。试验法要求在人工控制的环境下进行观察,以便达到对变量的严格控制,从而揭示各因素之间的因果关系。这对于关注此时此景特殊问题的设计工作而言,并没有什么明显的效用。资料调查类方法对设计而言很有用,不过这种方法的调查对象主要指的是规划文件和历史档案,是从技术和历史保护视角出发的调查方法,因此本文中基本不涉及这类方法②。

另外要特别说明的是,本研究关注的"服务于城市设计的实地调查"与社会学中的"实地研究"(field research)是两个不同的概念。"Field research"又译为田野工作,主要是指以定性的调查方法在自然情景下通过参与式观察和访谈了解日常生活。与之相比,"服务于城市设计的实地调查"具有不尽相同的功能、内涵和方法。我们将在下文详细阐述。

1.3 研究的方法与框架

1.3.1 研究方法

在把研究定位为由社会学调查方法向设计调查方法的转化工作之后,本文的主要内容就可以被划分为层层递进的三个部分——转化以前的既有

---

① 日本建筑学会.应用于建筑·城市规划的调查分析方法 [M].日本:井上书院,1998:52- 55.转引自戴菲,章俊华.规划设计学中的调查方法 7——KJ 法 [J].中国园林,2009,(5).
② 唯一的例外是本书 5.3 节中介绍的对记录"行为"文献的查阅方法。尽管在严格意义上查阅二手资料不属于实地调查,但这种特殊的文献查阅还需要在实地将文本记录的内容标注在地图上的过程。因此把这类方法也包括在文中。

相关知识现状如何？转化的理论依据是什么？转化后调查的具体操作手法又是怎样的？

第一部分考察的是转化工作的现状基础。通过文献整理和归纳分析的方法对之进行研究，在第2章文献综述中对这个问题作出了回答。本文对四块内容的文献进行了考察：(1)城市设计方法论中有关调查环节的论述；(2)我国当前城市设计实践案例中调查方法的运用状况；(3)社会学研究中的调查方法；(4)环境行为学、空间句法等相关研究领域中的调查方法。这些极其丰富的资料是调查方法转化工作的重要基础。

第二部分考察的是转化的理论依据，包括设计调查不同于研究调查的功能、核心概念与测量对象。采用的研究方法主要是文献分析以及各种逻辑思辨法，如抽象概括、分解与综合、类比推理法、归纳推理法、分类法、对比分析法等。在第3章中，研究明确了调查在设计过程中的地位；提出了调查对设计可以起到的三项主要功能和一项衍生功能；将社会学调查中的重要概念在设计调查的新语境中进行了重新定位；明晰了调查工作的具体程序，并提出"设计假设"的概念，以取代"研究假设"，成为设计调查的核心和依据。在第4章中，把设计调查的对象分为三类：真实发生的行为活动、使用者的知觉认知以及实体环境要素；并对每一大类进行了细分，为复杂信息的记录与整理确立了基础性框架。接着把与本研究相关的城市设计基本原则提炼为三项内容：人性化、鼓励社会交往、公平与公正；并据此整理了三类调查对象信息解读的技巧，以检验抽象原则是否在具体地点得到落实。最后，提炼出"改良版的设计过程"，把调查内容有机地嵌入设计构思的各个环节，以促进环境行为学思考更好地融入设计过程。

第三部分考察的是转化的具体内容和细节。紧扣准确性、可行性以及有效性这三大标准，通过案例分析、逻辑推理以及经验主义的方法，将源于研究的调查方法通过调整、扬弃和增补转化为适用于城市设计的调查方法，并详细阐释了各种调查方法技术层面的内容，如操作手段、优点和局限性等。本文引用的案例既包括优秀的城市设计实践项目（共计30项），也包括建成环境学科研究中的调查工作（共计45项），中英文实例都有所涉及。为了对各种调查方法以及整个设计调查的过程获得更直观的体会，除了二手资料以外，本文还选取上海市虹口地区的一部分作为对象，对多种调查方法进行了经验主义的一手试验。在以上工作的基础上，辅之以笔者在设计实践中的体会以及与从业者的交流，本文最终提炼出四点普适性的转化策略，回应了开篇提出的适用性调查的三项准则，并整理了具体调查方法的选用指南。这样，将有关设计调查的隐性知识显化的初衷就此完成。这些可以清晰传递给他人的经验总结，将能推进设计调查领域知识的有效传承和更新。

1.3.2 研究框架

本研究共计 8 个章节，第 1 章阐释研究背景，指明研究的必要性，并限定了研究问题。第 2 章详述相关文献及其启发性，成为转化工作的现状基础。第 3、4 章解决了为什么作调查（why）和调查什么（what）的问题，

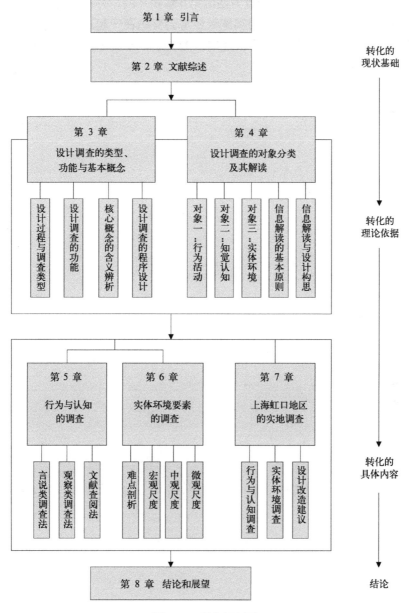

图 1-4　研究框架图

成为设计调查的理论基础。第5～7章通过文献分析、逻辑思辨、二手和一手的案例研究等方法解答了怎样作调查（How）的问题。第8章对整个研究进行了总结与回顾，并展望后续研究的可能。

特别要指出的是，尽管本文把调查对象分成了三类：使用者的行为活动、知觉认知和实体环境要素；但在阐释具体调查方法时，由于使用者行为和认知的调查手段有很多重叠的地方，这两块就被合并为一章（第5章）讲述，与陈述实体环境要素调查方法的第6章相并列。另外读者需要认识到，在实践中不同类型调查工作的实施很经常会交织在一起进行，并不像本文中那样泾渭分明。纯粹是由于叙述清晰的要求，本文才把不同类型的调查方法分割开来讲述的。

第 2 章　文献综述

本章将依次评述四块内容的文献——城市设计方法论、城市设计实践案例、社会学调查方法、其他相关研究领域的调查方法。首先，要考察城市设计方法论中有关调查环节的既有知识，辨析其薄弱环节所在。接着，细查有文献记载可查的城市设计实践案例，探究各种调查方法在实践中的运用状况。在 2.3 节回到调查方法的起源地——社会学研究，回顾了重要的社会学调查方法文献以及其在设计领域的延伸分支。2.4 ～ 2.6 节总结了环境行为学、空间句法等其他相关研究领域中使用的调查方法。由于这些研究都属于关注空间和使用的建成环境学科，因此它们在社会学调查方法的基础上，又进一步发展了对行为认知和实体环境要素的调查手段和技巧。这些知识都将成为本研究致力于从事的转化工作的基础。最后一节总结了各部分文献的要点，进一步明确了本研究的努力方向。

2.1　城市设计方法论

有关调查在城市设计中的地位，很多学者都进行过深刻的阐述。马德尼波尔（Madanipour，1996：3）指出："在进入到标准的设计领域之前，我们要探索描述和分析的领域。换而言之，在试图改造城市空间之前，我们需要理解它。"美国学术团体公共空间计划（PPS）则强调了调查对减少设计主观性的作用，他们呼吁："在观察一处空间时，你需要去学习而不是想象它实际上是如何被利用的。"[①] 卡尔莫纳等人（Carmona et al，2005：240）也宣称："要在更客观的基础上处理设计问题，就要承认设计问题最好在对基地特征的系统性评价基础上进行。"

尽管调查工作被理论家们公认为设计的基石，然而有关调查方法的文献并不多。在众多城市设计理论和方法的书籍中，绝大部分是有关城市设计原理的论述，探讨设计方法的比较少，针对调查环节进行阐述的就更少了。邹德慈（2003：62）的《城市设计概论：理念、思考、方法、实践》

---

① Project for Public Space，1999：51，转 引 自 Carmona，M.，T. Health，et al. Public Places，Urban Spaces：the Dimensions of Urban Design[M].Architecture Press，2003：165.

一书强调了调查研究的重要性，将之分为使用者的调查和场地空间的调查两个部分，但只有一页纸的篇幅，没有展开介绍。王建国（2004）《城市设计》的第 5 章列举了城市设计的空间分析方法和调研技艺，介绍了多种价值观下的调研方法：空间—形体分析、场所—文脉分析、生态分析、相关线—域面分析、城市空间分析。这种方法介绍着重整理不同流派的特点，离实际项目的可操作性还存在一定距离。另外，限于篇幅的关系，它也没能详细说明各种调研技艺的操作手段和适用情况。凯文·林奇（2001）的《城市意向》一书发展了可意向性的概念和调查方法，被学术界认为是城市设计学科的核心成就之一。然而，其调查方法的运用却多见于学术研究。在很多设计实践中，他的担忧变成了现实——平面被时髦地装点上各种节点或诸如此类的空间，却很少有人试图去关怀实际的居住者，研究的初始目的"提醒设计师关于咨询当地居民"被曲解了（Carmona and Health，2005：267）。克利夫·芒福汀等人（2006）的《城市设计方法与技术》整理了整个设计过程会遇到的各种方法和技术，对调查方法进行了概要性的介绍。然而其采取的视角是历史文化维度和视觉维度，与本研究采用的视角有很大差别。

扬·盖尔出版了多本城市空间方面的书籍，如《交往与空间》（2002）、《新城市空间》（扬·盖尔、拉尔斯·吉姆松，2003）等。其中《公共空间·公共生活》（2003）一书以哥本哈根 30 年来的实践案例详细介绍了研究公共空间和公共生活的方法。或许是由于这些书中有关调查操作手法的论述还是不够具体，我国设计师极少参考他提供的方法进行独立的调查工作[①]。马库斯等人（2001）的《人性场所》从使用者的角度出发，讨论了各种类型开放空间的设计要点，据此总结出一系列的设计评价表，以供设计师在现状和方案中逐项进行核查，较为实用。在尚没有译成中文的英文书籍中，特别值得一提的是阿兰·雅各布斯（Allan Jacobs，1985）的《观察城市》(Looking at Cities)。该书作者尤其强调视觉观察对设计的效用，致力于发展一种规划师能使用的观察方法。他发展了一些减少观察主观性，把观察作为诊断工具的有用技巧。尽管这本书讨论的是规划设计中的观察法，但对城市设计而言也有很好的借鉴作用。

在中文期刊文献中，余柏椿（2008）的一项统计分析显示，有关城市

[①] 这一论断的基础是笔者进行的一次文献检索工作。在中国知识资源总库（CNKI）的数据库中，对2001—2008 年间的相关核心期刊进行检索，发现共计 31 篇文章引用了扬·盖尔的著作。然而浏览这些文章的内容却发现，在绝大部分情况下，扬·盖尔的著作是作为理论依据而不是作为调查方法的依据被引用的。唯一一篇进行了行为观察的文章〔吴琴香，唐丽等．基于人的行为需求的现代城市公园建设初探 [J]. 安徽农业科学，2007：(30)〕，只提供了分析的结果，没有对调查方法和具体数据进行说明。

设计的论文中，方法论研究的比例比较高①。然而通过逐篇检索后发现，很多论文都是结合实践案例来谈设计方法，较为重视设计手法的讨论；另外即使谈到设计中的调查工作，也是从视觉美学、历史保护视角展开的讨论多，从环境行为学视角出发的调查少。在最近几年，出现了一些理论性较强的方法论文章。卢济威和于奕（2009）的《现代城市设计方法概论》一文提出方法论往往表现为多个层次，层次以不断具体化的原则向下层传递，最上一个层次可理解为认识论，最下一个层次延伸到被人们运用的具体方法。该文将具体方法归纳为六类：设计目标策划法、城市空间分析法、城市要素整合法、城市基面组织法、行为环境互动法和公众参与法，并没有把行为环境调查单独拿出来讨论。戴菲和章俊华在《中国园林》上发表了一系列文章②，与本研究的关注点较为相似。他们以日本建筑学会编著的《针对建筑学·城市规划的调查分析方法》（1998）一书为蓝本，详细介绍了规划设计学中的多种调查方法：问卷调查法、动线观察法、心理试验法、行动观察法、认知地图法、内容分析法、KJ法。然而这一系列文章以方法介绍为主，并没有明确地指出研究调查与设计调查之间的区别。其给出的案例有很大一部分是研究中的调查工作，和设计的要求有一定差距。在相近的城市规划学科，在"公共参与"热点领域的带动下，出现了一些对实践中调查方法运用成效的反思。其中《对当前城市总规公众问卷调查热的冷思考》一文值得关注。邱少俊和黄春晓（2009）在分析了9个实践案例的基础上，认为当前的公众问卷调查实践花费了大量的人力、物力、财力，其结论却少有能真正应用到规划成果中去的。他们对这种现象作出了有力的质疑，并提出了自己的对策。这种思辨与本文的关注点有相通之处。

2.2 城市设计实践案例

在对设计调查既有知识状况进行了初步摸底之后，笔者还想了解调查

① 余柏椿对三本具有重大影响力期刊 2000～2007 年间城市设计方面的论文作了统计。他把城市设计研究概括为 5 种类型（定位研究、基础理论研究、方法研究、实施研究和相关研究）。在总计 153 篇城市设计研究领域的文章中，关于方法研究的论文有 63 篇，占总数的 41.1%。这说明方法研究是城市设计研究的一个热点。引自：余柏椿. 我国城市设计研究现状与问题 [J]. 城市规划，2008（8）：66-69.

② 戴菲，章俊华. 规划设计学中的调查方法（1）——问卷调查法（理论篇）[M]. 中国园林，2008，（10）；戴菲，章俊华，王东宇. 规划设计学中的调查方法 1——问卷调查法（案例篇）[M]. 中国园林，2008，（11）；戴菲，章俊华. 规划设计学中的调查方法 2——动线观察法 [M]. 中国园林，2008，（12）；戴菲，章俊华. 规划设计学中的调查方法 3——心理实验 [M]. 中国园林，2009，（1）；戴菲，章俊华. 规划设计学中的调查方法 4——行动观察法 [M]. 中国园林，2009，（2）；戴菲，章俊华. 规划设计学中的调查方法 5——认知地图法 [M]. 中国园林，2009，（3）；戴菲，章俊华. 规划设计学中的调查方法 6——内容分析法 [M]. 中国园林，2009，（4）；戴菲，章俊华. 规划设计学中的调查方法 7——KJ 法 [M]. 中国园林，2009，（5）.

方法在城市设计实践中的运用情况。张杰和吕杰（2003）指出，在专业方面，我国规划、建筑专业基础理论的薄弱使专业人员对很多城市环境的基本问题缺乏认识。对时髦形式、概念的追求常常使规划师忽视、否定现状。芦峰和悄昕（2006）认为，目前国内许多城市设计缺乏深入细致的现场调研和资料收集，是导致许多城市设计成果徒有"量"却缺乏"质"的内容的主要原因，也是许多城市设计不得不偏重于形体设计的主要原因。有意思的是，这两种观点中的因果关系相互颠倒，但都强调了设计师对现状调查较为忽视的状况。是不是这样呢？

带着这个问题，笔者专门检索了我国出版的城市设计作品集[①]以及近10年期刊论文中的实践案例。在大部分设计案例的介绍中，采用的调查方法、过程和结果被一笔带过。例如，尹稚（2008）在长春整体城市设计的介绍中写道，（设计）"采用现场调查与文献研究相结合的手法，对长春城市景观风貌进行系统研究，从中发掘特色与不足，进而提供有针对性的指导意见，为长春城市景观风貌建设提供引导的依据和评价的价值体系"。单凭这样简略的文字和最后的设计成果，是很难推断调查在设计过程中起到了何种作用的。

文献检索显示，设计师较常采用的方法是问卷调查法。湖州市中心区城市设计是一个很好的例子。该项目采用问卷调查和随机采访方式来了解市民对中心区现状和规划的意见，共发放1000份问卷，并完成了一份结果分析专项报告。这项报告起到了两个很重要的作用：一是对之后的方案构思论证具有很强的说服力；二是对政府的决策具有重要的参考价值（中国城市规划学会 2001）。

与问卷调查法的较多运用相比较，实地观察法的情况不容乐观。考察国内的设计案例记录，设计师习惯于对场地作较为随意性的观察，而很少会对行为活动进行系统性的调查。比方说，吕飞和郭恩章等人（2006）介绍了伊春市中心城总体城市设计的过程，谈到其设计是建立在大量现状调查的基础上的。然而，其调查的对象主要是中心城的绿地系统、滨水环境、广场环境、步行环境、通道环境等，并不包括对行为活动的系统调查。

本文对英文文献中的实践案例也作了概略性的考察。美国城市设计联

---

① 被考察的作品集共7本：中国城市规划学会主编.中国当代城市设计精品集［M］.北京：中国建筑工业出版社，2001；中国城市规划学会主编.4城市设计（中国当代城市规划设计实例精选丛书）［M］.北京：中国建筑工业出版社，2003；中国城市规划学会.城市环境绿化与广场规划［M］.北京：中国建筑工业出版社，2003；广州市城市规划自动化中心，广州市城市规划设计所.广州市城市规划设计所作品集：1994—2004［M］.广州：广东经济出版社，2005；卢济威.城市设计机制与创作实践［M］.福州：东南大学出版社，2005；上海市城市规划设计研究院编.城市规划资料集第5分册 城市设计（上、下）［R］.2005；尹稚.北京清华城市规划设计研究院作品集2［M］.北京：清华大学出版社，2008。

盟（Urban Design Associates）是极为少见的将内部工作方法和技巧整理成书的城市设计事务所[①]。它把城市设计过程抽象为一个初步的工作外加三个主要的阶段：理解、探索、决策。"理解"阶段就是调查的环节。设计相关的物质方面有什么问题？社区和所有参与者的感知和热望都是什么？通过对这些问题的探索来达到对现状情况的把握（Urban Design Associates，2003：57）。该事务所把可以获取的现状调查资料分为两个类型：硬资料（hard data）与软资料（soft data），很有启发性。硬资料指的是诸如规划文件、历史资料、交通资料、地形图等。软资料指的是相关团体的访谈、人的行为调研等（Urban Design Associates，2003：61）。前者是二手资料，后者是一手资料，需要靠实地调查才能获取。一般来说，硬资料作为设计师所熟悉的常规内容是不会被遗忘的，而软资料的获取就因项目的具体情况而异。然而需要认识到，一手资料的及时性和针对性优点是二手资料所难以比及的。

　　与国内的案例相比较，丹麦的盖尔事务所和英国的空间句法公司的调查工作很有特色。它们在设计咨询项目中频繁采用了行为观察法，与空间分析相结合，对设计构思起到了关键性的作用。经过十几年实践中的检验和改良，这些调查方法和设计的契合程度达到了较高的程度，十分值得我们借鉴和学习。在第 5、6 章中，本文将结合在网上收集到的盖尔事务所的三个实践项目文本[②]以及笔者在空间句法公司工作时接触到的案例[③]，反思这些方法的特点。

2.3　社会学研究中的调查

　　城市设计领域的调查方法，其源头在于社会学研究方法。调查收集信息的基本手段，如问卷、访谈、实地观察，都在社会学研究中发展出很多成熟的技巧，值得借鉴。在社会学领域，介绍调查方法的书籍很多，例如《社会研究方法》（艾尔·巴比，2005）和《社会调查教程》（水延凯，2008），两者都是深入浅出的基础教材类读物。重庆大学出版社自 2004 年 7 月以来陆续出版了一套介绍社会科学研究方法问题的书系"万卷方法"，其中包括《调查研究方法（第三版）》、《量化研究与统计分析》、《定性研究：方法论基础（第 1 卷）》、《定性研究：策略与艺术（第 2 卷）》、《质性研究中

---

① 这一现象很好地诠释了本文第 1 章提出的观点：在某些情况下，存在着不愿意把隐性知识传递给他人的现象（本书 1.1.2 节）。

② 项目地点分别是澳大利亚南澳州首府阿德莱德（2002）、澳大利亚的墨尔本（2004）以及英国伦敦中心区（2004）。前两个文本下载自盖尔事务所的网页 www.gehlarchitects.dk，后一个来自于阿德莱德市政府网页 www.adelaidecitycouncil.com

③ 笔者曾于 2004 ~ 2005 年在英国伦敦空间句法公司担任咨询研究员的工作。

的访谈：教育与社会科学研究者指南（第3版）》、《研究设计与社会测量导引（第六版）》、《参与观察法》、《实用抽样方法》等经典工具类书籍。然而正如梁鹤年（2009）所指出的，社会科学的人没有经过设计的训练，他们的分析也很少有物理上的考虑（空间与时间），在思路和方法上与从事建筑、工程、设计出身的规划师有很大的差别与分歧。所以，这些书讲述的方法着重于社会性信息的收集和分析，对空间性信息的处理手段则相对较弱。

另外引起笔者注意的是，在一些经典的社会学研究方法书籍中（Frankfort-Nachmias and Nachmias，1996；艾尔·巴比，2005），"实地研究"（field research）被认为是一种定性的资料收集方式，与问卷、访谈这些定量化的方法向区别。不过这种观念在一些较新的书籍中得以修正，如《社会调查教程》（水延凯，2008）一书就将实地观察分为有结构观察和无结构观察，认为在一些工具的帮助下，例如照相机、摄像机、事先编码的观察表格和记录卡片等，实地观察法也可以收集定量的资料。

对城市设计者而言，城市社会学这个分支下的调查方法文献更为对口。顾朝林（2002）的《城市社会学》中有一章专门介绍研究方法，其主要内容就是谈收集资料、抽样、分析资料的方法。他提出，现代城市社会学研究区别于传统研究的一个重要特点就是"定量化"。由于社会现象往往是由多因素共同造成的，这就使社会现象的发生具有随机性特点。传统研究没有能力对于社会现象进行大量的、繁杂的数量分析，因而其对社会现象的描述也是不细致的，结论往往是含糊的和不确定的。而电子计算机的出现为处理大量数据提供了可能。现代城市社会学研究就可以在定性分析的基础上，运用数理统计的方法对事物进行定量的分析和描述，以揭示社会现象的数量特征、数量关系，进而更深刻地揭示其本质和规律（ibid：222）。

近年来，城市规划学科加强了对社会调查的关注。2000年以来，不少高校开始将社会调查课程教学独立纳入城市规划的人才培养方案，作为一项城市规划工作者必备的基本功进行教学，每年也都有全国大学生城市规划社会调查作业评优比赛。在这样的背景下，出现了我国第一部系统阐述城市规划社会调查理论与方法的著作《城市规划社会调查方法》（李和平、李浩，2004）。这本书介绍了城市规划社会调查的基本原理、方法、程序，并结合具体的实例进行评析。然而，该书作者将城市规划社会调查方法定位为社会学研究方法的分支和重要组成部分，没能有意识地分辨出设计调查和研究调查方法之间的区别。李津逵和李迪华主编的《对土地与社会的观察与思考》（2008）一书则记录了北京大学景观设计学研究院与北京大学深圳研究生院景观社会学课程的调查教学案例，其中收集的学生心得和教师点评中包含了很多值得注意的问题和调查技巧。

2.4　环境行为学中的调查

环境行为学的产生与社会学、心理学、人类学研究密切相关，其采用的调查方法有很多直接借用了这些学科的内容[①]。然而源于该项研究的独特视角，它尤其关注物质环境与人的互动作用。因此该领域逐渐加强了对空间信息的收集和分析能力。在这个领域中，有两本经典的英文著作叙述了有关数据采集的方法：《研究与设计：环境行为研究的工具》（Inquiry by Design：Tools for environment-behavior research）（Zeisel 1981）和《环境行为研究方法》（Methods in Environmental and Behavioral Research）（Bechtel，Marans et al.，1987）。前者有台译版（1996），后者只有英文版，两书的内容常被相关的中文书籍所引用[②]。《研究与设计》一书对观察实质痕迹、观察行为、深入访谈、标准化问卷、文献资料这些方法进行了原创性的点评和案例阐述。蔡塞尔（Zeisel）特别发展了一种"注记平面"（annotated plan）的分析技巧，用以分析建筑平面的行为意涵，推动了设计者和研究者的合作（徐磊青、杨公侠，2000）。《环境行为研究方法》一书收录了很多学者的文章。其中依特森（Ittelson）等人的文章首次介绍了活动注记法（behavioral mapping）[③]的概念和运用案例。贝克特尔（Bechtel）和斯吉瓦斯塔瓦（Srivastava）则将数据采集的具体方法归纳为13种：开放式访谈、结构访谈、认知地图、行为地图、行为日志、直接观察、参与性观察、时间间隔拍照、运动画面摄影术、问卷调查、心理测验、形容词核查法、动态图像分析法。

环境行为学调查可以大致分为两个类别：试验调查和实地调查。在这个学科发展的初期，研究者们大多采用由试验心理学借来的方法和工具进行试验室内的研究。试验调查能够严谨地控制变量，受到一部分研究者的拥护。他们或者使用特别布置的房间，或者给予被试环境照片，或是电脑中设计虚拟环境。然而，现实世界中并没有可以完全控制的变量。这种方法在应付日常生活中各变量之间的相互关系时便显得捉襟见肘，很不适

---

① 蔡塞尔在前言中坦言社会科学中的很多文献对其构思有相当的助益，例如韦伯（Webb）和坎贝尔（Campbell）的著作《不惹人厌的测量法》（1966）等。Zeisel, J. 研究与设计：环境行为研究的工具 [M]. 台北：田园城市文化事业公司，1996.

② 例如李道增曾明确表示，其著作第5章的内容来自于贝克特尔（Bechtel）的《环境行为研究方法》。引自：李道增. 环境行为学概论 [M]. 北京：清华大学出版社，1999.

③ 又被译为"行为地图"。引自 Zeisel, J. 研究与设计：环境行为研究的工具 [M]. 台北：田园城市文化事业公司，1996：178.

用（徐磊青，杨公侠 2002：1）。在这样的认识下，威廉·怀特（William Whyte）首次使用了自然情景下的观察方法，对美国纽约市中心公共空间的使用情况进行了历时 3 年的研究。这项研究使用摄像技术记录人的活动，在分析了大量的观察数据之后，怀特总结出对广场使用者而言最为关键的物质因素，并直接推动了当地规划设计导则的更新。记录这一研究的著作《小型城市空间的社会生活》(The Social Life of Small Urban Spaces，1980) 具有深远的影响力，沃特森（Donald Watson）等人认为该书对城市设计领域的贡献可以与凯文·林奇以及刘易斯·芒福德相提并论(唐纳德·沃特森，艾伦·布拉特斯等 2006)。

在当前的环境行为学研究中，相对于定性分析方法，定量化分析占据着更为重要的地位。例如，李志民等人（2009：191）就将环境行为学的研究过程简化为"定性内容"到"定量化分析"到"设计依据和评价标准"这三个步骤（图 2-1）。笔者猜想，或许正是源于这种倾向，研究者们更倾向于使用例如问卷的方法收集定量化资料，这样就可以进行数理统计分析得到定量化的结论。王德（2004）的南京东路消费行为研究，王江萍、李弦等人（2004）的武汉市老年人室外活动场地研究，周芃（2009）的上海市乐龄者家居活动方式研究，马璇（2009）的南京市新街口地下商业步行街研究，都是这一类研究的代表。不过，也有一部分研究在问卷调查法之外，采用了访谈和观察法作为辅助。例如乐音、朱嵘等人（2001）的上海南京路步行街研究，以及陈旭锦（1999）的重庆人民广场研究。

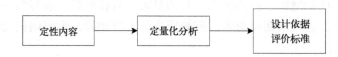

图 2-1　环境—行为学的研究过程（来源：李志民、王琰，2009：191）

近年来，环境行为学的分支"使用后评价"（POE）得到了相当的重视 [1]。这是一种从使用者的角度出发，对经过设计并正被使用的设施进行系统评价的研究（克莱尔·库珀·马库斯、卡罗琳·弗朗西斯，2001：321），其基本操作内容包括：在建筑物建成若干时间后，以一种规范化、系统化的程式，收集使用者对环境的评价数据信息，经过科学的分析，了解他们对目标环境的评判；通过与原初设计目标作比较，全面鉴定设计环境在多大程度上满足了使用群体的需求；通过可靠信息的汇总，对以后同类建设提供科学的参考，以便最大限度地提高设计的综合效益和质量（朱小雷、吴

---

① "Post Occupancy Evaluation" 又被译为"使用状况评价"或"用后评价"。

硕贤，2002）。由此可见，POE 是环境行为学研究与设计相结合的一种方式。在引入 POE 评价之后，单一线性的"直线型"设计过程转化为"环形"的循环设计过程（图 2-2），对设计成果的检验与设计策划和计划衔接起来，使设计程序更为合理化、科学化（李志民、王琰，2009：196）。然而由于经费来源问题和时间的压力，专业人员很少真正开展此项工作。我国近年来的 POE 研究很多都是纯研究项目，并没有业主委托①，这样就达不到"环形"设计过程的设想。POE 中的调查工作与本研究讨论的设计调查相比，有一定交集，也存在很多差别。前者是一种系统的评价方法，调查是它的主要手段，其关注的内容非常全面，近似于研究；后者则是根据调查目标量体裁衣的决定调查手段和内容，并不求面面俱到，更注重实用性。另外，POE 的研究对象以建筑物为主，对城市空间的项目则较少涉及（罗玲玲、陆伟，2004）。

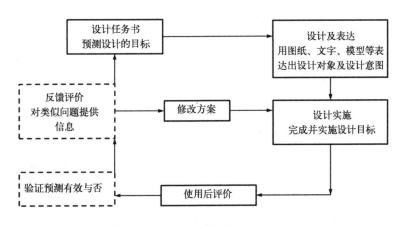

图 2-2　环形设计模式（来源：李志民、王琰，2009：195）

　　最后要指出的是，环境行为学调查与设计调查之间存在一个重要的区别：前者十分重视个体差异，后者却更看重共性。环境行为学强调由于人的背景因素（性别、年龄、经济状况、社会地位、文化背景、价值体系、人格、个性等）所造成的对物质环境感知以及需求的差异。例如探讨为老年人服务的建筑与为病人服务的建筑有什么不同的要求。然而就城市公共空间而言，其服务的人群是各色各样的大众，所以调查结果更强调该区域使用者的共性。正如林奇（2001：5）所言："城市规划师渴望创造一个供

① 例如以下这些例子：应四爱，王剑云. 居住区公园使用状况评价（POE）应用案例研究 [J]. 浙江工业大学学报，2004，32（3）；邓小慧，鲍戈平. 广州人民公园使用状况评价报告 [J]. 中国园林，2006，22（5）.

多人使用的环境，因此他感兴趣的是绝大多数人达成共识的群体意象"。此外，效率的要求也决定了设计调查不同于研究，一般情况下，它并不特别注意发掘不同类型人群之间的细微差异。

2.5 空间句法理论中的调查

空间句法理论起源于比尔·希利尔教授（Bill Hillier）及其同事在伦敦大学学院 20 世纪 70 年代的工作。它既是一种对于空间和城市的理论，也是一种描述空间的方法。借助计算机技术，它能够对城市空间环境进行拓扑学分析，以定量方式描述空间特性，从而揭示出空间结构对人类活动的潜在影响，帮助人们更好地理解社会与空间的互动关系。因此，从研究取向看来，空间句法与环境行为学的追求非常接近，只不过两者的侧重点和手段有所区别。

近年来，空间句法得到了国内学者的很多关注，人们往往把注意力放在它对计算机技术的利用上。然而其高科技光环背后的理念却十分朴素——这是一种描述的理论，即通过以一种连贯一致的、严谨和精确的方式描述城市的物质形态，获取对我们城市的一些特点以及它们对社会和经济力量反应的更深入理解（Hillier，2007）。该理论认为，尽管欧几里得公制距离（euclidian metric distance）是一种精确的空间描述方法，然而人的运动并不单纯是由距离所决定的，还受到几何与拓扑空间关系的影响。比方说，如果一条直线被弯曲，我们沿着它移动要付出的能量不会有什么变化，但我们所要付出的感知方面的努力却大大增加了（Hillier，2003）。因此，被地理、交通规划学科所普遍采用的距离重力模型并不能完全解释人在空间中的行为。空间句法研究的核心是"组构"（configuration）这个概念。它指的是一组空间之间的整体性关系，其中任意一区域的空间关联都受到整体的影响，局部的变化也会引起整体关系的某种改变。组构概念拥有严谨的操作化定义，可以用数量化的方式表达空间模式，这样空间模式和社会现象的定量化比较就成为可能（Hillier and Vaughan，2007）。

空间句法理论认为，复杂空间关系是人们能够靠直觉把握，而不可言说的（non-discursive）。由于自然语言的局限性，人们缺少确切的术语来描述那些我们在建筑或者城市尺度下遇到的更为复杂的空间关联（Hillier，2005）。于是，规划师、城市设计师就不得不以简单化的概念工作，例如清晰的层级关系、规则的几何性，部分与整体的分离等。这些概念与大部分真实城市的复杂性和不规则性有很大的差别（Hillier，2009）。而它发展了计算机模型能够进行空间组构的分析，即轴线图模型（axial map）和可见性模型（visual graph analysis）。伦敦大学学院开发的 Depthmap 软件可以胜任这两种分析。它的研究证明，其中一些度量与步行运动以及人们感知空间的方式是紧密相关的。最近，在轴线图模型的基础上又发展出一种新的模型：线段角度模型（angular segment map）。它包含了角度、实际路程、拓扑距离的权重因素，是一种更为复杂的组构分析方法，还需要实证研究的进一步检验。

该理论致力于探索空间模式和社会现象之间的交互作用。这就要求它在发展描述空间特性的能力以外，还要有能力测量人类的活动情况。因此它在实践中发展了一套行为观察的方法，包括观察点计数法（gate count）、快照法（static snapshots）、行人追踪（people following）、运动轨迹法（movement traces）等。依据这些方法的设计要点操作而收集到的行为数据，可以与空间分析的结果相对照，进行相关性统计分析，从而获取对空间模式和社会现象交互作用更细腻的理解。除了空间句法拥有的空间分析模型，该理论在实践中不断完善的行为观察方法、经验和技巧同样值得关注。

该理论团体十分注重研究和设计的整合。1992 年，伦敦大学空间句法研究室演变成空间句法公司（Space Syntax Ltd.），为建筑和城市设计实践提供咨询服务。由于要为真实的实践项目提供服务，它在工作效率方面摸索出了一些经验。这种实践为空间分析技术和活动调查方法的日趋成熟作出了相当可观的贡献。与环境行为学相比，空间句法与设计的关系更加紧密。希利尔认为，空间句法作为一种设计手段，给建筑和城市设计带来实证性与预测性阐释的新风气（2008：中文版序）。

由于空间句法理论的跨学科性质，把不同学科对它的批评放在一起看，就形成了鲜明的对照。从设计师这一边看来，空间句法有过分定量化之嫌。布莱恩·劳森认为，使用数学符号对于理解原理并不是必要的，由于符号的抽象性，它有可能会使那些危惧数学的人止步不前（Lawson，2001：241）。而地理学研究和环境心理学方面的学者看来，它的统计化水平远远不够。空间句法衍生模型 Mindwalk 的创建者费古列度（Lucas Figueiredo）认为，由于空间句法领域的大部分研究生来自建筑和城市设计方向，对统计学的忽视是一个普遍的问题。而这种激进的网络分析模型需要更为成熟的统计学知识的支撑[①]。这两种互为对照的批评很生动地体现了在研究和设计之间寻找平衡的难度。这也是本研究转化工作所要面对的主要难题：调查既要保证其科学性，又要具有可行性和效率。我们将在正文中对之进行深入的探索。

---

① 2009 年 8 月 10 日，Lucas Figueiredo 在空间句法网上讨论区的发言。https：//www.jiscmail.ac.uk/cgi-bin/webadmin?A0=SPACESYNTAX.

2.6 其他相关领域的调查

2.6.1 人类学

人类学田野工作的方法也是本文的重要参考资料。在统计学和概率理论的推动下，早先社会调查中常用的典型观察和个案研究已逐渐被抽样调查等定量研究的方法所取代。而人类学则不同，它依旧推崇实地的、参与的、定性的方法，强调通过个体研究来推导出整体之特征或通过窥视整体的一部分的结构而洞悉其全部结构。

人类学家采用的主要调查方法包括参与观察法（participant observation）和访问（interview）。参与观察法是马林诺夫斯基（Bronislaw Malinowski）首倡的一种研究方式。它的重要内容包括：（1）调查者住在调查地区要有一定的时间，一般是一年，使他有机会看到当地人一年内因季节而异的生产活动、宗教仪式和节庆事件；（2）学习当地语言；（3）调查者要像当地社会成员一样生活，深入到当地人的生活之中，才能真正了解他们的文化（汪宁生，1996：27）。这种方法能使研究者目睹实际发生的事情，而不是报告人口述的有时只是社会理想的行为，观察到的日常生活中琐碎的习俗与规范有时对研究而言却是关键性的。为了解观察到行为的意义，访问也很重要，事实上两者一直是相互配合交叉进行的。访问包括结构性访问和非结构性访问两种，相互补充，交替使用。人类学在深度访谈法中积累起来的经验非常值得学习。

人类学调查中的主位（emic approach）和客位（etic approach）这两个概念也很有启发性。主位研究是指研究者不凭自己的主观认识，尽可能地从当地人的视角去理解文化，通过听取当地提供情况的人即报告人所反映的当地人对事物的认识和观点进行整理和分析的研究方法。客位研究是研究者以文化外来观察者的角度来理解文化，以科学家的标准对其行为的原因和结果进行解释，用比较的和历史的观点看待民族志提供的材料（黄平、罗红光等，2003）。对同一件事情，主位和客位的看法可以截然不同。那么，在人类学调查中该如何处理这类问题？一般认为调查和记录应该以主位为主，不然就不能真正了解当地的文化，调查者可能会受到自己文化的影响而产生错误看法。但如果为了解决某一社会问题而找出真正原因，就要兼顾主位与客位两个方面（汪宁生，1996：41）。简单说，人类学者在研究异文化时最好以"客"的身份来尝试"主"的思维。对城市设计人员而言，这种思路在异地作设计的情况时尤为有用。

2.6.2　城市交通学

在城市交通学及其在城市规划中的应用中，对交通现状的调查是非常重要的工作内容。交通调查可以帮助研究者、设计师了解和分析城市交通的现状，分析未来交通需求，利于交通管理和控制措施的制定以及总体规划的编制工作。交通调查采用的主要方法包括对交通量的实地观测以及居民出行的问卷调查两种。其分析方法主要是"汇总类"的分析，先将交通调查的空间范围划分为若干个交通小区，根据交通小区确定出行的起讫点分布情况，通过统计分析法建立 OD 模型[①]，预测交通需求。交通调查不光包括对机动车流量的调查，还包括对行人活动以及其出行意愿和出行特征的调查。很多学者在实践中总结出大量有用的经验，值得本研究借鉴。

居民出行调查是交通调查的重要形式，一般采用抽样问卷调查的方法进行，对交通规划区域常住人口和暂住人口在一定时间内的出行属性如出行次数、出行起讫点、出行目的、交通方式、出行时间等、社会经济属性以及个人与家庭属性等进行调查（张卫华、陆化普，2005）。例如，在同济大学与加拿大康科迪亚（Concordia）大学地理系合作进行"城市设计特征和交通方式选择研究"项目中，选取上海的四个街区组织了一项出行调查，共收集到有效问卷 3896 份（潘海啸、刘贤腾等，2003）。调查采用在人流相对比较密集的道路交叉口对过往行人进行访谈式问卷的方式，记录行人的社会特征、出行特征（出行的起始点和终止点等），以及其对出行方式的评价。研究人员在 GIS 平台上对数据进行分析，得到起始点和终止点的空间距离。再使用 SPSS 和 EXCEL 软件进行统计分析，找出影响人们出行方式选择的各种因素，特别是选择绿色交通方式的主要因素。

2.6.3　行为地理学

传统人文地理学把人类行为看成是相对稳定且可重复发生的一系列事件，大多数人类空间行为研究都局限在汇总层面上，并特别关注经济活动、人流、物流的区位特征，关注特定现象的数量和密度的空间变化（柴彦威、沈洁，2008）。在以人为本及后现代思潮的大背景下，人文地理学研究越来越关注个体人的行为以及生活质量问题。其中，有一个分支与城市交通出行研究比较接近，被称为行为地理学或是时间地理学。该研究方向强调了居民活动的时空连续性，以及行为与空间之间的互动关系，是一种基于居民移动—活动行为的城市空间研究。以柴彦威教授为主的北京大学行为

---

① OD 调查又称交通起止点调查。"O"来源于英文 ORIGIN，指出行的出发地点；"D"来源于英文 DESTINATION，指出行的目的地。

地理学研究小组，对中国城市居民的通勤活动、迁居活动、消费活动、休闲娱乐活动等日常行为的时空特征进行了系统研究，其采用并发展的调查方法值得本研究借鉴。

目前技术水平下大量采集居民活动—移动时空数据最为有效的方法是日志调查法（Diary Survey）（Arentze，Timmermans et al.，1997）。这种方法源于城市交通规划领域对居民出行需求的分析，目前还被广泛应用于社会学、时间经济学，以及行为地理学、时间地理学、健康地理学和女性地理学等人文地理学领域上。它主要通过问卷调查表的形式，通过多种调查媒介（留置式问卷、面对面式访谈、电话调查以及基于手机、网络和GPS的新型方式）收集居民在调查日当天 24 小时内所有与研究相关的活动和出行及其时空信息，以得到大量微观个体的行为数据。柴彦威等人（2009）通过在北京市进行的两天活动日志调查，对日志调查法数据的生产过程和质量管理进行了细致的讨论，对不同调查媒介的优缺点及其在中国城市的适用性作出评估。

对城市居民移动行为的研究主要出自 20 世纪 70 年代后的交通规划领域，运用移动—活动分析法（Travel-activity Approach）寻求居民移动行为与活动行为之间的关系，预测交通需求，开发交通模拟模型（柴彦威、沈洁，2006）。这种模型所基于的是以地区为分析单元的汇总（aggregative）的调查数据。到 90 年代初期，随着基于微观个体的、非汇总（dis-aggregative）调查数据的出现，以及地理信息系统的空间数据管理和分析能力的提高，基于 GIS 的微观时空制约模型得到了迅速的发展。制约模型把时间维度加进了原来只有空间维度的 GIS 模型，实现了时空行为数据的可视化（图 2-3）（Kwan，2002），有利于研究人员寻找活动模式的规律。

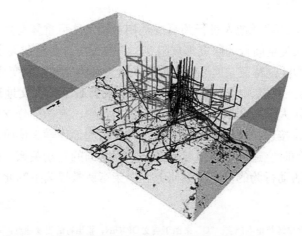

图 2-3　基于 GIS 的美国波特兰地区居民时空间路径图（来源：Kwan，2002）

行为地理学对设计实践的支撑作用主要体现在理论上。它致力于探索移动—活动系统的特征与行为机制，通过行为空间模拟、移动—活动需求预测、适应行为预测等，为城市空间优化、交通规划与出行需求管理等方面的政策制定提供科学依据。它采用的调查方法对人员、技术、时间、经费的要求都非常高。

2.6.4 城市形态学

欧洲城市形态学研究主要集中在该学派的发源地英国（Conzen 学派）、意大利（Muratori-Caniggia 学派）和法国（Versailles 学派）[①]（段进、邱国潮，2009）。该研究领域形成了大量独特的物质空间分析方法，值得本研究借鉴。其中，康泽恩（Conzen）学派发展的城镇平面图分析是一种基于历史地理角度的城市形态研究，以地块（plot）为基本单位作平面图分析，强调对城市形态变化过程的概念化理解（谷凯，2001）。该理论发展出一系列概念有助于理解城市的复杂结构，并解释城市成长与变化的过程。其中包括："规划单元"（plan unit）、"形态周期"（morphological period）、"形态区域"（morphological regions）、"形态框架"（morphological frame）、"用地变化周期"（plot redevelopment cycles）和"城市边缘带"（fringe belts）。

由于该空间分析方法是从历史地理角度入手的方法，它的主要应用范围是历史性街区的设计。以法国雷恩市的城市方案为例，城市形态学研究是该设计最主要的技术支持之一。其分析诊断的具体内容包括四方面内容：对城市肌理的历史演进研究，对街坊、地块的类型学分析，对建筑、开放空间的特征研究；街块的演化趋势研究；现行城市规划条例的实施效果评价；街区规划问题的总结（如公建的设置，人行步道的组织等）（杨璇，2009）。

2.7 小结

在对既有城市设计方法论文献的回顾中，笔者发现尽管调查的重要性在城市设计理论中得到认可，但有关调查方法的学术讨论和成果并不多，很多介绍设计方法的实践案例也往往将其调查过程一笔带过。另外，通过对出版的设计作品集与期刊中实践案例的分析发现，在城市设计实践中调查方法的运用情况良莠不齐。虽然存在不少优秀的案例，但有一部分设计师对调查工作重要性的认识不足，仅仅采用较为随意的观察以及一些传统

---

① 1996 年国际城市形态论坛（ISUF）的正式成立，标志着三大学派在内的 ISUF 谱系已经形成。引自：段进，邱国潮. 空间研究 5：国外城市形态学概论 [M]. 南京：东南大学出版社，2009：1.

的空间分析方法，很少对使用者的行为和认知进行深入细致的现场考察，其设计构思"桎梏于形式的游戏之中"（黄一如、王鹏，2003）。可以说，设计结果的"见物不见人"是调查工作"见物不见人"的直接后果。

由于大部分设计师在学校阶段并没有经过调查方法的系统训练，他们进行的调查常流于主观体验和感受，如果想要补充学习这方面的知识也没有方便的渠道。由于理论界并没有清晰地意识到研究调查和设计调查之间存在的区别[①]，现有的调查方法文献大多搬用社会学调查以及其他建成环境学科研究中的方法。该种来源的文献对设计师而言过于艰涩难懂，另外这些方法也没能对调查如何支撑设计作出说明，设计师需要自行摸索解读调查成果的线索和技巧。不少人由于不得要领，要么陷入了为调查而调查的困境，要么由于对方法一知半解而造成信息解读的失误。因此，对新进的设计人员而言，急需学习设计调查知识的有效途径。

尽管实践中的设计调查工作数量众多，但能找到的相关文献却并不多。这是由于三方面的原因所造成的：其一，设计实践的时间限制总是十分苛刻，调查工作并不一定会以报告的形式整理出来。其二，设计师对设计成果的表达更为重视，会忽略对设计过程的完整呈现。其三也是最重要的一点原因——设计调查方法是一种典型的隐性知识，对它的陈述往往比较零散和简略，难以形成体系。因此，将这种隐性知识显性化的研究工作就十分重要。这也是本研究的主要任务。

文献回顾的另一个重要发现是，有很大一部分调查是从美学、生态、历史保护、技术等视角出发的，从环境行为学视角出发的调查并不多，因此在方案决策阶段，行为因素也就容易被轻描淡写地搪塞敷衍（阿尔伯特·J. 拉特利奇，1990：181）。很多学者都曾指出行为与环境互动的理论难以运用到实践上。例如徐磊青等人（2000）指出，一方面环境与行为研究人员批评环境设计师的问题太具体，时间太紧，对建筑元素和行为的联系处理过于武断；另一方面建筑师和规划师注重实际，以解决问题为主。他们希望环境与行为研究能为某一具体的设计提供资料，常常抱怨研究人员的回答过于笼统或是模棱两可。环境与行为研究所关心的譬如私密性、领域性、拥挤、满意度和安全感等概念对建筑师来说是太一般化、太宏观、太系统了。于是在某些情况下，环境行为学就沦落到从理论到理论的尴尬境地。尽管不少学者提出了环境行为学者与设计师的合作方式，例如蔡塞尔指出可以在计划书阶段、设计方案评价与使用后评价这三种情况下进行

[①] 例如，《城市规划社会调查方法》（李和平、李浩，2004）和《建成环境主观评价方法研究》（朱小雷，2005）两本著作可以看作是社会学调查方法在服务领域变化之后，转变得到的重要研究成果。然而，笔者细查了书中的内容，发现两本书的作者都没能有意识地分辨出服务于研究与服务于设计的两类调查方法之间的区别。

两者的合作（图 2-4）。李志民等人（2009：193）也将环境行为学与建筑设计的结合方向归纳为三类：使用后评价、建筑计划以及景观评价。然而在大部分实践中，实践项目对时间的苛刻要求使得环境行为学者与设计师的合作很难实现。我国现有的使用后评价大多是纯研究项目这个事实就是明证。另外，如果考虑这三种结合方向生效的阶段，我们会发现它们要么是在设计前期，要么是在设计后期，与设计过程中的构思阶段还有一定距离。于是笔者提出这样的问题：有没有可能通过其他方式将环境行为学思想体现到设计中呢？例如，可以通过在调查中重点考察使用者行为与实体环境的关联，为人性化的设计加重砝码。这也是本研究要探索的重要内容。

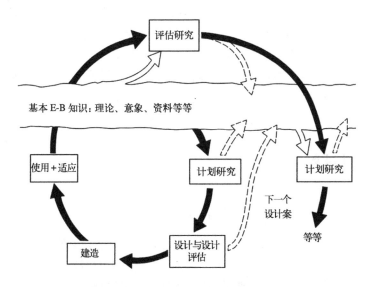

图 2-4　研究者和设计者合作的场合（来源：Zeisel，1996：44）

第 3 章　设计调查的类型、功能与基本概念

　　在着手进行调查方法的转化工作以前，我们首先需要推敲两方面的基础性知识。其一，需要对设计行为的特性拥有深入的理解。城市设计是一个怎样的过程？理性思维与感性思维是如何在其中共存的？在这个过程中，实地调查处于怎样的地位？可以对设计起到怎样的作用？这些正是本章第 1、2 节关注的问题。其二，我们需要对社会学调查方法中的基本概念进行核查，检验它们在设计调查中的适用性。在第 3 节中讨论了"概念化"、"操作化"、"信度"、"效度"等核心概念在设计调查新语境中的含义再定位；第 4 节对调查的具体程序进行了考察，特别提出要以"设计假设"的概念取代"研究假设"，成为调查工作的核心与依据。

3.1　设计过程与调查类型

3.1.1　设计的比喻：黑箱、白箱与灰箱

　　理论家琼斯（Jones，1970）在《设计方法——人类未来的种子》（Design Methods：Seeds of Human Futures）一书中将当时人们对设计的理解总结为三种观点。从创造性的观点来看，设计者是一个黑箱（black box），输入问题，在黑箱中产生创造性的跳跃，随即就能输出解决方案，这种过程充满了神秘性（图 3-1a）。从理性的观点来看，设计者是一个白箱（glass boxes）①，其推理过程被认为是完全清晰的，设计者就像一台人类计算机那样工作，在输入信息后，经过分析、综合、评价这三大直线性的步骤得出结论，其思考完全是客观的（图 3-1b）。从控制论的视角来看，设计者是一个自组织的系统，它能够在未知的领域里发现捷径。琼斯认为最后一种观点能导向他所鼓吹的有效的设计方法。

　　设计黑箱与白箱的比喻体现了设计中理性思维与感性思维的冲突。在这之后，设计方法论得到了长足的发展。在今天看来，设计过程既不

---

① 也有人把 glass boxes 译为透明盒子。但考虑到工整对仗，它常被译为白箱。

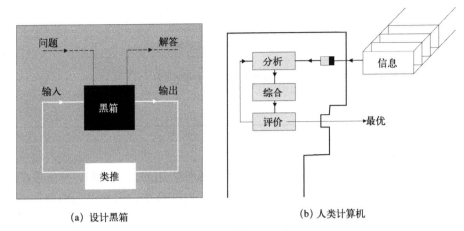

(a) 设计黑箱　　　　　　　　　(b) 人类计算机

图 3-1　黑箱过程与白箱过程（来源：J. C. Jones，1992：48-50）

是完全的黑箱，也不是完全的白箱，而可以被视为一个灰箱[①]。设计思考可以分为两个部分：能被直接观测和不能被直接观测的。显然，调查工作属于设计灰箱中白色的那一部分，它不能取代黑色部分所代表的创造性思维，但却能使设计中理性的成分更加扎实。如果设计活动基本处于黑箱状态，那么设计决策就是不透明的，不能够被开放地讨论。因此，在现代城市设计越来越重视公众参与的趋势下，增加设计思考的"透明度"，促使决策过程向白箱领域靠拢就十分重要。这也是第二代设计方法的六条原则之一[②]。

3.1.2　城市设计的过程

在早期，人们对设计的普遍理解是格迪斯（Geddes，1949）提出的"调查、分析、规划"三个环节的过程。RIBA（1965）的工作手册在它的基础上增加了一个"交流"的环节，将设计过程分为四步：同化吸收—总体研究—设计—交流（表 3-1）。

[①] 在控制论中黑箱、灰箱、白箱概念的启发下，本文提出设计灰箱的说法。在控制论中，通常把所不知的区域或系统称为"黑箱"，而把全知的系统和区域称为"白箱"，介于黑箱和白箱之间或部分可察黑箱称为"灰箱"。参考：赵子都. 黑箱 灰箱和白箱方法：系统辨识的理论基础 [J]. 知识工程，1992（2）.

[②] 第二代设计方法论的第 4 条是有关决策过程的："争执应尽可能地增加'透明度'，把整个过程纳入白箱领域。这有两个原因：第一，因为过程是无规则系统，所以，每一成功的步骤都取决于先前步骤的整体，这是一个渐进决定过程，如果先前的步骤不被充分理解，这过程就失败了；第二，如果这个过程导入错误方向，则必须放松某些限制，不要做决定，而要反馈检查，甚至回到起点。"T. Heath, Methods in Architecture, 1984. 转引自王建国. 现代城市设计理论和方法 [M]. 第 2 版. 南京：东南大学出版社，2004：131-132.

RIBA建议的设计过程		表 3-1
1. 同化吸收阶段	主要包括一般性资料的搜集和专题性资料的搜集	
2. 总体研究阶段	探索所存在问题的特性及其可能的解决方法	
3. 设计阶段	针对存在的问题提出一种或多种解决方案	
4. 交流阶段	将设计方案提交客户征询意见	

（转引自：克利夫·芒福汀等，2006：14）

　　在这之后的设计方法论研究发现，以线性表达的设计过程，尽管看似符合逻辑顺序，却不符合设计实践的特点。在实践中，设计过程中存在着不可预期的反复和跳跃。比方说，如果没有 RIBA 设计过程的步骤 2 "总体研究阶段"，设计师就很难在步骤 1 中确定要收集怎样的信息。人们逐渐理解了综合性设计与科学研究的区别：设计在开始不能一下子就抓住关键性的问题，收集到相关资料或提出各种可能的解决方案。设计问题必须在模糊的、麻烦的和不确定的问题形势下被逐渐构筑起来（Schon，1983）。在设计方案的提出和对候选方案的比较中，设计者会发现新的问题，然后对新发现的问题重新进行定义和研究，进入新一轮的"调查—评价—方案"的循环阶段（克利夫·芒福汀、拉斐尔·奎斯塔等，2006：16）（图3-2）。乔恩·兰（Lang，2005）提出的城市设计过程模型（图3-3）就体现了这种反复性的特点。

图 3-2　规划过程（来源：克利夫·芒福汀等，2006：17）

3.1.3　设计调查的三种类型

　　根据乔恩·兰的设计过程模型（图3-3），设计的开始、中期以及实施后都会涉及调查工作。设计前期需要调查以加深对问题的理解，设计中期候选方案的反复过程中需要补充额外的信息以辅助新方案的生成。再考虑到 POE 研究的呼吁，项目投入使用后也需要调查工作进行使用后评价。因此，正如刘宛（2006：168）所指出的，在城市设计实践过程的每个阶段都有资料收集工作，只是由于不同阶段各有侧重，所需的资料不尽相同，

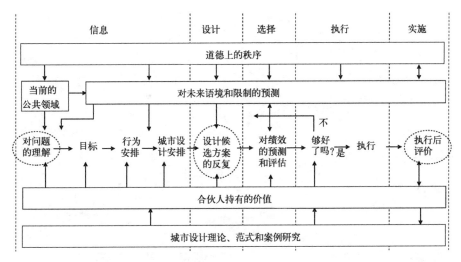

图 3-3 理性设计过程模型（来源：J. Lang，2005：26）
注：虚线圆圈是笔者所加，标注了设计过程中会涉及调查工作的三个阶段

方法也就有异。根据调查与设计过程的关系，可以将其划分为三种类型：设计前的调查、设计中的调查以及建成使用后的调查 [①]。

　　设计前的调查工作与项目策划以及可行性研究有一定的重叠。这一类调查工作的实施者不一定是设计师，业主可以委托专业咨询机构对设计任务和场地的各方面情况进行全面的了解，在调查成果的基础上形成项目任务书。另外，其调查报告将成为设计阶段宝贵的参考资料。英国伦敦千年桥项目的决策过程是一个很典型的例子 [②]。千年桥将圣保罗大教堂和泰特美术馆直接联系在一起，是一处很受欢迎的场所（图 3-4），然而这个项目在酝酿期却遭到了两方面的反对意见（Hillier and Major，2009）。交通工程师们认为，由于在项目选址的附近已经存在 Blackfriars 桥和 Southwark 桥，没有人会使用这座新的桥；而以查尔斯王子为代表的历史保护主义者则认为，在这样一个极其重要的历史地段，为了保护从河面上看到的圣保罗大教堂的景观，要么不应该建设桥梁，要么应该将桥梁放置在向西一些的方位。在这种情况下，泰特美术馆理事会委托伦敦大学下属的建筑学研究小组进行可行性研究，探讨两个问题：需不需要建一座新的步行桥？该如何选址？该项目的负责人比尔·希利尔教授（Bill Hillier）与其研究助理马克·

① 这是一种与社会学调查方法研究相区别的分类视角。社会学调查方法中的常见分类视角是按照调查对象的规模进行分类，分为 4 类基本类型：普遍调查、典型调查、个案调查和重点调查、抽样调查。引自李和平，李浩 . 城市规划社会调查方法［M］. 北京：中国建筑工业出版社，2004.

② 项目名称：London Millennium Bridge Viability study；客户：Trustees of the Tate Gallery；时间：1994 年。引自空间句法公司网页 http://www.spacesyntax.com.

图 3-4　伦敦千年桥的周边环境（来源：google map）

注：桥 1：Blackfriars；桥 2：千年桥；桥 3：Southwark。桥 1、3 相距仅约 650m

梅杰 (Mark David Major) 对这个区域内的桥梁使用情况进行了系统的观察，并采用空间句法模型对该区域的空间结构进行了分析，从而得出结论：这座新的桥将会被不同类型的人（比如游客、上班族）频繁地使用，并将极大地提升河两岸的场所的潜力。这份报告提供的扎实、定量化的证据，有力地驳斥了反对意见，最终说服市政当局认可了该桥的建设。

　　设计中的调查工作与设计的关系更加紧密。它一般由设计师主持完成，也可以由设计师与专业机构团体合作完成。以上海南京东路步行街设计为例 ①，该项目自竣工以来获得了各界人士的好评，这与其扎实的调查工作是分不开的。为了使步行街设计更符合市民的行为活动规律，满足市民活动的需求，设计师组织了详尽的活动意愿问卷调查。通过统计分析发现，在条件允许的情况下，人们表现出较强烈的室外活动的意愿。人们最希望改善与增加的街道设施是座椅与小桌，迫切希望改善的活动是休息活动和漫步浏览，最希望增加的室外活动是露天吧。这些意见都在设计方案中得以一一落实（图 3-5）。改造后的步行街拥有良好的室外环境，绝大部分使用者自然地参与到室外活动之中，给城市带来生机和活力（郑时龄、齐慧峰等，2000）。

① 南京路步行街是指自西藏中路以东至河南路口的南京东路段，全长 1052 米，1998 年设计，1999 年竣工。设计单位：同济大学建筑设计研究院；合作设计：法国夏氏建筑师联合事务所；工程负责人：郑时龄、王伟强。

图3-5　南京东路步行街实景

　　建成使用后的调查与使用后评价（POE）比较类似，其主要不同点在于前者偏重于应用，注重实用性；后者偏重于研究，注重系统性。另外，我国近年来的POE研究大多是纯研究项目，并没有业主委托。在文献记载下为数不多的有业主委托的使用后调查项目中，临沂人民广场使用后评价是一个较好的例子（张军民、季楠等，2009）。2008年，在临沂人民广场建成8年后，该广场的设计人员对其现状使用进行了考察。调查采用的方法以问卷调查为主，观察法和访谈为辅，选取了2个工作日和2个休息日的时间进行，共发放问卷60份，回收有效问卷58份。问卷设计采用语义差别法，包括9个类别32个影响因子。其行为观察发现，使用者的分布较为均匀，不同时间段受欢迎的区域略有不同。在其分析结论的基础上，设计者对广场提出了4项改进措施：增加停车设施，缓解压力；种植大型乔木，以达到隔绝噪声、净化空气、遮阳庇荫的效果；完善配套设施，响应使用者对娱乐、购物、游玩、休憩的需求；加强广场管理。

3.2　设计调查的功能

　　设计调查的核心功能是支持设计，这与支持研究的调查存在极大的区别。社会学理论告诉我们，研究的任务主要在于探索、描述以及解释（艾尔·巴比，2005）。显然，这些并不属于设计要考虑的主要内容。那么，设计调查应该起到的功能是什么？它对设计的支撑作用具体都体现在哪些方面？这虽然是一个非常基本的问题，但并不是每个设计师都对之具有清醒的认识的。布莱恩·劳森（2008：33）就指出，在学生的设计作业中，其收集的大量信息会被机械地罗列在开篇报告中，然而这些占有庞大篇幅的信息通常并不能体现出对最终方案的影响力。在部分设计实践中也有类似的现象，调查成为摆设，与设计方案并没有什么直接的联系。例如，邱少俊和黄春晓（2009）指出当前在城市总规中使用公众问卷调查成为一种风潮，然而其实证分析发现这种调查多流于形式，对规划编制的作用十分有限。在这样的状况下，对设计调查的功能进行梳理就显得十分迫切。在下文，笔者把设计调查的功能整理为三种核心功能外加一项衍生功能，各种功能与调查类型的关系如图 3-6 所示。

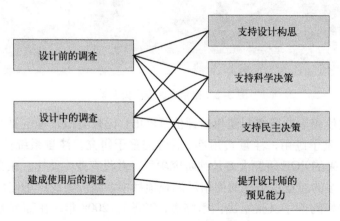

图 3-6　调查的功能与类型

3.2.1　支持设计构思

调查最重要的功能体现在它对设计构思的支持上[①]。邹德慈（2003：62）曾指出，城市设计的方法要与"先验灵感"与"专家赐予"这两种主观主义的方法划清界限。诚然，城市设计要靠丰富的想象力，要靠形象思维，靠创造力。但仅仅这些是不够的。城市设计应该从调查研究入手，将丰富的基础资料和信息，通过设计师的头脑，经过复杂的智力劳动，融合着设

① 要特别说明的是，本研究探讨的环境行为学视角下的实地调查工作仅是设计构思的来源之一。正如卢济威所言，"城市设计的立意来源于与对环境资源的分析，其中包括对历史文化、自然环境、市民行为，以及房地产开发等的研究，在此基础上进行构思，才能创造有特色的，有活力的城市环境"。引自：卢济威.建筑创作中的立意与构思 [M].北京：中国建筑工业出版社，2002：1.

计师个人的智慧、经验、价值观和审美观，形成方案。不少学者持有类似的观点。保罗·D.施普赖雷根（2006）认为，一个好的调查会激发行动的灵感，因此一个成功的城市设计调查就会明确地提出许多思想，从而进行改善、调整或者代替城市的某些部分。通过对一次概念性城市设计竞赛的分析，杨辰和李京生（2003）则提出"概念的产生来源于对基地的深入调查、理性分析和全面认识"。

然而，调查支持设计构思的过程究竟是如何发生的？在场地的调查工作之后，设计者应该被动地等待灵感的降临，还是可以采取更为主动的方式？笔者认为，通过调查探索场地的问题和机会是一种较好的方式。城市设计可以被看作是一种以解决问题为目标的实践（Madanipour，1996：3），而设计中的问题并不是清晰固定的，充满了不确定性。因此，寻找问题就是设计构思的起点。通过探索性和诊断性并重的调查，将基地的问题和机遇清晰化之后，设计师就能为这块场地勾勒出更好的愿景。

上海静安寺地区城市设计就是一个较好的调查支持构思的例子（卢济威，2005）。设计师在空间分析中发现，上海市中心绿地很少，而静安区在当时又是市中心绿地最少的一个区域，人均绿地仅 0.25m²，因此扩大绿地面积是本地区的当务之急。在这种认识下，设计师产生了精彩的设计构思"园包寺"，即将静安公园打开，成为城市开放型绿地并向北扩展，使静安寺位于绿地包围之中。把形成的园林与寺庙结合的城市公共空间在街道界面上显现出来，成为生态与文化结合的城市区域核心（图3-7）。

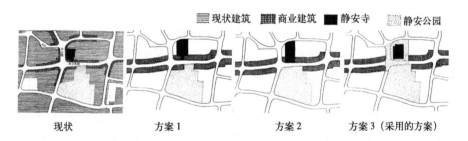

图 3-7　上海静安寺地区城市设计概念方案比较（来源：卢济威，2005：24）

美国伊利诺伊州迪凯特市公园规划的构思过程也值得深思[1]。该区域中一个修建的好端端的街区公园竟然几乎空无一人，这个奇怪的现象激发了景观建筑师泰勒（Bill Taylor）和行为学家斯通（Susan Stone）的好奇心，

---

① Bill Taylor. Cruising, Porch-Sitting, Cycling-Designs fit Neighborhood Patterns in Decatur, Illinois[R]. Landscape Architecture，1978：399-404，转引自阿尔伯特·J.拉特利奇.大众行为与公园设计[M].北京：中国建筑工业出版社，1990：71.

于是他们对这个城市市区居民实际的闲暇消遣活动进行了观察和分析。观察发现当地居民普遍采用的消遣方式是在街区里游荡巡视。青年们总是在特定的街区漫步游荡或是驾车兜风；小孩子们骑着自行车和三轮车在人行道上奔跑，并不时地停下来和旁人打招呼；老人们却坐在住宅入口的门廊里饶有兴趣地观看街道上的热闹事。泰勒和斯通成功地抑制了他们自身的那种中产阶级的以郊区生活模式来设计城市公园的偏爱，根据观察所获得的具体事实完成了一个规划方案。方案将游乐器械、篮球场、花圃和其他文娱设施像撒胡椒面那样遍布在街区的各处。这些分散的场地由那些人们最喜欢漫步其上的便道串联在一起，加宽了路面，增设了座椅。这种从居民的行为倾向出发的设计构思在实践中取得了成功。

3.2.2　支持科学决策

调查的第二项基本功能是帮助设计师作出科学的决策。马库斯和马韦尔把设计过程看作一个可以清晰定义的决策序列，即分析、合成、评价、决策[①]。城市设计项目牵涉到大量的资金，关系到大众的福利，其决策的依据应该不仅依靠设计师的经验和感觉，还需要严谨可靠的调查工作的支持。调查支持科学决策可以分两个层次来阐述。

1）普遍意义上的科学决策

苏实和庄惟敏（2010）指出，在建筑策划中实施空间预测和空间评价能够提高决策合理性，避免资源、财富浪费。乔恩·兰（2008:18）则提出，设计者在宣布其设计决策将会得到什么样的结果之前，应该寻找证据。近年来，"基于证据的决策"（evidence based design）这个概念在西方越来越普遍。例如，在英国最近的一项大型研究项目"VivaCity2020"中，就发展了一系列城市设计决策阶段的调查工具，以帮助城市设计实践人员作出符合可持续原则的决策[②]。还有一些研究人员致力于发展计算机模拟技术，对设计改造后的环境使用效果做出模拟。例如空间句法公司通过将行为调查和计算机技术相互配合，建立空间模型，为很多设计的决策提供了依据。

在我国过去的一些实践工作中，专业机构在决策中缺乏地位，决策存在盲目性（刘宛，2004）。有一些项目多由领导根据需要直接决策，然后由

① Markus, Maver（1969），转引自克利夫·芒福汀，拉斐尔·奎斯塔，等. 城市设计方法与技术 [M].第 2 版. 北京：中国建筑工业出版社，2006：14.

② 这是由英国工程和自然科学研究部（EPSRC）资助，始于 2003 年历时 5 年的大型研究项目。由英国兰开斯特大学、索尔福德大学、伦敦大学学院、伦敦首都大学、谢菲尔德大学这 5 所学校领衔，还包括其他 100 多个组织参与。该项目的主要关注点是可持续城市环境的设计及其实现。其发展的工具既包含软件工具包，也有比较传统的问卷调查量表。引自该项目网站：http://www.vivacity2020.eu/.

专业技术人员进行方案设计，汇报通过后直接进入施工。由于前期缺乏全面综合的论证，其决策的合理性就得不到保证。这种现象往往会导致人们对调查作用的怀疑。然而，要知道"尽管领导者是最终的决策者，但如果有高质量信息的支撑，他们就能作出更好的决策"[①]。设计师对调查工作的效果还是应该抱有乐观的态度。

2）在决策中体现普通使用者的需求

对本研究而言，调查支持科学决策第二个层面的功能更需得到重视，即在决策中体现普通使用者的需求，或者说"替弱者发出声音"。由于城市设计是多目标的实践活动，它要平衡协调的因素非常多，每一种单独的需求只能在权衡之后得到部分的满足。在博弈过程中，调查收集到的资料作为不同需求的证据而被采用。然而，硬资料（包括规划文件、道路交通、自然及景观资源、历史文化状况等）一般是不会被遗忘的；软资料（人的行为活动和意愿）由于其收集手段不够完善，花费的时间也比较多，往往会被遗漏或忽视。在这种情况下，尽管设计师在一开始或许考虑了公共空间普通使用者的需求，但在行为资料缺失的情况下，决策的天平最终极有可能会倒向看似更为迫切需求的那一边。

金广君曾用一张生动的图解来说明城市设计框架中重经济，轻环境，轻社会效益的问题（图3-8）。为什么经济效益会一枝独大？这是因为在博弈过程中，经济维度的代言人更多，声音更响。扬·盖尔（1996）的一段话也体现出普通使用者的弱势地位，他说："不少城市都设有负责详细地调查交通问题、收集相关数据并为将来的发展制定政策的交通管理部门。因此，交通问题通常在城市规划的过程中得到很大的关注。然而，却没有城市设立关注市民、行人及公共生活的部门，也很少有城市收集市民是如何利用他们的城市的资料。因此，在城市规划过程中，人的因素几乎被忽略掉了。"

那么，如果在调查阶段特别注意收集了使用者的行为活动情况和

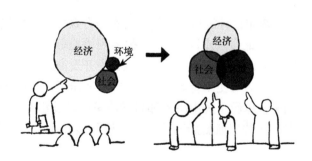

图 3-8　实现经济、环境、社会效益的有机平衡

（来源：金广君，2006）

① 中国城市的交通与可持续发展高级研讨班中，城市交通学专家 Paulo Sergio Custodio 的讲座发言．上海，同济大学．2009 年 10 月 22 日。

使用需求呢？在设计决策中，这些扎实的数据会在决策过程为普通使用者说话。例如，盖尔事务所在伦敦的公共空间咨询中将调查得到的人行流量数据和步行道的状况并置在一起，提出疑问：在摄政街上每天的人流量有 3 万多人次，而一条很少使用的后勤车道打断了人行步道的连续性，这是不是暗示着使用这条车道的极少数车辆要比 3 万多人据有更重要的优先权？珠海莲花路步行街设计的案例也是一个较好的例子[①]。珠海市有意将莲花路更新改造成商业步行街。在几次现场勘查后，设计师提出了初步构想，开始的方案对形式和风格的考虑较多。为了检验设想和进一步准确地把握问题，他们又进行了前期评价研究，对莲花路商业街环境和使用行为作实态调查。因子分析发现，街道交通和购物环境、商店的形态与构成、购物的便利性等因素是商业步行街使用者更为关心的因素。分析结果使设计小组找准了设计决策的关键切入点，克服了仅凭设计者主观判断的盲目性，还发现了许多未注意到的问题。于是，设计者在方案中融入了调查获得的意见，将总的设计原则更新为既要美化城市，又要方便群众（朱小雷，2005）。

3.2.3 支持民主决策

调查的另一项功能是支持民主决策。这一点与科学决策有交集也有所区别，除了克服设计者思考问题的狭窄性和片面性，提高设计质量的功能，通过广泛收集多方人群的意见，调查还可以保证设计成果能反映大多数人的利益，从而产生出更稳定和自我满足的社会环境，创造社会资本。这与当前的热点话题"公众参与"的高级目标[②]是一致的。本条目也可以分为两个层面来表述。

1）通过多种调查方法广泛收集民意

城市设计过程中，收集民意的有效形式主要包括问卷调查、深度访谈、公众听证会（座谈会）、专题系列讲座等。这些不同的形式确保收集到的民意来源广泛，既包括当地政府、开发商，也包括收到项目影响的小业主、公共空间的使用者等多方人群。广州市商业步行街实态调查是一个较好的例子，体现了民主决策和科学决策的最佳组合（袁奇峰、林木子，1998）。在广州的旧城更新改造中，传统骑楼商业街在道路拓宽工程中逐渐消失。

[①] 1998 年设计，由于投资的原因，该方案没有赋予实施。

[②] 谢莉·安斯汀"公众参与的梯子"一文被广为引用。她将公众参与归纳为三类八个层级。梯子下段叫"不是参与的参与"，有两级：最底的是"操纵"，以上一级是"治疗"。梯子中段是"象征性的参与"，共三级：先是"通知"，再上是"咨询"，更上是"安抚"。梯子上段是"有实权的参与"，共三级：先是"伙伴"，再高是"代理权"，最高是"市民控制"。引自 Arnstein, S. A Ladder of Citizen Participation[J]. Journal of the American Planning Association, 1969.

在这样的背景下，市政府提出了保护第十甫、下九路传统骑楼商业街的要求。1995 年 9 月开始，该路段推出周末限时步行街。1996 年，广州市城市规划勘测设计研究院进行了四个大型的实态调查：市民问卷调查、商户问卷调查、现状交通观测、步行街人流调查分析，以此探讨本路段实现永久步行化的可能性。对市民的问卷调查散布到全市各区，共计 800 份，回收 480 份，有 64.4% 的市民赞成街道的步行化；对商户发放的问卷共计 200 份，回收 122 份，61.2% 的商家赞成建设步行商业街。该民意调查反映了与项目最为相关的两大团体——市民和商家的普遍意见，让设计者掌握了他们对步行化的态度和建议。建成后的实践证明，步行街的保护和改造是成功的。这里成为现代城市人休闲、购物的好去处。

2）通过调查过程提高大众公共参与能力

李翅和马赤宇（2003）指出，从我国目前的城市规划实践来看，公众的规划意识薄弱，知识层面较低，以至于他们不足以成为设计方案真正的参与者，公众参与仅仅成了一种宣传方式。公众有参与热情，但不具有参与的能力是一个普遍现象。在这种状况下，民主决策的目标就显得有些尴尬。来源于个人经验的意见有闪光点，也存在盲区。城市问题相当复杂，普通人不经过培训很难全面理解规划缓慢的演化过程，以及各种要素相互交叠的关系（黄一如、王鹏，2003）。

对于解决这个难题，英国约翰·汤普逊及合伙人事务所（John Thompson & Partners）的一条理念非常管用——"总体设计师或社区规划师的职责就是在交流中传输知识"（田英莹，2007）。他们并不赞同在一开始就为公众灌输信息的做法，认为这并不能帮助决策的产生。他们力图从项目最初阶段，就与公众一起讨论问题，提出解决方案，使其感到他们是设计的一分子。如果设计师不能采纳公众的想法，就明确地解释理由和原因，对所有事项都保持诚实和透明。这种全程参与的做法可以使公众得到规划知识，知道了该怎样提出批评意见，该怎样提出最后决策建议。例如在英国约克郡上考尔德山谷更新规划（Upper Calder Valley）中，JTP 进行了 6 项工作——鼓励、参与、综合、共识、战略和行动。在近一年的设计过程中，设计师一开始便与当地组织和团体进行非正式联系，举行"社区规划周末活动"，邀请公众和社会团体参加，详细讨论当地问题。在综合集体意见之后，逐步转向较为正式的参与活动，例如定期的社区的论坛，最后由非营利性操作组织进行正式咨询，得出战略规划和行动方案（JTP 公司网页）。

3.2.4　提升设计师的预见能力

最后一项调查的功能是设计调查的衍生功能，或者说副产品（by

product)。调查除了能提高设计师对项目本身的判断能力以外，日积月累的调查工作将能有效地提升设计师的预见能力，使他们能更深刻地了解使用者与空间的交互作用的机理。这种预见能力是其职业修养的重要组成部分——设计者先想象将来的场景，然后以设计手法促使它的实现。

预见能力对成功的设计而言是必不可少的。在历史中，我们发现大量设计师想象的空间和最终的使用状况大相径庭。20世纪60年代在欧洲大量建造的社会住宅是众所周知的例子。那些交叉穿梭的迷宫式道路成为犯罪事件频发的场所。布莱恩·劳森（2003：211）曾指出："新颖的和原创的观点在建筑圈中受到了高度的评价，这远比其他社会科学要高得多。然而建筑师并没有搜集和研究已有信息的能力，正是这些信息可以揭示他们作出的预言中的不合理因素……我们能看到建筑师们总是在力争创新，但是却受限于预测力的不足以及缺乏从错误中学习的能力。"

怎样才能有效提高预见能力呢？这种能力表现为设计者本人的直觉判断，属于隐性知识的范畴。然而赫曼·赫兹伯格却指出，大脑吸收和记录的每一件事都要添加到记忆中储存的所有想法中：成为一个无论何时出现问题你都可以参考的资料库。从本质上讲，你看得越多，吸收得越多，经历得越多，你可以用来帮助自己决定采取哪个方向的参考资料就越多：你的资料库在扩大[1]。因此，设计师如果在自身经历的设计实践中有意识地观察、思考，他的洞察力就能得到逐渐的提高，由这个途径得到的知识比他从书中学习到的知识会更加记忆深刻。在三种调查的类型中，使用后调查对提高预见能力的效果最好。它可以助设计者在设计过程中形成反馈机制，促进设计质量不断提高（朱小雷、吴硕贤，2002）。

北京西单文化广场的设计和改造过程是设计师需要不断提升自身预见能力的一个极好例子。该广场工程总投资5.4亿元，于1999年投入使用，在当时受到了建筑界的广泛赞誉[2]。在方案构思中，建筑师设想了这个地块可能会发生的行为模式，并将这种考虑融入了平面布局设计："根据该地区的特点及广场功能，到达广场的人流主要分为来广场休闲、娱乐的滞留人流和南来北往的通过人流，故本方案将广场分为动、静两部分。在广场西南角是一个绿化与铺装组合的通过广场，主要为路过西单路口的交通人流服务；以中心圆形下层广场为核心，连接周围的铺地、台阶、平台的大部分面积是供市民休闲、交往的文化广场。"（邵韦平，1998）然而，这

① Herman Hertzberger (1997). Lessons for students in Architecture，转引自布莱恩·劳森. 设计师怎样思考——解密设计 [M]. 北京：机械工业出版社，2008：147.
② 该广场位于北京西单商业区南侧，是一个兼具文化、休闲、娱乐、交通及绿化功能的城市广场。它的平面接近正方形，边长大约为160m，四周被城市道路限定，南倚长安街，北靠华南大厦与中友百货，东临图书大厦，西南角是地铁西单站的出入口，总面积 $2.12hm^2$，绿化率52%。

个广场的实际使用状况却与这种设想产生了较大的偏差。张伟一和梁玮男（2007；2009）主持的使用后调查显示，该广场仍是以步行行为为主体的交通广场。人行流线调查显示，五条线路的流量差别很大（图 3-9）。连接图书大厦和西四的流线由于广场网格草坪、低利用率的下沉广场的存在而变得迂回曲折。其中，广场西南角沿下沉广场的边界已因行人的踩踏而形成一条斜径，管理者不得已对其进行了铺装。坐憩情况调查发现，大部分行人更愿意坐在人行道的马路牙子上，而不是设计师原先设想的位置——广场台阶、观众区或下沉广场。使用者反映下沉广场底部没有东西可看，有"坐井观天"的不适感。另外，大片草坪在北京特殊的气候下没有舒适性可言，休闲人群仍处于烈日与风沙之中。

图 3-9　北京西单文化广场流线鸟瞰示意图（笔者改绘）
注：五条流线的粗细反映了人流量的大小

　　由于该广场在景观、功能等方面存在的种种问题，在短短七八年后政府就决定对它进行改造。改造方案增加了 45°角穿行景观视廊，取消了中心下沉区，使广场的中心更容易抵达并充满吸引力；以阵列的树木和照明灯具取代南部原有的棋盘式草坪，提高了广场聚散人流的能力；增加了石头座椅；恢复西单牌楼瞻云坊，以增加历史记忆（BIAD 方案创作工作室，2008）（图 3-10）。此次改造共历时 2 年多时间，耗资人民币 1.5

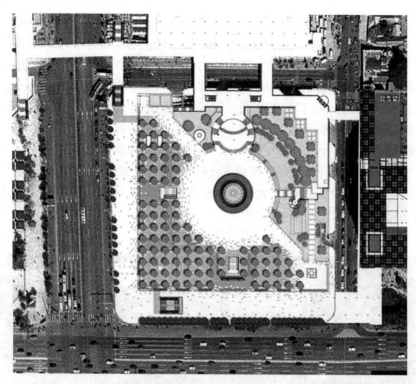

图 3-10　改造后的西单文化广场（来源：北京市规划委员会网站）

亿元（岳瑞芳，2009）。这个案例以昂贵的代价加深了设计师对人们行为习惯的理解。例如，行人不喜欢太大的高差变化，因此要十分谨慎地处理下沉广场的设计。又比如，适用于西方的大草坪在中国并不符合国情，休憩区的景观应该首选有树荫的乔木。

3.3　核心概念的含义辨析

社会学调查中有一系列重要的概念。它们的定义和作用都是什么？在设计调查的新语境中，应该如何重新定位其含义？这些就是本节所要回答的问题。我们将依次讨论五部分内容：社会科学中的测量，概念化与操作化的概念，测量层次，抽样方法，以及测量的品质控制。

3.3.1　社会学中的测量

城市设计研究者们认为设计的标准可以大致分为两类：可以量度的与不可以量度的（Shirvani，1985；王建国，2004）。前者包括三维形体的量度，如楼层面积、建筑物后退、高度、体量、断面尺寸等；后者包括有关美观、心理感受、舒适、效率等定性原则。不过这种分类其实是一种在自然科学框架下的认识。对社会学家而言，任何存在的事物都是可以被测量的，只不过测量的精确度有所区别。对社会科学而言，将对象分类就是一种最低层次的测量。

在讨论具体的测量方法之前，我们首先要认识到，对不同的测量对象而言，其测量难度是有极大区别的。卡普兰（Abraham Kaplan）曾将科学家测量的事物分为三类（图 3-11）[①]。第一类是可直接观察的事物，就是那些我们可以简单、直接观察的事物，如空间的面积大小、座椅的数量等。第二类是不能直接观察的事物，需要更细致、更复杂以及非直接的观察。例如，当我们看到问卷上某人在"30~40岁"一栏画上了标记，那么我们就能间接地确定这位受访者的年龄。另外，在公共空间中发生过的社会行为（车祸或盗劫案件）由城市管理档案提供了记录。第三类是建构的事物，即理论的产物。它来源于观察，却不能被直接或间接地观察。比方说公共广场的品质、城市街道的可步行性、使用者对场地的满意度等。没有人能够直接或是间接地观察到这些概念，但是大家对它们都有共识性的理解。

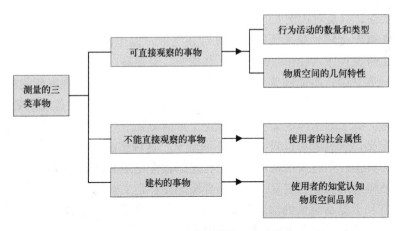

图 3-11　科学家测量的三类事物

这种分类法能够有效地帮助我们理解不同事物的测量难度。以设计调查的测量对象为例，行为活动的数量与类型、物质空间的几何特性是能够被直接观察的，其测量方法比较简单；使用者的社会属性是不能被直接观察到的，其测量要掌握一定的技巧；使用者的知觉认知、物质空间品质等属于建构的事物，其测量则需要"概念化"和"操作化"的过程。

---

① K. Abraham. The Conduct of Inquiry：Methodology for Behavioral Science, San Francisco：Chandler, 1964. 转引自艾尔·巴比. 社会研究方法基础 [M].（第 10 版）. 北京：华夏出版社，2005：119.

3.3.2 概念化与操作化

在研究调查中，如果我们希望使用结构化的方法收集资料，在资料收集与分析之前，首先要经过"概念化"和"操作化"的程序。这是因为，社会学调查区别于自然科学中的测量，科学家们想要研究和测量的对象常常是人们的情感、意象、倾向、态度等主观现象，以及属性、关系等社会现象，即属于"建构的事物"。尽管表达这些现象的术语在普通人的头脑中会产生一种大致相同的印象，但它们是含糊的，不同的个体之间还存在着偏差[①]。只有通过概念化和操作化的过程，术语才能转化为精确的研究对象，具有科学测量的意义。

概念化（conceptualization）是我们指出术语具体含义的过程，使模糊印象明晰化，为研究中的概念指定了明确的、共识性的意义。这个明确化的过程包含两方面的工作：指定一个或多个指标（indicators），以及区分概念的不同维度（dimension）。例如，一个广场是否做到了以人为本，可以测量该广场是否有足够的休息座椅，是否提供了遮风避雨的场所，围合界面是否尺度宜人等等。这些指标将综合说明该广场的以人为本的表现。还可以把这个概念分为不同的维度来考察：对车行使用者的关注，对普通行人的关注，以及对残疾人的关注度。

在概念化将抽象术语的界定和详述之后，操作化（operationalization）是特定研究程序（操作）的发展，并指向经验观察。由于概念并不存在于真实世界之中，不能被直接测量，操作化就是把无法直接观察到的概念，用代表他们的外在的、可直接观察的具体事实来替换，以便通过后者来研究前者。概念的操作定义明确地规定了如何测量一个概念。它接近概念的真实定义，研究者可以对它持有不同意见。这种做法符合科学的特性：指涉绝对具体，不会模棱两可。某个特定的操作化定义经过实践的检验，会形成该概念的标准化定义。推动重要概念操作定义的标准化非常重要。其一，有利于提高测量的信度和效度（在下面一节会详细解释这点）；其二，如果能使用相同的方法和指标进行测量，其结果就可以相互比较。

那么，对设计调查而言是否需要"概念化"和"操作化"的程序呢？我们知道，研究与设计工作的任务有极大的区别。研究关心的是提炼出具有普适性的"抽象规律"，因此需要通过概念化和操作化的过程，将人们能够大致理解的术语转化为精确的研究对象；而设计关心的是对应于现状的"具体改造措施"。因此，对设计而言，适度的概念化与操作化的程序能加强测量的准确性，而过于成熟和复杂的程序则没什么必要。以对满意

---

① 比方说，"一个高品质的场所"这个概念对不同的人而言就会具有不同的含义。一些人会强调其美学的维度，另一些人可能会强调人性化的维度。

度的测量为例，设计调查如果要搬用研究的程序，就需要将综合满意度分为二三十个因子的单项满意度，分别收集其数量化信息，最后通过统计分析得出各个因子的影响程度。笔者认为，这种耗费时间的过程对设计而言并没有什么助益。还不如直接询问使用者"最满意的因素是什么？最不满意的因素是什么？"来得更加直接有效。

在设计调查中，物质空间品质属于建构的事物，需要概念化操作化的过程。然而在经典社会理论之中，对空间论述是片断式的、零散的，关于空间与社会之关系的表述或抽象或含糊，空间仅仅被视为社会关系与社会过程运行其间的、自然的、既定的处所，被视为无关紧要的、不引人注目的。尽管在列菲弗尔、吉登斯、布迪厄等社会学者的推动下，当代社会学理论产生了空间转向，但是这种转向的进展有限，仍旧面临着诸多困境（哈维·戴维，2003）。因此，在社会调查方法的进展中，空间特性的操作化没有得到有效的发展（何雪松，2006）。而在另一方面，对城市设计而言，空间却并不是一个中性的平台。环境行为学理论认为空间与社会因素的互动十分重要。设计调查必须加强对空间概念的测量能力，发展具有共识性的操作化概念。这也将成为本研究的关注点之一。

3.3.3 变异范围与测量层次

操作化的具体内容还包括确定调查对象特性的变异范围以及测量层次这两个步骤。在对任何概念进行操作化时，我们要清楚地知道其特性或品质的变异范围，即要满足完备性（exhaustive）要求。例如，在调查人们对一条步行街改造的态度时，如果将答案选项分为 4 类："非常赞成"、"赞成"、"反对"、"非常反对"，这就遗漏了一种可能性："不清楚"。受访者可能对步行街改造并不了解，如果少了"不清楚"这个选项，他们就有可能胡乱作一个选择，影响测量的信度。除了变异范围要涵盖所有能观察到的情况，各个属性还应具有互斥性（mutually exclusive），也就是说，不会出现有人被同时归到两种类别的情况。在珠海莲花路步行商业街环境评价中，使用了语义差异法调查（表 3-2）。其中，第 15 点项目犯了个很明显的错误。表格中把"希望街中有更多喷泉、雕塑、广告等文化设施"，以及"广告、雕塑、布告牌少些"两项作为语义差异的两级（下表）。然而很可能出现的情况是，被调查者既希望街中有更多喷泉和雕塑，又希望广告少些。其选择项不具备互斥性，就会导致测量的失效。

在确定了调查对象特性的变异范围之后，就要在变异的两级中间划分出层次来。根据不同的精确度选择，测量可以分为四个层次：定类测量、定序测量、定距测量、定比测量。这四个层级的数量化程度由低到高，高层次的可以向低层次转化，但反过来就不行（图 3-12）。

表 3-2

语义差异法调查表局部

项目	评价程度						对应项目
	很好　一般　两可　一般　很好　非常好						
……							……
15.希望街中有更多喷泉、雕塑、广告等文化设施							广告、雕塑、布告牌少些
……							……

（来源：朱小雷，2005：357）

定性测量举例：性别

定序测量举例：虔诚度

定距测量举例：IQ

定比测量举例：收入

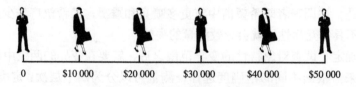

图 3-12　测量层次（来源：艾尔·巴比，2005：133）

注：定类测量（nominal measures）在这张图上被翻译为定性测量

定类测量是对调查对象性质或类型的测量，比方说使用者的性别是男人或女人，使用者的状态是行走、站立还是坐憩。这种测量的数量化程度最低，其测量结果在数学上只有"等于"和"不等于"两种状态，只能作频率分布、在总体中所占比例等有限的几种数量统计。

定序测量是对调查对象的等级或顺序的测量，例如对文化水平、满意程度、户外活动频率等内含高低、强弱、先后、大小差异的社会现象的测量。其测量结果在数学上可以用"大于"或"小于"来表示，也只能进行频率分布、比例关系等数量统计。指标和量表都是对变量的定序测量。其中，经常被采用的是李克特量表（Likert scale），大致以下面的形式出现：非常同意、同意、中立、不同意、非常不同意。这种量表常在问卷设计中使用，能够清楚地反映被访者相对同意的程度。语义差异量表（Semantic Differential），即 SD 法，也是一种常用的量表，该方法让受访者在两个极端的有相反意义的形容词项目上，依主观感觉在每对形容词间的量尺上进行判断。例如对一个广场的感觉处于"传统的"和"现代的"哪一端？布莱恩·劳森（2003：243）把这种方法作为一种主要的空间测量方法进行介绍。他指出由于普通人没有受到如何描述场所的训练，他们只能朦胧地强调自己的喜好。而这种基于心理学的测试方法能够帮助研究者清晰、准确获取普通人关于场所质量的感受和评价。

定距测量是对调查对象之间数量差别或间隔距离的测量，例如年龄、家庭人数等。这些变量属性之间的距离是有实际意义的，其测量结果可以用具体数字来反映，可以作加减法的数学运算。当定序测量表的量尺标度是对称时，它就成了定距测量。例如 SD 法的记分标度为 7 级时（+3，+2，+1，0，−1，−2，−3），就是一种定距测量。

定比测量是对测量对象之间比例或者比率关系的测量，例如参加某活动的次数、性别比例等。其测量结果可以用百分比来表示，其测量结果不仅能作加减运算，也能作乘除运算，可以进行较复杂的统计分析。用定比测量来比较两个人，我们能够知道：①他们是否相同；②其中一个是否比另一个更……；③他们的差异有多大；④其中一个是另一个的多少倍。这是最高层次的测量，能够转化为较低层次的测量。

在调查中使用何种测量层次，首先取决于对象的自身特性，其次取决于调查的目的和要求。某些对象只能按性质分类，就只能使用定类测量。而另一些对象，例如年龄阶段等，既可以采用定类测量（小孩、成年人、老人），也可以采用定序测量（<18，18～35，35～60，>60），还可以准确地记录实际岁数作为定距测量。在这种情况下，应该根据调查的精确性要求选择恰当的测量层次，详见第 5 小节的内容。不过在此之前，我们还要探究抽样方法中的一些要点。

3.3.4 抽样方法

依据调查对象规模的不同，社会学调查可被分为普遍调查、典型调查、个案调查、重点调查、抽样调查几种类型。其中，抽样调查是在现代统计学和概率论基础上发展起来的一种调查方法，运用最为广泛。在通常情况下，为了节约时间和经费，我们不可能对所感兴趣的全体成员进行观察（普查），但我们可以从总体中抽取样本，从样本中收集资料[1]。如何能保证从总体中选择的样本具有代表性？抽样程序的设计非常关键。

根据抽样程序性质的区别，抽样调查又可分为随机抽样（Random Sampling）和非随机抽样（Random Sampling）两大类[2]，这两大类又可以细分为小类，如图 3-13 所示[3]。随机抽样指的是调查对象总体中的每一抽样单位都有被抽取的同等可能性，即"机会均等原则"。这种选取样本的方式在最大程度上排除了主观性的影响，是社会科学研究中采用的主要方式。采用随机抽样有一个前提条件，即获取一份完整的调查对象总体名单。在城市设计调查中，这份名单要么很难获得，要么并不存在（例如某广场的全体使用者），因此实际运用这种方法的案例并不多。

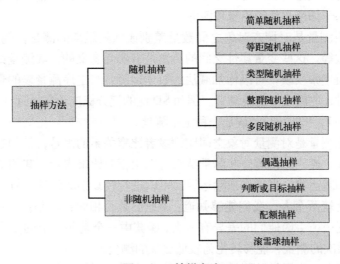

图 3-13 抽样方法

---

① 在设计调查的三类对象中，对场地使用者的行为和认知一般采用抽样调查。但对实体环境的调查属于普查。

② 又称概率抽样和非概率抽样。特别要注意的是，这里的"随机"与其作为日常用语的含义不同，并不是随意的意思，而是概率意义上的严格的随机。

③ 各个细分抽样方法的定义可以参见：李和平，李浩. 城市规划社会调查方法 [M]. 北京：中国建筑工业出版社，2004：57-65.

在随机抽样的多种细分方法中，等距随机抽样法（Isometry Random Sampling）相对而言简便易行，样本分布均匀，代表性强。这种方法的具体过程如下：首先编制调查对象总体的花名册，将所有对象排列编号，然后用总体数量除以打算取得的样本量，以此决定抽样间隔，然后在第一抽样间隔内随机抽取一个号码作为第一个样本，最后按照样本间隔等距抽样。上海市静安区南京西路社区规划中进行的一次问卷调查，采用的就是这种方法。设计人员在街道委员会及其居委会的帮助下，以登记在册的户籍家庭名单序列为基础，选用相同间隔的门牌号码（10个）抽查，采集了总户数1/10的样本数量，共约2120户作为样本（黄怡，2006）。

然而，随机抽样一般来说需要获得对象总体的名单。在很多情况下，获得这种样本的难度很大并且十分昂贵（达莱尔·哈夫，2009：13）。很多城市设计周期短、资金有限，并不总是有条件进行随机抽样的调查。因此非随机抽样方法也常被选用，最简单的非随机抽样法是"偶遇抽样法"（Accidental Convenience Sampling）。这种方法即指调查者根据现实情况，使用对自己最为方便的方式抽选样本，例如在街角随意拦下路人进行访问。在城市设计实践中，很多问卷和访谈都是采用这种方法完成的。它的优点是方法简单、方便省力和节约时间；缺点是样本代表性差，有很大的偶然性。例如，我们常常会发现，在使用偶遇抽样法采得的调查对象样本中，女性和老人的比率总是要远高于男性和青年。这并不一定是因为城市环境中女性和老人的人口比例较高，而可能是由于在调查过程中，调研者发现女性和老人愿意接受访问的概率要高于男性和青年。为了减少被拒绝的尴尬，他们就会有选择地去挑选被访者，造成了样本的误差。

针对偶遇抽样法的弱点，推荐采用"配额抽样法"（Quota Sampling）作为其升级版本。配额抽样法即指先根据总体各个组成部分所包含的抽样单位的比例分配样本数额，然后由调查者在各个组成部分内根据配额的多少采用偶遇抽样的方法抽取样本。例如，在某一城市区域作问卷调查，应该先根据人口普查的资料得知各个年龄层次和性别的人口比例，再根据这种比例确定不同年龄和性别属性的调查对象的人数。又如，在城市更新项目的公众参与访谈中，应该采用配额抽样法的逻辑，有意识地收集各种不同来源的意见，包括当地居民、当地的零售业主、将来的开发商等等，这样其调查结果就能比较完善地反映不同群体的态度和建议。苏州市总体城市设计编制过程的"城市设计公众调查"就采用了这种做法，在参与广度上涵盖工人、律师、画家、规划师、建筑师、房产开发商、会计、职业经理人、教师和公务员等众多职业背景；同时考虑男女比例、年龄构成以及新老苏州人的比例（朱峰，徐克明 2009）。与偶遇抽样法相比较，配额抽样法仅仅增加了一个简单的步骤，就能有效地加强调查样本的代表性，充分反映出总体内部可能存在的差异。与随机抽样法相比较，尽管这种方法牺牲了一定的准确度，但它简便易行、快速灵活。因此，笔者认为配额抽样法较好地平衡了客观性和效率的要求，是一种现实可行的抽样方案。

特别要指出的是，除了问卷和访谈法需要选用抽样方法，本研究第5章讨论的行为观察法也需要抽样。调查人员不可能观察所有的使用者行为，因此采用抽样方案，以样本代表总体。行人计数法每一个小时随机抽取5分钟的人流量，活动注记法每一个小时随机抽取一个时间片段的使用者分布情况，其采用的抽样方案实际上是"等距随机抽样"。因此，从社会学的视角看来，由环境行为学发展而来的行为调查方法，其取样方法也是有效的。

在确定了抽样程序以后，还需要确定样本规模。多大的样本规模，其测量结果就可以被接受推广至总体？这个问题并没有简单的答案。以凯文·林奇主持的城市意向调查为例，波士顿只有30人接受了调查，在泽西城和洛杉矶更是少到仅有15人（2001：117）。不过这是长时间、深入的问询，小样本取得的资料非常多，涉及大量的分析工作[①]。与它相对比的是苏州市总体城市设计中进行的民意调查，利用报纸、网络等多种途径，共收回有效问卷3510份（徐善登、李庆钧，2009）。

理论上说，样本规模的确定，与抽样的精确度、总体的规模、总体的异质性程度和调查者的人力、财力、物力和时间等因素都相关（李和平、李浩，2004：65）。其中，总体的异质性程度指的是被调查对象的差异性。如果是一个较为均值的群体，很少的样本就可以反映整体的特征；如果是一个异质性的群体，则需要很多样本才能全面反映情况。样本规模的大小可以通过计算公式估计[②]，但其计算较为复杂，需要一定的统计学知识。所以凭经验确定样本数目的大致范围也是较为可行的做法。表3-3是根据经验确定样本数的大致范围表，样本总数一般应该控制在50～1000之间。

样本数量的参考表 表3-3

总体规模	样本占总体的比例	总体规模	样本占总体的比例
100人以下	50%以上	5000～10000人	15%～3%
100～1000人	50%～20%	1万～10万人	5%～1%
1000～5000人	30%～10%	10万人以下	1%以下

（来源：李晶，2003：71）

---

① 其访谈十分冗长，通常需要一个半小时左右。来源：凯文·林奇.城市意向 [M].北京：华夏出版社，2001：109.

② 例如，如果采取简单随机重复抽样，其估算公式是：$n=t^2 \times \sigma^2/\varDelta^2$，$t$ 代表由样本指标值推断总体指标值的把握程度，即概率度；σ 代表总体单位某一标志变异的程度；$\varDelta$ 代表样本某一特征的平均数与总体特征的平均数之间的允许误差。顾朝林.城市社会学 [M].南京：东南大学出版社，2002：237.

在统计学中，将样本数量少于或等于 30 个个体的样本称为小样本，大于或等于 50 个个体的样本称为大样本（李晶，2003：71）。尽管由于大样本的研究总体和总体异质性比较大，要优于小样本，但也不是说样本的规模越大越好。如果能采用科学的取样方法，少量的调查就能够很好地反映出整体的情况。比较有说服力的一个例子就是美国总统大选前的民意测验。它采用不超过 2000 个的样本，就可以对大约 1 亿选民的行为作出较为准确的预测（误差不超过 2 个百分点）（艾尔·巴比，2005：174）。对于 POE 调查，张钦楠(2007：213)认为其调查对象以不超过 250 ~ 300 人为宜。

3.3.5　测量品质

准确性（accuracy）和精确性（precision）是判断测量品质的重要标准。其中，准确性是测量品质最核心的要求。如果调查不准确，其结果就毫无意义，甚至会对决策造成有害的影响。因此，社会学研究人员往往在这个方面投入大量的精力。衡量测量准确性有两个技术性指标：信度和效度。

信度（reliability）指的是使用相同研究技术重复测量同一个对象时得到相同结果的可能性，又译为"可靠性"，可以用信度系数来表示。任何测量方法都存在信度的问题，但程度有所不同。到底信度水平如何才能被接受？一般认为，当测量的可重现性降到 75% ~ 80% 以下时，即当用同一种手段将被测物体测量 2 次，得到同样数值的机会小于 75% ~ 80% 时，就失去了利用价值[①]。为了加强测量的信度有一种便利的做法，就是采用他人使用过的、经过检验的、十分可信的测量方法（艾尔·巴比，2005：139）。那么，在城市设计领域是否也可以形成对一些重要概念的通用测量方法呢？在本文的第 5、6 章，将对这个问题作一些探索。

在信度之外，高品质的测量还需要效度（validity）的保障。它指的是测量在多大程度上反映了概念的真实含义。韦伯等社会科学家（Webb, Campbell et al., 1966）特别强调收集信息时调查方法对调查对象不能造成干扰性，以此保证社会学研究的有效性。他们还提出应该通过三个互相独立、互相制约的方法去检验测量结论，这样就可以弥补不同技巧所隐含的偏见，减少出错概率，达到增加信度和效度的效果（Webb, Campbell et al., 1966）。这种方法被称为三角测量术（triangulation）[②]，在当前已成为社会学研究中一种较为普遍的做法。穆尔指出，近年来的研究与较早期的研究有所区别，不再采用单一的研究方法，而往往采用多种方法的结合。由于结论是通过不同途径共同得到的，其信度自然能到保证（Moore,

---

[①] 彼得·罗西，霍德华·费里曼，马克·李普希. 项目评估方法与技术 [M]. 北京：华夏出版社，2002：185. 转引自陈宇. 城市景观的视觉评价 [M]. 南京：东南大学出版社，2006：135.

[②] Triangulation 这个词在中文语境中又被翻译为多角印证、三角交叉检视法、三边映证、三联法则等。

2004)。另外，对一个复杂的概念来说，单一指标通常不能涵盖其全部维度，因此也就不能保证其测量的效度，一般会引入量表和复合指标来解决这个问题。特别要注明的是，对设计调查而言，其需要测量的概念比较简单，一般来说不会发生严重的效度问题。

　　信度与效度这两个概念既密切联系，又有明显区别。做到了信度要求的测量不一定有效。比方说，如果在抽样时方法有误，虽然每次测量得到的结果相似，但这只是一再地重复了错误而已。做到了效度要求的测量不一定信度高。比方说，深度访谈可以有效地揭示概念的丰富内涵，但是源于调查者个人的主观性和技巧差异，这种高效度地测量信度却得不到保障。另外，信度和效度之间经常存在张力，有时会因为获得效度而舍弃信度，或为了求得信度而牺牲效度①。图3-14以图解的方式呈现了效度与信度之间的差别。可以把测量的品质比作命中靶心的程度。有信度没效度或者有效度没信度的测量都是有问题的。好的测量要同时满足两者的要求：应该使用可信的方法，产生有效的资料（Denscombe，2002：97）。

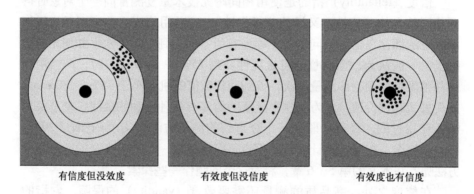

有信度但没效度　　　　有效度但没信度　　　　有效度也有信度

图3-14　信度和效度的比喻（来源：艾尔·巴比，2005：141）

　　衡量测量品质的另一个标准是测量的精确性。它代表了获取数据的详细性程度。比方说，在调查被访者的年龄属性时，可以记录为非常精确的"43岁"，也可以记录为"40～50岁"的年龄段，还可以使用"成年人"这个笼统的分类。空间属性也有不同的精度选择。社会学研究经常采用的普查资料，往往是固定空间单位（城市分区或街区）的汇总性数据，其尺度对城市设计而言，过于粗略。一些问卷调查采用事先分区的做法，将调查的

---

① "定量调查和定性调查方法的异同就在于此。定量调查由于规范性的操作牺牲了一部分概念所拥有的丰富内涵，但较可信；定性调查能够涵盖概念的变化和内涵，较为有效，但就概念运用达成共识的机会减少了，信度不够。对于研究者而言，这是一个始终存在且无法避免的两难。"引自艾尔·巴比．社会研究方法基础 [M]．（第10版）．北京：华夏出版社，2005：142.

基地分为几块予以编号，这样就可以依靠文字记录被访者大致的空间位置。如果需要更高的空间精度，考虑到语言对空间描述能力的局限性，一般会采用辅助平面图标记活动者的具体位置。另外，在第6章谈到空间分析时，我们会发现空间模型的建构也有不同的精度选择。

特别要注意准确性和精确性是不同的概念。一个数据的精确度较低，不意味着准确度不高。有时，不精确的说法比精确的说法会更准确地反映事实。例如询问被访者一周户外活动的时间是多少。要求他提供精确到小时的数据是没有意义的，准确性得不到保障，看似精确的数据却错误地反映了事实，询问被访者一周户外活动的次数这种做法会更为准确。

由于高精度的测量在现场笔录、输入电脑和统计分析过程中会耗费大量的时间和精力，因此服务于设计的调查并不是精度越高越好。为了兼顾调查的效率和品质要求，最好根据调查目标和调查允许支配的人力、物力、时间来设定恰当的测量精度。根据实际情况降低测量精度的做法在一些重要的研究中也是被认可的。例如，阿兰·B·雅各布斯（2009：130）在其名著《伟大的街道》中特别注明，书中记录的街道的尺寸、横剖面以及街道上设施的数据精确度不一，某条街道上的数据是依靠步距测量的。显然，他认为如果没有能力作高精度的测量，降低一些要求的做法也是可行的，这至少要比不测量来得科学。

另外，在非匿名调查中，照顾到被调查者对个人隐私的顾虑，收入水平和教育程度也不宜划分得太细。例如，在上海南京西路进行的一次大型问卷调查中，问卷设计没有列出家庭具体收入数额的栏目，而是以对家庭经济地位的自我评估作为取代，列出了从富裕、小康、温饱和贫困的序列供选择（黄怡，2006）。这次问卷调查是通过行政渠道（街道委员会和居委会）发放和回收的。可以想象，如果问卷调查中要求填写的个人信息过于翔实，住户很有可能会拒绝填写或者提供虚假的信息，反而影响了调查的信度。

3.4 设计调查的程序设计

3.4.1 从研究假设到设计假设

在讨论具体的调查程序之前，我们首先需要思考研究调查和设计调查之间的差异对它们各自的调查程序造成了怎样的影响。我们知道，对社会调查而言调查程序设计的关键环节是确立"研究假设"——在此之前的各项工作都是为了建立研究假设，在此之后的各项工作都是为了证实或者证伪研究假设（李和平、李浩，2004：95）。研究假设是建立在对研究对象的局部的、感性认识之上的某种判断①。研究假设一旦提出，之后的工作就是为检验这一假设而做出的努力。调查提纲的拟定要考虑到检验假设需要收集哪些方面的资料。资料分析的最终目的是检验研究假设是否成立，将经验资料上升为理论（顾朝林，2002：224）。

显而易见，设计调查的最终目的并不是得到抽象的、具有普世意义的规律，而是具体的、适用于此时此地的设计措施。因此设计调查的核心不可能是"研究假设"。那么设计调查的核心是什么？应该以什么为依据收集和分析资料？在此，本书提出"设计假设"的概念，以取代研究假设在调查过程中的地位。我们知道，城市设计实践的最终目标是创造高品质的城市环境。而与理想中的高品质环境相比，现状环境必定存在某些方面的差距。因此，任何一项设计都可以做这样一种假设：通过某些改变，我们可以提升现有环境的品质，缩小它与高品质城市环境的差距。在这个假设下，调查的任务就是去发现"哪些方面需要改变"，用设计界常用的话来说，就是"发掘场地所特有的问题和机遇"。这个设计假设将取代研究假设的地位，成为调查工作数据收集以及数据分析的依据（图3-15）。通过这个假设，具有普适性的城市设计原则就能与现实的空间约束条件结合起来，演变成该场地独一无二的具体目标和措施。调查所应承担的"桥梁"功能就能真正得以实现。

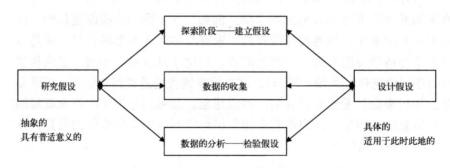

图3-15　研究假设与设计假设指导下的调查过程

3.4.2　设计调查的程序

概括地说，调查工作可以分为两大部分：数据的收集，数据的分析和解读。更为详细的调查程序则可以分为以下8个步骤：初步探索与调查定位，

① 研究假设有三种形式：描述性假设、解释性假设、预测性假设。如果一个假设能明确地说明社会变量之间的关系，则它就更有价值，因为这是对社会现象更深刻的认识。引自：顾朝林. 城市社会学 [M]. 南京：东南大学出版社，2002：224.

拟定调查提纲，选训调查员，预调查，正式调查，检验收集到的数据的信度和效度，对数据的分析和解读，撰写报告。在设计中，调查成果很可能会激发新的设计思路，而新思路则会要求进行新的资料收集，这样就会形成一个循环（图 3-16）。

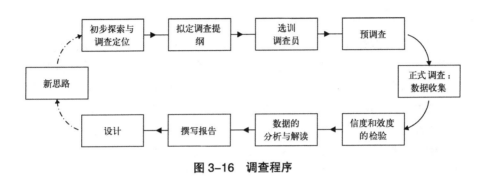

图 3-16　调查程序

1）初步探索与调查定位

在一开始，需要通过现场考察、文献阅读以及与业主的充分沟通等形式进行初步探索。初步探索的目的是建立"具体的"设计假设，对假设的准确性与系统性则没有要求。

调查定位则包括以下三项内容。首先是明确调查工作与设计过程的衔接关系，可以是设计前调查、设计过程中的调查或者是使用后调查。其次，要将调查应起到的功能具体化，是启发设计构思，支持科学决策，支持民主决策，还是多项功能兼而有之。最后，还需要了解调查能够调动的各种资源：时间、经费、人力、物力。调查的实施人员可以是设计团队，也可以将部分工作外包给他人。对调查的清晰定位，可以提高收集资料的效率，理顺调查与设计的关系，使调查真正具有可行性。

2）拟定调查提纲

拟定调查提纲是在初步探索与调查定位基础上，将调查的内容条理化、具体化的过程，主要包括三方面的内容。首先是选择具体的调查方法，一般会根据三角测量术选用多种方法相互补充，增加调查的准确性。选用调查方法要考虑到调查任务的特点，调查能够调动的资源，设计假设的特点等因素。其次是推敲调查方法的细节设计。例如，问卷的内容、访谈的提纲、观察要使用的仪器和工具等等。调查方法的细节设计是调查能为设计提供有用信息的保障。最后是时间表的制定。调查时间要符合设计进度，并在允许的范围内完成。对调查人员可投入的时间作统筹安排。例如，在周期性取样的行为调查间隙，可以使用其他形式作调查。在大型调查中，要注意任务分配的合理性。对行为调查而言，如果采用面积大小或街道段长度来划分任务，要兼顾区域的繁忙程度。由于不同区域的使用程度有很大区别，如果一位调查人员分配到的区域被非常频繁地使用，很有可能他会来不及记录所有信息[①]。

3）选训调查员

对结构性调查而言，由于调查工作本身相对独立，调查方法已经比较规范，可以把调查任务外包，减轻设计者的负担。调查员的理想人选是高校相关专业的学生，他们的时间较为灵活，也具有基本的相关素质。盖尔事务所和空间句法公司的大量调查都是由项目所在地城市大学的建筑、规划和景观专业方向的研究生完成的。在盖尔事务所的阿德莱德（Adelaide）项目中，这些参加调查的学生在调查以后还与设计人员一起开研讨会讨论自己的发现。马库斯等人（2001：331）认为，POE 评价过程对学生而言也有很多好处。通过这个过程，他们能学会批判地看待设计是如何服务于使用者的，同时也能掌握一些有助于他们设计的工具。

调查员的操作失误是测量缺乏信度的重要原因之一。因此，要重视对调查员的培训。培训可以在教室中进行，通过有图像说明的 PPT 讲座说明要领，解答疑问，形成对操作方法的共识，如分类记录的标准等[②]。培训还可以在调查场地进行，这样更容易发现疑点，达成记录方法的默契。对问卷和访谈调查而言，特别要提醒调查人员对被访者保持尊重，巧妙提问，善于倾听，注意不对其回答作诱导。对行为观察而言，特别要提醒调查人员尽量减少对观察对象活动的干扰，使其处于自然状态中，以此保证调查的有效性。在这个原则下，就不用记录由于调查者出现而引发的那些活动。另外，取样时间要保持精确性，最后使用计时器或有秒针的手表记录时间。

4）预调查

对结构性调查方法而言，在正式调查以前，需要经过预调查（pilot study）的阶段，检验设计的调查方案是否有什么纰漏。所谓智者千虑，必有一失，考虑再三的方案在实地调查中也有可能出现各种问题。因此通过预调查阶段来确保调查方案的周密性是十分必要的。在预调查的过程中，

---

① 在梅赫塔（Mehta）对美国剑桥市的街道研究的预调查阶段，她才发现分配任务的不合理性，于是在正式调查时做出了相应的调整。Mehta, V. Lively streets: Exploring the relationship between built environment and social behavior[D]. University of Maryland, College Park, 2006.

② 美国住宅普查的观察员，要先看一大堆相片代表不同程度损坏的住屋，基于这些例子，不同观察员才能以共同的评定标准进行记录，达到相当程度的主观共通性。引自 Zeisel, J. 研究与设计：环境行为研究的工具 [M]. 台北：田园城市文化事业公司，1996：116.

调查设计者或者调查员可以选择一小块场地进行复查。问卷和访谈调查需要核查的主要问题是问题和选择项的内容是否容易理解，会不会引起误解。使用行为观察法作调查则需要核查以下问题：(1) 准备的地形图是否可用，是否需要修改图纸以反映最新的现状；(2) 表格的设计和记录信息的代码是否合用；(3) 观察点和时间的安排是否恰当，是否留出一定的休息时间，以缓解调查员的疲劳，降低观察误差的可能性。由预调查反馈的信息将用来修改调查方案，提高调查的可行性。

5）正式调查：数据收集

正式调查是数据收集的主要阶段。按照本研究的分类，包括对人的行为、认知以及实体环境要素这三类对象的数据收集。不同调查方法有各自的注意事项，将在第 5、6 章中详细陈述。正式调查的日期要考虑到天气和温度的状况，参照天气预报选择风和日丽的日子，以反映户外生活的正常状况。但如果不巧天气情况不佳，在下雨和刮风的情况下，调查工作最好能推迟进行。对问卷和访谈而言，场合的选择也很重要。如果问题比较多，那就要注意被访者的状态，最好选择看似空闲的人作调查，以避免由于回答草率造成信度问题。如果调查工作外包给了调查人员，在现场还是需要设计调查提纲的设计师进行巡视，以解决突发性问题。

6）信度和效度的检验

把收集到的数据输入电脑后，在分析和解读以前，需要对数据进行初步的信度和效度的检验，复查获取资料的准确性。在社会学研究中，对信度的复查较为严格，需要一定的统计学知识，也比较费时。对设计调查而言，可以采取现场督导的方式检验资料的准确性。对可能有问题的数据进行补充调查，检验其可信度。例如，在以行人计数法作调查时，对较为冷清的区域可以适当作补充调查，增加取样的时间，以避免偶然性因素。由于需要测量的概念比较简单，效度的问题对设计调查而言，并不是很明显。调查一般会采用三角测量术，以多种相互独立的测量方法作调查，其结果相互对照，就能够避免由于测量方法局限而造成的失误。

城市交通学专家 Paulo Sergio Custodio 将调查工作的常见问题总结为六点，可以作为信度、效度检验的参照[①]。(1) 对调查方法论知识极为有限的理解；(2) 对调查过程的计划不当；(3) 调查人员缺乏培训；(4) 人员组织不力；(5) 现场缺少督导；(6) 调查人员不遵守规则——伪造资料，时

---

① 中国城市的交通与可持续发展高级研讨班 Paulo Sergio Custodio 的讲座．上海，同济大学．2009 年 10 月 22 日。

间控制不当，方法有误，取样随意性。

7）数据的分析与解读

数据的分析与解读阶段是调查与设计衔接的关键。4.5 节将对三类调查对象的解读技巧作出详细的分析与归纳。由于设计非常关注空间的差异性，如果有条件在分析中使用地理信息系统技术（GIS）将各种社会信息在地图上表达出来，将能有效提高分析和表达的效用和效率。这一方法已被很多研究者所提倡（姚静、顾朝林等，2004），并在一些城市得到了推广。例如，深圳市所有的基础测绘数据都已经纳入 GIS 系统的管理，成为规划编制的重要基础资料（苏建忠、罗裕霖，2009）。这一平台可以把调查采集到的数据快速转化成精确并且一目了然的图像，帮助设计者发现规律、趋势和问题。

8）撰写报告

首先要说明的是，并不是所有调查都需要正式的报告。赖因博恩等人（2005：28）曾论述到，在很多时候，为设计任务所作的调查总结与对设计有用的信息之间存在着很大的距离。对一些小型的城市设计项目而言，由于时间和篇幅的限制，调查得到的结论或许在设计文本中只有寥寥数语的体现，但如果调查提供的信息已经在设计构思的过程中得到采纳，这样的调查也是成功的，它能增加设计目标得以实现的可能性。

当然，对影响面较大的城市设计来说，调查工作的专项报告有着重要的作用。它不但能为在设计过程中博弈的团体提供辩论的实证依据，对今后的设计后评价以及相关范围内的其他种类的设计项目都有重要的参考价值。专项报告应用日常用语进行表达，避免采用过度抽象的术语（保罗·D．施普赖雷根，2006）。这样的文风能够利于当地居民参与到设计讨论中去，提高公众参与的程度。

报告开头易以简练的文字，说明调查的背景和采用的方法，数据收集的抽样方法和有效样本数量。报告正文以图文并茂的方式呈现，除了对场地的概要性描述文字以外，为了有效表达不同地点之间的差异，宜采用分布图的方式表达调查得到的社会性信息。西方的谚语说"一张图胜于千言万语"（a picture is more than a thousand words），社会信息分布图易于理解，包含的信息清晰丰富。在总结中，要把对设计最有用的信息整理出来，在此基础上提出设计目标和可能的措施。在可能的情况下把原始数据放在附录中以供日后查验。

第 4 章　设计调查的对象分类及其解读

　　大体而言，设计调查的对象可以分为"使用者的调查"和"场地空间的调查"这两个部分（邹德慈，2003：62）。其中，对使用者的调查可以再细分为两类：真实发生的行为活动和使用者的知觉认知。这些都是环境行为学视角下实地调查的主要考察对象。本章的出发点是一个技术性问题：在调查中获取的复杂信息该如何记录与整理？蔡塞尔提醒我们：组织资料的一个简单办法，就是列出种类表来（Zeisel，1996：28）。此外，从 3.3 节的讨论中我们知道，测量最基本的类别是"定类测量"，将调查对象依据不同的特性划分类别是测量的开始。因此，本章前 3 节将依次对行为活动、知觉认知、实体环境要素这三个领域对象的具体分类方法进行详细的讨论。对每一种细分类型，将指出该类型对象的定义、特点，以及与之相适应的调查手段，并归纳整理相关调查工作要注意的内容。

　　记录下来的大量信息又该如何分析与解读？本章第 4 节把与社会使用相关的城市设计原则提炼为三项内容：人性化、鼓励社会交往、公平与公正。这三项原则正是信息解读的依据。第 5 节对行为、认知以及实体环境要素这三类信息解读的线索作了一个汇总，以提高设计人员对资料解读的敏感性，改善调查工作的效率，同时理顺调查和设计的衔接关系。由于这三类信息恰好与场所感的三极（活动、意义和物质环境）一一对应，调查获得信息的解读与设计构思之间就能取得更紧密的联系。在此基础上，提炼出了改良版的设计构思过程，为环境行为学思考更好地融入设计打下了扎实的技术性基础。

4.1　行为活动

　　由于个体活动具有随机、时间和空间跨度变化大的特点，要客观系统地记录行为是比较困难的。本文第 3 章曾谈到，定类测量（即采用分类的方法将对象记录下来）是最低等级的测量。如果先将行为的类型进行定义，再按照定义记录行为的类别，这项工作就会容易很多。另外，由于不同种类的行为具有自身的特点，采用与之相适应的记录方法会起到事半功倍的效果。下面就整理了一些不同视角下常见的分类方法。

4.1.1 必要性活动、自发性活动与社会性活动

在《交往与空间》一书中，扬·盖尔将活动分为三个大类：必要性活动、自发性活动与社会性活动（扬·盖尔，2002）[①]。必要性活动指的是多少有些不由自主的活动，例如上学、上班、购物、候车等。参与者别无选择，行为的发生和物质环境好坏没有关系。自发性活动指的是如果时间和场所允许，天气环境适宜，自愿、即兴发生的活动。这一类活动对物质环境要求很高。空间的质量高，即兴活动的发生才会多。周围的环境越方便，易于使用，容易理解，安全，人们就越愿意进行即兴活动，如出去散步，见朋友，锻炼身体，买日常用品等等。社会性活动是依赖于公共空间中其他人存在的活动。在必要性活动和自发性活动拥有了更好的环境条件时，社会性活动也有了发生的保障。

这种分类方法能帮助我们理解行为活动和空间品质的相互关系。首先，它提醒行为的观察者，有的时候尽管活动人群的密度很大，但这并不一定表明这个空间是受人欢迎的空间。一个极端的例子是火车站前广场。尽管那里的人流密度很大，但这些大部分都是必要性活动，可以被认为是一种不具有社交性的聚集。单单用使用者人数不能说明这个空间的品质好坏。其次，它说明可以把自发性活动的数量作为判断物质环境品质好坏的客观标准（图4-1）。

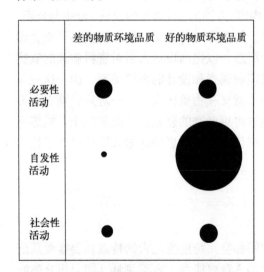

图4-1 户外空间品质与户外活动发生的相关模式（来源：扬·盖尔，2002：15）

然而，不通过询问，仅仅靠肉眼观察来分辨某一活动属于哪一个类别是很困难的。比方说，一个人路过，有可能是因为上班、回家等必需的活动路过，也有可能是因为天气不错，出来散散步。又比如，同样是在室外用餐，下面两个场景分别是必要性活动和自发性活动（图4-2）。左图中建筑工人的室外食堂在雨天照旧营业，因为根本没有室内的场地可以用，所以这是必要性活动。因此，

---

① 必要性活动、自发性活动、社会性活动的英文分别是 necessary activities，optional activities，social activities。其中，optional activities 的直译应该是随意的、可选择的活动。

图 4-2　必要性的室外用餐活动（左）与自发性的室外用餐活动（右）

如果使用这种分类方法来记录所观察到的行为，其调查的信度是得不到保障的。这一观点，可以被扬·盖尔事务所在其咨询项目中的调查方法所证实。经过笔者的详细检索，该事务所并没有使用这种方法记录观察到的行为[①]。另外，蔡永洁（2006：80）也曾判断这三种类别之间存在着一定的相互交叉和重叠，暗示这种方法存在信度的问题。因此，尽管这种分类法在设计文献中引用率比较高，并有不少学者使用这种方法记录观察到的行为[②]，但这种分类方法并不适用于在观察法中用作行为记录的依据。

　　不过，在问卷调查或者访谈中巧妙引入这种分类法却是可行的。在问卷调查中，选项的设置应该使用被访者熟悉的词语。在分析过程中再把这些日常用语的选项归类到"必要性活动、自发性活动、社会性活动"中去。例如，2001 ~ 2002 年，徐磊青对上海市中心区开放空间的使用者进行了问卷调查，在 4 个广场和 5 条步行街一共收集到 917 人的问卷（徐磊青，2005）。广场上的行为被分为 10 个类别：休息，散步，看风景，看人们的活动，与同伴聊天，路过，玩耍，吃点东西，购物，阅读报刊。步行街上的活动也被分为稍有区别的 10 类：坐一会儿，和同伴聚会，吃东西，散步，观赏街景，路过，玩耍，购物，看看人们的活动，阅读报刊。在问卷中，这些活动都是多项选择。调查结果显示，除了淮海公园前广场和弘基广场以外，其他 2 个广场与 5 条步行街上的自发性休闲活动还是很多样的，包括散步、玩耍、看人们的活动等。据此，徐磊青推断这些被调查的空间设计非常成功。

4.1.2　正面行为与负面行为

　　把行为分为正面和负面两类是一种简单也容易引起争议的划分方法。不过，它带来一个明显的好处——我们可以将负面行为从一般行为中抽离

① 参见扬·盖尔事务所网页的详细内容。www.gehlarchitects.dk.
② 例如《空间研究 1——世界文化遗产西递古村落空间解析》附录六中的行为调查。段进，龚恺，等. 空间研究 1——世界文化遗产西递古村落空间解析 [M]. 南京：东南大学出版社，2006.

出来，集中考察如何能通过设计减少负面行为，从而提升环境的品质。马库斯等人曾将邻里公园中的活动分为典型活动（typical activities）和反社会活动（anti-social activities）两大类[1]。他认为，尽管典型活动的使用者之间会产生小小的冲突，但他们区别于反社会性的活动。他又把反社会活动细分为犯罪、流浪、故意破坏行为（vandalism）几个类别。

通过设计抑制反社会活动在西方学界是重要的研究课题。不同类型的负面行为对应不同的设计对策，又分为几个子课题。对于偷盗等犯罪行为，奥斯卡·纽曼的可防卫空间理论主张社区的居民身份地位应该"同质、均匀"，以利于增强居民的领域控制感而形成"共同利益社区"来防止犯罪。过大的社区划分为几个迷你社区，社区内设有一定数量的封闭街道，减少外来车辆的来往并促使居民互相了解（刘成，2004）。然而，这种观点受到了希利尔的反驳，他认为纽曼的设计排除了陌生人，而安全的保证应该来源于居民和陌生人在空间中良好的混合（Hillier，1996：146）。

对于流浪行为，威廉·怀特的研究值得人深思。他通过对纽约小型广场空间活动的系统观察指出，有一些私有的开放空间由于对负面行为的恐惧，而采取防御性的措施，把空间搞得不那么容易亲近，例如不提供可以停留的坐憩设施，以企图限制那些"不受欢迎的人"，例如酒鬼、流浪汉等。然而这种措施使得普通人不愿意使用这些空间，反而由于缺乏自然监视，鼓励了不受欢迎的人（Whyte，1980：60）。对于故意破坏行为，华盛顿大学建筑系的一项调查把它再细分成4类[2]。第一，改变用途，如把垃圾桶当作梯子；第二，毁坏东西，如打碎窗玻璃或照明灯罩；第三，拆卸、偷盗，如偷走标志牌和灯泡；第四，丑化形象。如乱涂乱画。要解决问题，去了解破坏行为的准确分类和努力探究破坏行为产生的动机是至关重要的。例如，改变用途的行为，或许是由于使用者的需求没有得到满足。

由于负面行为发生的概率比正面行为要低得多，调查不太可能采用直接观察的方法收集信息。如果采用问卷和访谈的形式，收集到的信息要么不全面，要么会由于抵触心理得不到有效的资料。在第五章中，将介绍记录负面行为分布情况和发生频率的特殊方法：行为迹象法和文献法。

4.1.3 静态活动与动态活动

将行为分为静态与动态活动两类是一种比较常见的分类法。一般认

---

① 典型活动又细分为传统活动和非传统活动两类。其中传统活动包括：场地比赛，非正式的休闲活动，日光浴，草地运动，慢跑，滑雪橇，滑冰，野餐。非传统活动包括：遛狗，骑脚踏车，玩滑板，溜滚轴旱冰。引自：克莱尔·库珀·马库斯，卡罗琳·弗朗西斯，等，编著. 人性场所：城市开放空间设计导则 [M]. （第2版）. 北京：中国建筑工业出版社，2001：96-99.

② Wise, et al. A Survey of Vandalism in Outdoor Recreation, 1982，转引自 Ibid：102.

为，站立和坐憩两种姿态属于静态活动（又称为逗留），行走属于动态活动。这种分类法和设计的考虑因素相关——设计师的关注点之一就是考虑动静两种活动的组织关系。

记录动态活动有很多种不同的具体方法。交通规划研究中采用出行方式调查，将步行行为和使用各种交通工具的出行放在一起考察。例如，在一项广州居民通勤行为问卷调查中，出行方式被细分为以下 10 类：步行、自行车、公共汽车、地铁、单位班车、摩托车、单位小车、个人小车、出租车、其他（周素红、闫小培，2006）。空间句法理论团体则发展了一系列对动态活动的观察记录方法，包括观察点计数法（gate count）、人流追踪（people following），以及运动轨迹法（movement traces）。在扬•盖尔事务所，采用了行人计数（pedestrian countings）、步行试验（test walks）等方法对动态活动进行记录。

在设计调查中，对静态活动状况的考察十分关键。尽管很多研究者都认为活动的强度反映着人们对场所的喜爱程度（蔡永洁，2006：94）。但比尔•希利尔与扬•盖尔不约而同地把静态活动从活动总体中独立出来单独考察。比尔•希利尔这样分析[①]：静态活动者或许是"空间文化"中最重要的组成部分。人们在城市空间中停留，那是因为发生了某些事情留住了他们的脚步：有什么东西可看，或是碰到什么人可以聊天，或是买些东西，或是发现一个可以坐下来休息的地方，或仅仅是在某个具有好视野的地方停下来看看周围的世界。如果你只能看到移动的人群，那么空间文化中一定是缺失了一项重要的因素。扬•盖尔指出，静态活动是公共空间品质的最佳指示器：在城市中行走的大量人流并不一定表明空间品质的优异，然而如果有大量的人群选择在城市的户外空间消磨时光，这就显示了这个城市拥有极高的公共空间品质（Gehl-Architects，2004：71）。

在环境行为学中，活动注记法（behavioural mapping）是记录静态活动的主要方法，它存在着很多变体。例如，在空间句法理论中，它被称为快照法（static snapshots）。在扬•盖尔事务所的咨询工作中，静态活动一般被分为 8 种类型记录：文化性行为，商业性行为，儿童嬉戏，躺着休息，在正式座位上的坐憩，在非正式座位上的坐憩，坐在露天咖啡馆内，站立。我们将在 5.2 节详细讨论这些方法的细节。

另外要提醒的是，尽管在调查时我们将静态活动和动态活动分开来记录，不能忘记这两者是相互关联的活动。步行往往是多目的的，如果条件

---

① B. Hillier. Mansion House Square Inquiry: Proof of Evidence. Commissioned by Peter Palumbo, p. 5-6. 转引自 Stonor, T. Stop that person: Strategic value and the design of Public Spaces[J]. LOCUM DESTINATION, 2004（summer）.

允许，在途中会发生即兴的静态行为。比方说，"在去别的什么地方的路上，我们停下来买份报纸，和一个朋友交谈，欣赏一处景观或是观看世界的浮光掠影"（Carmona and Health，2005：166）。如果通过设计提高环境的品质，我们就可以将必要性活动"路过"，转变成自发性活动"站着欣赏风景"或"小坐片刻休息"。

4.1.4　其他分类方法

分类的目的是为了便利而有效地记录和分析行为。根据具体调查工作的目的，调查者也可以自行设计活动的分类方法。下面介绍了一些来源于研究工作的分类方法，它们在某些情况下经过适当转化和灵活选用，是可以服务于设计工作的。

Frankfort-Nachmias 与 Nachmias（1996：210）将社会学研究中的行为对象分为 4 类：（1）非语言行为——身体语言，例如面部的表情；（2）空间行为——人们试图将他们周围的空间组织起来，例如通过个人空间的控制；（3）语言之外的行为——言说的形式特征，例如说话的频率、打断的频率；（4）语言行为——言说的内容，谈话的结构特征。这种分类法特别关注了个体活动的微妙差异，其着眼点十分细腻。

美国城市学家蔡平（Chapin）的活动动机理论把城市活动体系分为生产活动、一般福利活动、居住活动等三个次系统（Chapin，1974）。在此基础上，人文地理学者柴彦威等人（2006）把中国城市居民的日常行为分为通勤活动、迁居活动、消费活动、休闲娱乐活动 4 种类型。在他主持的北京市居民活动日志调查中，又根据活动动机理论，将活动类型划分为 15 类，分别是睡眠、家务、用餐、购物、工作或业务、上学或学习、照顾老人小孩、体育锻炼、娱乐休闲、个人护理、外出办事、社交活动、观光旅游、联络活动、宗教活动（2009）。实践证明，这种较为细致的划分方法能满足基于计算程序处理的家庭活动时序调查的精度要求。

基于行为的性质，蔡永洁（2006：80）将活动分为 6 类：政治性活动、宗教性活动、经济性活动、军事性活动、社交性活动、休闲性活动。这种分类方法非常全面，对于城市设计的调查工作而言，可以起到定性概括的作用。例如，北京天安门广场上的活动主要是政治性活动和休闲性活动，西安钟鼓楼广场的活动主要是休闲性活动和经济性活动。蔡永洁认为除了活动的强度之外，活动的复合度也是广场品质的体现，而不同活动种类的数量正是活动复合度的有效表征（ibid：94）。

在李斌（2007：78）的上海住区研究中，他考察了梅兰坊里弄和马当小区的户外空间行为。所有活动被分为 3 大类记录：居民的休闲行为（交谈、下棋、打扑克、看报、散步、儿童玩耍、无所事事）；居民的生活必需行为（拣菜、晾衣服、扫地、修理、吃饭、买卖、倒垃圾、通行)、非居民的行为(买卖、修理、管理、扫地、通行)。通过记录下来的信息,他得出了结论:在城市道路的公共区域和住户的私密领域之间,里弄或小区的室外空间具有半私密/半公共的邻域特征。

在安德烈·卡索利(2007)的越南河内街头活动研究中,他将活动分为2大类别:家庭活动和公众活动。其中家庭活动包括在街道上洗衣服、刷盘子、做饭、休息、聊天、修自行车、做缝纫活等等,大多数是室内活动的延伸。公众活动则包括永久性的、临时的、固定场所或流动场所的活动,大多是指的是商业活动,例如永久性的商业活动包括餐饮店铺的老板把桌椅放到人行道上。他认为这些街头活动是传统文化的体现,而新的开发和建设正在使街道生活濒危,呼吁人们要关注许多乡土形式和行为消失的现象。

4.2　知觉认知

这一节,我们讨论知觉与认知(perception and cognition)的分类。知觉是感觉的总体,包括视觉、触觉、听觉、嗅觉等,来自于人体的各种感官(眼、耳、鼻、舌、身)系统。认知是比知觉高一个层次的概念。认知过程包括感觉、知觉、记忆、想象、思维和言语等。通过认知过程可以使人们对环境中的一些信息进行接收、识别和加工提炼(李志民、王琰,2009:61)。与看得到摸得着的行为活动及实体环境要素相比较,它们是人的主观感受,并不能被直接或间接地观察,属于建构的事物。因此,对它的测量就比较困难,需要掌握一些技巧才能保障调查的信度。在讨论知觉认知的细分内容前,需要了解一个事实:我们关于空间的经验是一个整体;我们分解、观察、分析这些连续的部分,仅仅是为了更好地理解它(布莱恩·劳森,2003:15)。在现有的研究和设计中,对知觉认知的调查主要集中在对三种概念的测量上:需求调查、满意度调查,以及城市意象的调查,下面我们将对它们进行一一的探讨。

4.2.1　需求调查

从社会使用角度出发的城市设计,特别要注意把握使用者的需求。很多设计失败的原因就在于设计者没有把人的需求作为空间设计的出发点,导致公共空间活力的丧失,甚至空间被弃用的现象。那么,使用者的需求都包括哪些内容呢?在理论界对这个问题的抽象讨论比较多。最广为人知的需求理论是马斯洛(Maslow,1943)在《人类激励理论》一文中提出的"人类需求金字塔"——生理需求、安全需求、社交需求、尊重需求和自我实现需求这五种需求依次由较低层次到较高层次排列。后来，马斯洛又在《激励与个性》（1954）一书中对 5 个层次的需求序列作了修改，将"求知需求和审美需求"补充到尊重与自我实现的需求之间（图 4-3）。然而，该理论描述的是人们对生活的需求，与他们对实体环境的需求有一定偏差，并不能机械地照搬到设计中去。

图 4-3 马斯洛的需求金字塔（笔者改绘）

布莱恩·劳森（2003）认为，空间与较为低端的需求（如饥饿、性、避免恐惧等）可能并没有什么关系，它能帮助人们实现的是较高层次的情感需求。他比较推崇罗伯特·阿德瑞（Robert Ardrey）的理论，认为安全感、刺激与认同感是人类的三大空间需求。这三种重要需求均可以通过环境设计得以满足，对设计的启发性更大。例如，大多数人都讨厌无聊，需要足够的神秘性和复杂性来保持他们观察周围的兴趣，但环境同时也要避免高度的不确定性，需要一定的可预见性以得到安全感。

斯蒂芬·卡尔（Carr，1992）考察了人们在公共空间的需求，把它们分成 5 种类型："舒适"，人们从空间中获得基本的舒适感受；"放松"，即更高一个层次的舒适要求；"被动参与"，人看人及观察的体验；"主动参与"，即直接参与到空间中的活动；"发现"，即公共空间具有激发产生新的令人愉悦的空间体验的能力。卡尔认为，在一个场所中人们所得到的需求满足往往是几个类型的综合。特别要指出的是，这 5 种需求中，"被动参与"是一种隐性的需求，很容易被一些设计师所忽略。在《人性场所》中，马库斯等人（2001：91）谈到，虽然大多数公园使用者宣称"接触自然"是他们去公园的主要动机，但行为观察者们却发现社会性的接触，包括公开性的和隐蔽性的接触（overt and covert），是同样重要的目的。对大多数人来说，说自己是为了喜欢绿化而去公园，比说因为公园提供了与他人会面或是观察他人的机会，要容易一些。拉特利奇（1990：87）也认为，即使一些社会心理因素是心照不宣的事，"但要他们开口承认这一点却是不太容易"[①]。因此，尽管"被动参与"往往不能在问卷或访谈中体现出来，但设计者一定不能忽略这种由人性决定的基本需求。

阿尔方索（Alfonzo，2005）特别考察了线性公共空间（步行网络）的活动需求。怎样的设计能够鼓励人们多步行？在马斯洛需求理论的启发下，他发展了一种步行需求的层次模型（图4-4）。在分析了人们决定是否要步行的心理过程以后，阿尔方索将影响这个过程的各种因素按重要性排序，把对鼓励步行而言重要的因素以层级关系整理出来——可行性、可达性、安全、舒适、愉悦[②]。根据马斯洛的需求理论，对于一个处于较低级需求等级的人来说，他是看不到高一级的需求的。因此，当一系列需求的都无法得到满足时，低层次的需求就应该成为优先考虑的对象。这个"需求层次

图4-4　阿尔方索的步行需求金字塔（来源：Alfonzo，2005）

---

① 他给出了一些形象的例子：不愿与人打交道的姑娘远远地坐在河对岸看球赛，她更愿做一个无名氏；反过来，也有以被他人观看为乐趣的人，一位男子在公园找借口来来回回地走，就是为了炫耀他的肌肉。阿尔伯特·J. 拉特利奇. 大众行为与公园设计 [M]. 北京：中国建筑工业出版社，1997：7，13.
② 可行性指的是步行行为的可行性，如人们的健康状况或照顾小孩的责任等；可达性指的是步行道网络的完整性，到目的地的距离等；安全指的是车辆对行人造成的威胁等；舒适指的是人行道的城市设计品质等；愉悦指的是建筑的和谐和尺度、美学等。

规则"对制定设计导则和规划决策而言都非常有用。阿尔方索的需求层次模型能够帮助设计师更好地理解问题，发现改造的"杠杆支撑点"(leverage points)，即最为有效的改造目标。例如，一个社区缺乏能够满足居民对安全、舒适和愉悦这几方面需求的基本特征，那么对安全特征的追求就应该是该社区的杠杆支撑点。如果片面在高层次需求上下工夫（比方说美学因素），而无视没有得到满足的低层次需求（比方说步行道网络不完整、车行交通使穿越马路十分困难），这样的做法对鼓励步行而言效果将极其有限。

通过调查工作寻找场地改造的"杠杆支撑点"不光对步行网络设计有用，对其他类型的城市设计而言也很有效。理论能帮助设计师深入地理解人类的普适性需求。然而，仅仅依靠理论作设计是不够的。在具体项目中，设计师需要依靠调查工作去发掘该场地没能满足的需求重点，即"匮乏点"(deficiency)。而在辨明基地的多种匮乏点之后，设计师应该将它们按照层次模型有序地组织起来。在改造环境时，首先争取满足低层次的需求，通过杠杆支撑点作用使有限的资金得到最为高效的利用。

访谈和问卷法是征集使用者需求的主要形式。在访谈中，使用者很可能会不分轻重地报告多种得不到满足的需求。在问卷中，设计者可以通过民意调查证实符合大多数人利益的期望。例如，在武汉两江四岸滨水区城市设计中，公众意见问卷调查中设置了"汉江两岸是否需要建设步行桥"这样一个问题（董菲，2009）。然而，设计人员并不能完全依赖访谈和问卷的结果判断需求情况。威廉·怀特指出，存在"供应创造需求"的现象，即一个新的高品质空间会产生新的拥护者，会激励人们产生新的习惯(Whyte，1980：16)。扬·盖尔也有类似评述，他认为潜在的人类需求只有在适宜物质条件支持的情况下，才会被激发出来（扬·盖尔，2002：41）。哥本哈根公共空间改造项目是个令人印象深刻的例子。在改造之前，批评家声称户外生活并不是北欧的传统，哥本哈根不需要新的公共空间。然而随着物质条件的改善，步行街的增多和公共广场的增多，从 1968 年到 1986 年，调查显示哥本哈根市中心驻足和小憩的人数增加了两倍。现在甚至在寒冷的冬天，也有不少人穿着暖和的衣服，依靠商家提供的取暖设施在户外喝咖啡，这是人们在以前所完全不能想象的情况（扬·盖尔、拉尔斯·吉姆松，2003）（图 4-5）。徐磊青在上海对中心区四个广场和五条步行街的活动期望研究也证明使用者会根据空间的不同性质调整自己的期望（徐磊青，2004）。例如，在人民广场的样本中有较高的接近自然的需要，而这种需要在其他样本中并没有体现。

然而，设计师需要意识到，由于使用者不具备专业知识，思考能力受自身经验的局限，有时他们并不明了自身潜在的需求。因此在设计调查中，要特别注意灵活采用各种手段，帮助使用者更好地表达自己的真正意愿。

图 4-5　哥本哈根冬天的户外生活（来源：Gemzøe，2008）

在上一章，我们谈到可以通过社区论坛讨论的方式令大众对城市改造达到更好的理解，从而提高市民的公共参与能力。此外，广州市商业步行街实态调查的做法也极具启发性。市政府在进行商业街是否要步行化的问卷调查前，首先在周末推出限时步行街，令市民和商户对步行化的试用效果产生直观的感受（袁奇峰、林木子，1998）。这样的调查就能够避免认知的盲点，真正反映使用者的需求。

4.2.2　满意度调查

在研究调查中，对满意度的测量一般是通过在问卷调查中设置里克特量表完成的[①]。这种调查使得研究人员能够方便地将人们对事物各种特征的满意程度数量化，有利于接下来的定量化分析。在环境行为学研究中，经常可以看到涉及满意度调查的研究案例，按照研究目的的不同将它们分为两个类别。

第一类属于基础性理论研究。环境行为学认为人们对环境的认知是一

①　经常被采用的是 5 阶满意度评分，即非常不满为 1 分，不满为 2 分，普通为 3 分，满意为 4 分，非常满意为 5 分。这是一种定距测量。

个整体，但这个整体又是由多个不同维度的因子复合而成的。很多研究就试图通过实证案例揭示各种环境特征对整体满意度而言的权重关系。例如，徐磊青（2006a）对上海中心区的四个广场进行了空间认知与满意度研究，共取得490人的问卷样本。多元回归分析在20个单项评价因子中提取了6项最为重要的环境特征，按其重要性分别是：广场铺装、景观、管理、总体气氛、视野宽阔和绿色空间[①]。石坚韧和赵秀敏（2006）对上海、杭州、南京三地60个城市开放空间进行了公众意象影响因素的问卷调查，共取得552份有效答卷。该项研究一共建立了11个评价要素，请市民进行5阶的满意度评分[②]。研究者用统计学的相关分析、主成分分析、回归分析等手法对调查资料进行了分析，发现场所的吸引力主要与认知、繁华、频率、整洁、美观、安全等因素高度相关。这些研究的共同点在于探索对我们的整体感知而言最为关键的环境特征，为规划和设计人员提供参考。

值得注意的是，满意度因子的重要性排序会随着地点或者时间发生变化。徐磊青和杨公侠比较了他们在上海进行的居住环境用后评价以及王青兰的深圳住宅小区满意度调查（徐磊青、杨公侠，2002）。对上海样本而言，最重要的因子是厨房和卫生间的大小、设备布置和使用上的舒适性等。对深圳样本而言，最重要的因子是美观/社会活动/设施因子。他们认为，由于后者的住房条件更为宽敞，居民对居住环境的评价就会向较高的心理层次发展，不仅仅关注室内生活方面，而且更为关注社区和环境。将这个发现与上一节讨论的需求金字塔联系起来，我们就能进一步了解阿尔方索提出的"杠杆支撑点"的意义。对上海居民而言，较低层次的住房面积需求没有得到基本的满足，它就成为影响整体满意度最重要的因素。而对深圳居民而言，在住房面积需求得到基本满足的前提下，较高层次的需求（社区本身的美观、活动和感染力因素）就成为主导因素。由此可见，对设计调查而言，寻找满意度的杠杆支撑点也是十分关键的。

第二类满意度调查属于应用性研究，用于环境评价。在POE评价中，使用者的满意度是最常用的评价标准之一。在西安大雁塔北广场的使用后评价中，研究人员通过专家访谈法筛选出包括广场交通与空间环境、人在广场上的行为方式、广场物理环境、广场附属设施等4个方面22个子项的预报变量，以问卷数据收集使用者对各个子项的满意程度，通过统计分

[①] 这20项因子分别是：视线开阔、空间宽敞、空间层次、历史感、景观、气氛、天际线、建筑设计、地面铺装、树木、可坐的地方、草地、照明、活动设施、环境小品、整洁、安静、拥挤、活动、干扰。

[②] 这11项评价要素分别是：(1) 便利，去该地域的交通便利；(2) 美观，街景、建筑或风景美；(3) 安全，治安、秩序、防灾；(4) 健康，防噪、防奥、防污；(5) 交往，促进人际交往；(6) 繁华，人气旺、热闹；(7) 新建/更新，建筑、设施维护更新；(8) 整洁，干净、整洁；(9) 认知，熟悉该地域的程度（非常陌生1分，……非常熟悉5分）；(10) 频率，去该地域的频率（从不去1分……每天去5分）；(11) "开放空间的吸引力"（不想去1分……很想去5分）这一指标作为总的评价结果。

析获得各个因子在广场环境满意度贡献中的权重，最后得出总满意度得分的计算公式（李志民、王琰，2009：175）。该研究发现大雁塔的总体满意度水平一般，大众满意度最高的是广场的附属设施。POE 评价能够用以发现有待改善的环境特征，对相同类型的设计有一定指导作用。

通过上面的分析，我们了解到满意度调查是基础性理论研究和环境评价的有机组成部分。可是，满意度调查对设计而言有什么直接的帮助呢？它的确能提供的是对基地定量、系统的总体性评价，然而这种评价并不能反映场地内部的不均质性，对设计项目而言，有过分抽象之嫌。因此，满意度调查如果要能支持设计，最好能同时收集空间位置的信息。例如，在西安交通大学康桥苑食堂的使用后评价中，以预先在图纸中编码的方式，要求使用者指出最喜欢的就餐位置（李志民、王琰，2009：189）。又如，在英国 VivaCity2020 研究项目为城市设计实践开发出的调查工具——宜居性调查问卷中，特别附录了调查区域的详细地图，要求居民将对居住产生强烈影响（正面或负面）的非居住性的土地使用情况标注在地图上（图4-6）。另外，还可以使用访谈法的形式进行满意度调查。尽管这种方式收集来的资料不那么容易被定量化，但它提供的信息要丰富、完整得多。我们将在 5.1 节具体介绍其具体做法。

图 4-6　宜居性调查问卷（部分）（来源：http://www.vivacity2020.eu）

4.2.3　环境意象调查

自凯文·林奇的《城市意象》（英文版，1960）一书出版以来，环境意象调查已经成为认知领域研究的一项重要内容。所谓可意向性（imageability），指的是有形物体中蕴含的，对于任何观察者都可能唤起强烈意象的特性。形状、颜色或是布局都有助于创造个性生动、结构鲜明、高度实用的环境意象，这也可以称作"可读性"，或是更高意义上的"可见性"（legibility），物体不只是被看见，而且是清晰、强烈地被感知。林奇认为，尽管世界上不同文明、不同景观所使用的定位系统之间的差别很大，人们用来辨别自己世界的潜在线索似乎也无穷无尽，但绝大部分实例都惊人地重复着城市意象元素的形态类型，即：道路、标志物、边界、节点和区域。他认为，这五大元素的可见性、相互之间的联系和中断关系到整个城市的可意向性的强弱。林奇发展了一套完整的认知地图调查方法，使用三种途径获取人们对城市的公共意象，由居民的个体意象归纳出公共意象，以此作为未来视觉形态规划的设计基础。认知地图调查法在后来的研究中得到了较多的发展，我们将在 5.1 节详细介绍其内容。

在环境行为学研究中，在林奇的研究之后，对环境的意象调查又扩展到定位系统（navigation）、寻路（way finding）、空间记忆等领域的研究。这些研究很多采用的是试验法或者是半试验法，以较为严格地控制空间特质的变量。例如徐磊青等人进行了一系列寻路行为的研究，灵活采用了访谈、问卷、录音、轨迹记录等调查方式记录被试者在现场试验中的寻路行为，分析其寻路策略和规律（米佳、徐磊青等，2007；牛力、徐磊青等，2007；徐磊青、黄波等，2009）。

空间句法理论中有一个空间认知研究的分支。它通过多种计算机环境模型测量实体环境的可见性（visibility）、可达性（accessibility）与可理解性（intelligibility）这些特性，并把它们与人们的行为活动联系起来，探索运动、寻路、空间记忆等空间认知规律。这种对环境意象的研究与其他研究有一个很大的区别：它并不直接询问人们对环境的感知，而是依靠观察人们的行为间接地推测其认知状况。例如，可以跟踪人们行进的路线，记录他们犹疑或者停下来查看路标的地点。

4.3　实体环境要素

设计为使用者所作的所有考虑，最终是要落实到实体环境上去的。因此，对现有实体环境要素的把握也是设计调查的重点内容。由于社会学调查对物质空间的描述能力较弱，我们就要从相关建成环境学科中寻找可以借鉴的调查方法。本节整理的前两种实体环境要素分类法就来源于它们。城市设计实践本身也发展了很多实体环境的调查方法，比较常见的分类法放在后面两个小节叙述。

4.3.1　拉普卜特的分类法

人类学家阿摩斯·拉普卜特在《文化特性与建筑设计》中将场景分为三类构成要素，分别是固定特征因素（fixed feature）、半固定特征因素（semi-fixed feature）和非固定特征因素（nonfixed feature）。其中，固定特征主要指建筑物的墙壁、地板、屋顶，或街道，几乎不发生变化；半固定特征主要指家具、装修、景观或标志，可以根据场景需要加以改变；非固定特征，主要指场景中活动者以及他们的服装、姿势和相邻关系。这三类构成要素是环境给予使用者的行为线索，是一种非语言的沟通形式（Altman，Rapoport et al.，1980：28）。

这种分类法不仅将环境中的实体要素包括在内，还包括了活动者。这种分类法提醒设计者的是：尽管环境行为学告诉我们环境和行为之间存在着紧密的联系，但这种相互作用不一定发生在设计者可以控制的因素上。例如意义的传递，拉普卜特认为尽管固定特征即空间结构本身也传递意义，但更为经常的意义传递是依靠半固定特征发生的。而家具、装修、景观、标志这些半固定特征不一定属于城市设计实践有能力控制的范畴。

徐磊青和杨公侠（2000）曾指出，环境行为学理论非常谨慎地对待环境和行为的联系，在建筑师发现这种联系还关系到他们力不能及的因素（如社会与管理的要素）时，往往感到沮丧。但从另一个角度看，这种清醒的认识对设计师而言至关重要——它能够帮助设计师获取真正有效的预见能力。而研究者所要做的应该是更清晰地说明那些"可设计的物质空间因素"分别会通过何种机理对使用者产生何种程度的影响。

4.3.2　城市形态学的分类法

在地理学研究中，有一种基于历史地理角度的城市形态研究。它起源于德国地理学家康泽恩的工作，在英国追随者的继承和发展下形成了"康泽恩学派"（Conzenian School）。这种城市形态研究的核心部分是城镇平面图分析（town plan analysis）。康泽恩根据城市形态要素持久性的不同，将它们分为 4 个层次：土地利用（landuses）、建筑构成（building structures）、地块（plots）和街道模式（cadastral）（图 4-7）。其中，地块和街道模式的相对稳定性较好，共同构成"形态框架"（morphological frame）（Conzen，1975）。由于市政管道、自然条件制约、土地所有权关系等因素的作用，它们会对城市的后续发展产生有力的制约与影响。也就是说，即便城市形态产生变化，在新的形态中仍可找到原来的地块和街道模式的痕迹。这种按照持久性的城市要素分类方法与拉普卜特的分类法有类似之处，不过其覆盖范围和分类精度有很大区别（图4-8）。

　　城镇平面图分析研究采用以地块为基本单位的调查，一系列描述城市形态变化过程的概念被发展出来，包括"规划单元"、"形态周期"、"形态区域"、"形态框架"、"用地变化周期"和"城市边缘带"。这些概念是有效解构城市复杂结构的方法，与西方古典哲学思维方法中的从局部到整体的思想密切相关（霍耀中、谷凯，2005）。研究人员试图通过准确地描述城市形态变化的过程，达到对变化的理性干预。

图4-7　城市形态要素示意（转引自：段进、邱国潮，2009：106）

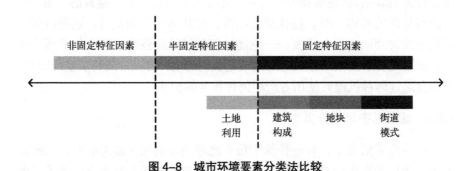

图4-8　城市环境要素分类法比较

4.3.3　宏观、中观和微观尺度

　　前面介绍的两类分类法较为概念化。在城市设计的实践中，其对象规模存在很大区别，从较小规模的广场和步行街，到较大规模的城市片区，再到整个城市，都可以进行城市设计。因此，按照尺度对实体环境要素进行分类的做法很关键。一般设计师会以宏观、中观和微观划出3种尺度。

这种划分方法对讨论设计对象而言很实用，但并不严格。根据克利夫·芒福汀提供的空间单位层次划分表 [1]，城市设计所谓的宏观、中观和微观大概在下表的"城市"到"街道"这个 5 个等级之间滑动。

空间单位的层次　　　　　　　　　　　表 4-1

房间	Room
家庭	Home
街道	Street
邻里	Neighbourhood
片区	District Quarter
城镇	Town
城市	City
区域	Region
国家	Nation

（来源：芒福汀，2004：26）

哪些是重要的"可设计的"实体环境要素？在宏观尺度，我们要关注的对象包括：城市的肌理、街道网络的模式、公共设施的空间分布情况等。城市设计理论十分关注空间的渗透性（permeability）、可达性（accessibility）、可识别性（legibility）这些概念。其中，场所的设计影响着人们能去哪里，不能去哪里，这种特性我们称之为渗透性（伊恩·本特利，2002）。可达性是在渗透性基础上产生的概念。它的范围和分配是评价一个聚落质量的重要指标，关系到社会平等与区域经济。其最优化包括三项辅助指标：可达性对象的"多样化"，对不同人群可达性的"平等性"，对可达性系统的"控制力"（凯文·林奇，2001：143）。可识别性指的则是一个场所明白易懂的特性，它影响着人们是否能容易地辨认出环境所提供的使用机会（ibid，2002）。凯文·林奇（2001：7）在此基础上又提出了可意向性（imageability）的概念，他把这个概念定义为有形物体中蕴含的，对于任何观察者都可能唤起强烈意象的特性。形状、颜色或是布局都有助于创造个性生动、结构鲜明、高度实用的环境意象，这也可以称作"可读性"，或是更高意义上的"可见性"，物体不只是被看见，而且是清晰、强烈地被感知。

在中观尺度，我们通常会关注的对象包括：街道界面和土地使用情况。

---

[1] 此表格由芒福汀改编自 Constantino Doxiodis 的区域规划学（New York：Oxford University Press，1998）；克利夫·芒福汀. 街道与广场 [M]. 第 2 版 [M]. 北京：中国建筑工业出版社，2004.

扬•盖尔（2002）指出了街道界面连续性对户外活动的重要影响。他认为由于人的活动半径和感知范围有限，每一米街道或立面，每平方米的空间都是极为重要的，因此能否形成连续的界面非常关键，而实墙临街面则撕裂了体验的连续性。阿兰•B.雅各布斯则指出了界面透明感的重要性。他的实证研究发现，最好的街道在它们的边缘上都有一种透明感，门洞口的间距可近到 12 英尺（约 4m），因此出入口分布的频率可以作为界面透明感的指标（Jacobs，1993）。建筑出入口的多少关系到行人的步行体验，能够通过街道眼的效应增进人的安全感（简•雅各布斯，2005）。

　　建筑底层的土地使用情况也可以通过街道边界体现出来。我们知道混合土地使用能够支持多样性的街道生活。然而，并不是所有土地使用都会对街道生活起到促进作用。MacCormac 把不同土地用途产生的活动定性为它们的交互影响性，并区别为"当地互交"（local transactions）和"外来互交"（foreign transactions）[①]。外来互交由于其活动是内向的，其街道临街面对街道生活几乎没有影响。他认为通过把外来互交的功能放在内核，当地互交的功能布置在外围的做法，可以克服外来互交的大体量建筑造成的街道死寂的效果。

　　在微观尺度，对于广场而言，可以把实体要素分为三类：基面、边围和家具（蔡永洁，2006：100）。对基面的分析内容包括广场的规模、比例（平面视角分析、空间宽度与深度比例分析）、形态、轴线关系、地形、铺装等。边围是空间边界的另一种称呼，蔡永洁认为边界这一概念只涉及广场基面的轮廓，并未涵盖这一轮廓上的建筑实体，而边围的概念能同时包容两层意思。这个名词可以强调边界的厚度和容积。对边围的分析内容包括尺寸、形态、肌理、开口、重点、功能等（ibid：111）。家具也是重要的实体要素，包括绿化、座椅、艺术品、灯具、垃圾桶等，是广场活动的重要行为支撑（ibid：127）。

　　座位供应这个因素看似简单琐碎，但却被很多理论家所强调。威廉•怀特的实证研究发现，与实际观察到的坐憩者数量最为相关的是坐憩设施的长度（Whyte，1980）。如果没有地方就座，再有魅力的喷泉，再引人注目的设计，也不能促使人们过来坐憩。他的研究直接推动了 1975 年纽约市区划的修订，在其中增加了对可坐位置供应的规定[②]。赫曼•赫兹伯格从

①　Richard MacCormac（1983），转引自 Carmona，M.，T. Health，et al. Public Places，Urban Spaces：the Dimensions of Urban Design[M]. Architecture Press，2003：172.

②　除了某些特殊情况外，每 30 平方英尺面积的城市广场需要提供 1 英尺长（约 0.3m）的座位。座位的深度至少是 16 英寸，高度必须在 12 ~ 36 英寸之间。即每 9m² 面积的城市广场需要提供约 1m 长度的座位。推荐的座位深度至少为 40cm，高度必须在 30 ~ 90cm 之间。引自：Whyte，W. The Social Life of Small Urban Spaces[M]. Washington，The Conservation Foundation，1980：112.

词源的角度出发，把让人能有就座的机会（seat）与聚居（settlement）这两个词联系在一起。他认为，一个让人就座的地方不但提供了让人能暂时占有环境的基本条件，同时创造了与其他人接触的条件（2003：177）。扬·盖尔指出，如果坐下来的条件少而差，人们就会侧目而过。这不仅意味着在公共场合的逗留十分短暂，而且还意味着许多有魅力和有价值的户外活动被扼杀掉了（2002：159）。

对步行环境而言，重要的微观实体要素包括：绿化、街道家具（艺术品、座椅、标示、灯具、垃圾桶）、铺装、标识、道路断面设计、过街设施等。为了提高步行环境的安全性和方便性，学者们在不断开发相关的设计措施，例如路心安全岛、路缘石放大、斑马线、交通信号灯等（Krizek，2001）（图 4-9）。

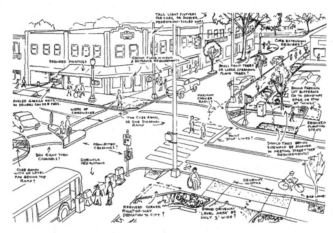

图 4-9　道路交叉口设计（来源：Krizek，2001）

4.3.4　其他分类方法

雪瓦尼（Shirvani，1985）的城市设计要素分类法是一种常被城市设计师采用的方法，他将城市设计物质对象分为八块内容：土地使用、建筑形态和体块、交通和停车、开放空间、人行通道、活动支持、标志系统、保护。这种分类方式很实用，但细究起来，子项之间并不是对等的并列关系。

另外还可以将城市设计分为步行系统和开放空间两大类，在大类之内再进行细分。马库斯等人（2001）的《人性场所》一书，把开放空间按照功能类型分为城市广场、邻里公园、小型公园和袖珍公园、大学校园户外空间、老年住宅区户外空间、儿童保育户外空间、医院户外空间这 7 类。英国的规划法令 PPG 17 将城市中的开放空间分为 11 类：公园和花园、自然和半自然的绿地、绿色走廊、户外运动设施、公益性绿地、儿童活动场地、社区花园和城市农田、墓地和教堂后院、城市边缘带、市民空间（DCLG，2002）。

4.4 信息解读的基本原则

在 3.4.1. "研究假设和设计假设"这一小节，我们谈到高品质的城市环境这个概念。那么何谓高品质的城市环境？通过城市设计理论文献的回顾，可以把它的特性概括为以下三项原则：人性化、鼓励社会交往、公平与公正[①]。它们将成为解读调查收集到信息的理论依据。

4.4.1 人性化

第一条高品质城市环境的基本原则是人性化。人性化原则又被表述为以人为本、宜人、亲和力（people-friendly）、人性场所（people places）等关键词，其内涵十分丰富。参考邹德慈（2006）、徐磊青（2006b）等多位学者的解释，本文从两个视角对人性化原则进行表述。其一，从需求的视角解释。人性化的环境，就是满足广大市民的需求和爱好的城市公共空间，设计应基于对人性的理解，对人们不同层次的需求予以回应。从遮风避雨的设施这类较低层次的需求，到安全感这类中间层次的需求，再到视觉美感、可识别性、认同与归属感这些较高层次的需求。蒂巴尔兹（2005：57）曾以散文般的笔触描写过人们对公共空间的期望："大众和参观者有多种需求和选择：他们想有事情做，有东西看，有地方去，有商品买，需要物有所值，需要有友善的当地居民。市民们希望有机会能彼此相识，参观旅游的人则是在寻求一些遁世的味道——能够看到和从事一些与他们惯常方式所不同的生活和工作。"其二，从实体环境设计的视角解释。建筑师的基本专业素质之一是掌握人性尺度。在微观层面，它意味着具有亲和力的街道界面和尺度宜人的广场；在中观、宏观层面，它意味着街区尺度易于步行，开放空间贴近居民的活动范围，以混合的土地使用带来多样性的活动和城市活力等等。

人性化原则看似得到了人们的公认，但是在操作细节上并非如此。例如，法国国家图书馆就是一个极具争议的案例（图 4-10）。评论家伊戈内讽刺道："那微小的没有标记的入口将迷惑参观者。其玻璃墙从上面一直延伸到地面，似乎在说：在行人和建筑之间，这里不提供任何形式的交往活动。"[②] 在这个案例中对纪念性的追求完全占据了设计师的头脑，人性化原则就被牺牲了。这样类似的例子在我国也是屡见不鲜。另外一个具有

---

① 由于本研究视角的限制，这些原则中不包括美学、生态、可持续等视角的要求。

② 帕特里斯·伊戈内，"塞纳河上的丑闻"，第 32 页，转引自肯尼思·科尔森. 大规划——城市设计的魅惑和荒诞 [M]. 北京：中国建筑工业出版社，2006：159.

图 4-10　法国国家图书馆（来源：肯尼思·科尔森，2006：158）

普遍性的例子是休息座椅的布置。尽管非常多的使用后评价研究证实，有靠背的传统长椅是最受使用者喜爱的座椅形式，但是设计者和业主们还总是会选用设计感优于舒适度的座椅，甚至会由于害怕流浪者的停留而尽量少设座椅。例如，北京西单文化广场改造前的研究依据调查数据建议增加可容纳200人的座椅，并提高座椅的舒适性，但改造方法最终增加的是24张"石头座椅"（陈红梅，2009）。

4.4.2　鼓励社会交往

　　第二条高品质城市环境的基本原则是鼓励社会交往。研究者们普遍相信城市公共空间能为不同社会团体提供接触的场所，从而增强人们之间的信任感和社会凝聚力。社会学家桑尼特解释道，人们需要在城市整体范围内与不同的人接触、交流，甚至发生冲突，这样人们才能发现并尊重不同的生活模式，变得更加宽容、理性，以及富有创造力。于是在整体上，人与人之间的关系也就更加和谐了。如果人们长期禁锢在一个单一社区中，他们可能只认可一种生活方式，反而会更加狭隘与固执。这些性格常常会引发不同的单一社区之间大规模的冲突，如黑人区与白人区的对抗，从而破坏整个城市社会的稳定[①]。更有学者发现，在均质环境中长大的儿童很少

---

① Sennett，R．（1971）The uses of disorder：personal identity，转引自杨滔．整体性社会交流的城市空间形态 [J]．北京规划建设，2007（1）．

能建立起对他人的同情心，并对生活在多元社会里缺少准备①。

在互联网产生的初期，一些学者疑惑在新的数字时代，人们是不是不再需要面对面的交往了，这种生活方式的改变会不会极大地影响现有的城市形态。然而在今天看来，这种推想并没有成为现实。布莱恩·劳森（2003：3）指出，现场的交流与其他所有的交流方式最显著的差异就是，它是发生在空间中的，新的交流技术并不能取消面对面的交往。很多研究证明，网络反而会促进更多面对面的交往（Graham，2004）。近年来，雷·奥登柏格（Oldenburg，1999）第三种场所的概念被广为引用。他认为日常生活必须在"家庭"、"工作"和"社会"这三种体验领域中找到平衡。除了家庭与工作场所以外，为了满足和放松，人们还需要第三种场所，即非正式的公共聚集场所，这种空间对于社区的活力和当地的民主而言是非常重要的。如果人们生活中没有公共聚集的场所，"城市的诺言"（promise of the city）就会成为空文，因为城市地区"无法满足人们形形色色的交往和联系，而这体现了城市的本质"。

尽管空间形式对社会关系的发展不具有促进作用，但这并不否认物质环境以及功能性和社会性的空间处理能够拓展或扼杀这种关系的发展机会（扬·盖尔，2002：57）。当前社会和传统的生活方式有了很大的不同。如果城市公共空间的品质不尽如人意，人们都越来越多地待在自己的家里、封闭式小区内部或者是商业性的消费空间中，那么城市公共空间促进异质性的人群之间的交流功能就会丧失，社区感、陌生人之间信任感的培育就无从谈起。相反，可达的、具有吸引力的城市公共空间能鼓励人们更多地走进真实的社会生活，增加不同背景的人群进行社会交往的机会。要知道，虽然不是所有发生在空间中的行为都意味着交流，但是大多数的空间行为都包含了某些程度上的交流（布莱恩·劳森，2003：3）。

人们在公共空间步行、停留，他们之间的目光接触是建立信任感的第一步。更多的交流会在一些触媒的激发下产生，可能是讨论某种有趣的公共艺术品，可能是由宠物引起的闲聊，可能是讨论社区共同的更新改造。混合的功能与活动是促进有意义的社会交往的关键。它使得不同年龄、不同社会阶层、不同种族的人们聚集到一起，相互之间的接触增强了社会的凝聚力。孙施文的陆家嘴研究提供了一个反面案例（孙施文，2006）。他指出尽管这一地区堪称上海就业岗位和商业服务业密度最高的地区之一，但是人群之间并不发生直接的相互关联，人的多少与是否发生社会交往之

---

① A. Duany, E. Plater-Zyberk, J. Speck. Suburban nation: The rise of sprawl and the decline of the American dream[M]. North Point Press, 2000 转引自 M. Carmona, and T. Health. 城市设计的维度：公共场所——城市空间 [M]. 南京：江苏科学技术出版社，2005：124.

间并没有直接关系——"市场机器以钢铁般的意志对人群进行着操纵，早九时分人群的蜂拥而入，晚五时分人去楼空的状况，看上去都是人流的涌动，但实际上高密度的人口密度并不带来人际交往的高密度，从而使得这一地区除了高楼之外就如同沙漠。"

在鼓励社会交往的原则下，我们还需要认识到交往意愿的多样性。对于不同的人，"与他人的接触"的需求程度有所不同。扬·盖尔（2002：19）在谈论公共空间如何支持交往时，谈到群聚与独处的各种过渡形式，并且建议了一个"接触强度"（intensity of contact）的等级，范围从亲密的朋友到朋友、熟人，再到偶然接触与被动接触。在城市公共空间中的社会交往主要属于低端等级的接触，而低端等级在适合的条件下可以向高端等级发展。而某些设计者在处理社会交往问题时，很容易犯的一个错误是，只是考虑如何方便人们的聚集交流，而从不考虑人们之间还希望保持一定距离的愿望（阿尔伯特·J.拉特利奇，1990：120）。在设计中，要尊重使用者对交往强度的多样性需求，既给予他们主动参与的机会，又提供被动参与的可能。例如在公园的使用者中，有一部分人只是为了看看人，而没有与人交谈或者会面的意思。有很多老年人尤其具有这样的行为（克莱尔·库珀·马库斯、卡罗琳·弗朗西斯，2001：92）（图4-11）。

图4-11　被动参与：老人坐在路边看过往的行人

4.4.3 公平与公正

最后一条高品质城市环境的基本原则是"公平与公正",这条原则是设计者所应共同坚守的伦理和价值观,对基尼系数已经超过国际警戒线的我国而言尤其关键①。郑正(2007)指出,城市设计必须严肃地思考下列问题:是面向少数富裕阶层,还是关注最广大市民?是将最好的城市空间、环境、滨水岸线留给公共使用,还是由少数权力和财富拥有者占有?缪朴(2007)认为我国现有的公共空间有着忽视公共空间的主要使用者(中低收入的市民),贵族化的危险倾向。在大城市的城市重建之后,贵族化的新设施占据了城市中最方便达到的地段。将市民主体排除出这些地段,实际上是对社会共有资源的侵占与浪费。他进一步较为激进地提出,城市空间的功能之一是为人们的部分私人活动(如休闲)提供免费的共享资源,由于高收入阶层可以享用私有设施,城市空间的开发和设计显然应主要着眼于中低收入市民的需要。张庭伟(2001)也提出良好的公共空间能使公众,尤其是处于底层的弱势社群得到一定的自由感,因为在这里他们可与别人一样自由享受公共空间。

在城市设计中公平与公正原则主要体现在 4 个方面。首先,它意味着人皆可达(access for all)。蒂巴尔兹(2005:57)指出,市区要能让每个人——无论年龄、能力、背景或者收入——都易于抵达。街道、广场以及公共设施的无障碍设计应该能使所有人,包括推婴儿车的父母、儿童、残疾人和推着沉重行李的人同样能顺利到达各处。其次,它意味着要处理好人与车之间的矛盾。越来越多的快速路肢解了以步行为基础的城市生活的连续性。城市到底是为汽车还是为人而建?人们开始认识到对于不同活动类型要提供灵活多样的交通方式选择,不能一股脑儿地偏向以车代步的单项需求。在设计的多个尺度都要重视人与车之间的关系:人行道系统是否完善?快速机动交通是否和步行优先的商业街得到有效分离?过街设施是否合理?再次,它意味着公共设施的均好性。在过去的一段时期,我们很多城市兴起了建设大型公共广场和绿地的风潮。尽管在统计学意义上,人均公共空间和绿地的面积指标提高了,但这种提高并不是公平的。很多研究显示,开放空间的使用者主要是附近的居民和工作人员。因此,城市设计中应该更重视那些方便市民就近活动具有均好性的广场绿地系统,如街头绿地、街心公园、社区广场等形式多样的公共开放空间,为更多的人提供有效服

---

① 根据世界银行公布的数据显示,中国居民收入的基尼系数已由改革开放前的 0.16 上升到目前的 0.47,不仅超过了国际上 0.4 的警戒线,也超过了发达国家的水平。引自:"声音:中国居民贫富差距拉大 劳动者渴望缩小收入差距."人才开发 2010 (2).

务，以增进邻里感情，促进社会和谐（邹德慈，2006）。最后，它意味着城市设计过程的公平性。在设计过程中，要尽可能在政府、开发商、业主、使用者等多方人群中保持强势和弱势群体的平等权利，推动公众参与程度的深入。

4.5　信息解读与设计构思

从城市设计理论中提取出来的三项基本原则为信息解读提供了依据。然而，如何从纷繁复杂的资料中发现对设计有用的信息仍是一个难题。由于设计并不需要从大量事实中抽象出普适性的理论，也不需要对环境作出系统的评价，科学研究与POE中整理信息的方法（主要是统计分析）对设计而言并不那么适用。那么，我们该采用什么技巧才能迅速从资料堆中理出头绪呢？上一章提出的"设计假设"是解读信息的关键，即要善于发掘场地所特有的问题和机遇。这种具体的、有重点的环境诊断才是设计所需要的信息解读方式（图4-12）。

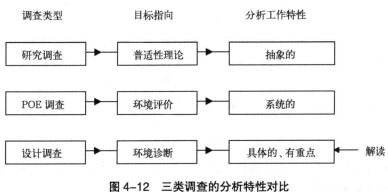

图4-12　三类调查的分析特性对比

阿兰·B.雅各布斯（2009：83）曾感叹道，对比城市化学（Urban Chemistry）、城市结构与城市体系，我们对生物化学、人体物质结构与生物系统要清楚得多——"我不知道会不会有那么一天，城市的线索可以像其他研究领域的线索那样具有精确性或是其含义被人所熟知"。厘清设计诊断可以使用的线索，在他看来是提高观察方法科学性的途径。在他的启发下，本文把行为、认知以及实体环境这三类信息解读的线索进行了汇总，形成前三个小节。在本节的最后，提炼出"改良版的设计过程"，把调查内容有机地嵌入设计构思的各个环节，以促进环境行为学思考更好地融入设计过程。

4.5.1 行为信息：发现使用问题

对收集到的行为资料而言，解读的关键点在于寻找现有使用模式的问题。本文把一些常见的问题归纳为 5 种类型：过度使用，使用率低下，误用与异用，不同群体接触机会受限，过街困难。有了这些问题类型作范本，设计师在调查的初步探索阶段就能对可能存在的问题作一个大致的假设，在正式调查阶段对前期假设进行核查。套用社会学的概念，我们甚至可以把这些问题类型当作需要被测量的概念，通过调查测量其数量程度并记录其具体发生的地点。

1）过度使用

过度使用（over-use）或者说拥挤是公共空间常见的问题之一。使用者的适度聚集能产生生机勃勃的气氛，但如果其人数超出了舒适使用的容量，就会造成一系列问题。例如，深圳高新科技园区食堂使用后评价研究发现，尽管用餐时同事、熟人、朋友之间均有一定程度的交流，但用餐完毕后，他们基本上会匆忙离开餐厅，很少有人继续留下来讨论问题。研究者认为，尽管这个餐厅是一个使用频率、强度都比较大，人员停留时间较长且稳定的地方，但由于过于拥挤和吵闹，它并不能促进使用者之间的充分交往（李津逮、李迪华，2008）。盖尔事务所总结了街道上拥挤现象的4 点害处（Gehl Architects，2004）。首先，拥挤对商业而言有害，人们很难停下来观看橱窗中的展示品。其次，拥挤对安全而言有害。快速移动的行人可能会主动或是被动地被推到机动车道上去。另外，拥挤对有特殊要求的人而言有害。坐轮椅的人、推着婴儿车的人、盲人、儿童和老人都需要较多的步行空间，这是拥挤的步行道所无法满足的需求，因而拥挤就将这些人群排斥在外。最后，拥挤对鼓励人们多步行有害。如果有上述问题，人们就会避免行走。

我们既可以通过询问的方式收集使用者这方面的态度；也可以通过记录活动者数量，将之与理论研究提供的参考值相比较而得出是否拥挤的结论。环境行为学者十分关注拥挤这个概念，很多实证研究提供了这方面的参考数据。对于广场空间，人均占地密度是可行的测量单位。闫整等人（2001）在实证研究的基础上建议，我国城市广场空间使用密度可计为 $3.5m^2/$ 人。

对于街道空间的拥挤情况判断，有两种不同的度量方式。第一种还是使用面积指标，付立恩对使用者的感觉与空间密度之间的关系作了整理：$0.2 \sim 1.0m^2/$ 人为阻滞，$1.0 \sim 1.5m^2/$ 人为混乱，$1.5 \sim 2.2m^2/$ 人为拥挤，$2.2 \sim 3.7m^2/$ 人为约束，$3.7 \sim 12m^2/$ 人为干扰，$12 \sim 50m^2/$ 人为无干扰。

他认为在步行商业街中，约束和干扰算是较好的购物条件。因此将人均占地控制在 2.2 ～ 12m² 易形成良好的商业气氛①。第二种方法是使用每分钟每米宽度通行人数的指标，扬·盖尔和阿兰·B.雅各布斯采用的都是这种方法。盖尔事务所采用的拥挤现象下限值是每 1 米宽度的步行道每分钟通过 13 人。在它的伦敦案例中，调查发现牛津圆形广场步行道的行人流量是舒适通行容量的 239%，以此为依据作出了现有步行道宽度过分狭窄的论断（Gehl Architects, 2004）。阿兰·B.雅各布斯的论述更加详细（2009：269）。他指出，尽管舒适的步行尺度不可能像交通工程师为机动车估算的那样精确，但是还是能够从一些数字里获取人们在街道上行走的感受。他收集世界各地著名街道的行人流量数据，总结出这样的规律：在人行道上，每分钟每米的宽度上通行 3 ～ 4 个人是不会感到拥挤的；如果人数少于 2 人，街道就会令人感觉到空旷。而直到每分钟每米的宽度上通行人数达到 8 个人，在这一数值区间内人们都可以随心所欲地采用任何的步速。随着人数继续增加，闲适的步行仍然还是可以实现的，而拥挤的感觉大约是从每分钟每米通过的人数超过 13 人开始出现的，在此之后，整条街道的通行速度都会下降。如果人流量高到了一定的程度，人们必须不时地躲闪以避免碰撞，并从人行道涌入街道的时候，那么就连安全性也成了问题了。特别要指出的是，每分钟每米宽度通行人数指标指的是全天流量取样的平均值，并不是高峰时期的人数。

2）使用率低下

阿兰·B·雅各布斯（2009：268）曾指出，每一条得到认可的美好街道都具有悠然自得、不疾不徐的步行环境，人行道决不能给人以拥挤的感觉，也不能让人感到孤单。这意味着对使用者人数"度"的把握非常重要。使用率低下（under use）也是一种要避免的问题。

对使用率低下问题的识别，要依靠结构性行为观察方法。如果采用随意的行为观察，往往不太容易发现这类问题。威廉·怀特谈到，人们常常只看见自己期望看到的东西，研究者们往往只注意到拥有大量活动的场所，而对寥无生气的空间视而不见。他的大量一手观察发现，与日常经验相矛盾，即使在纽约的市中心也存在着大量不被使用的空间。源于纽约的区划奖励制度，1961 年后纽约市的私人业主建造了很多的广场，这些广场的品质却良莠不齐。即使在最密集的中心商业区，也存在许多相对空旷而无用的开放空间。在那里，即使是阳光明媚天气中的午餐高

---

① 付立恩. 步行空间设计. 转引自徐磊青. 人体工程学与环境行为学 [M]. 北京:中国建筑工业出版社, 2006:136.

峰时间段，坐在广场上的人数平均每 100m² 只有 4 人。这个数目对于一个人口密度如此之高的中心区而言，实在是低得惊人了（Whyte，1980：12）。在亚历山大的《建筑模式语言》（2002）一书中，对使用率低下问题给予了参考性指标。他认为在有铺装地面的地方，若每 150～300 平方英尺（即 14～28m²）内不到 1 人，那么该场地看起来就会显得死气沉沉，毫无吸引力（图 4-13）。

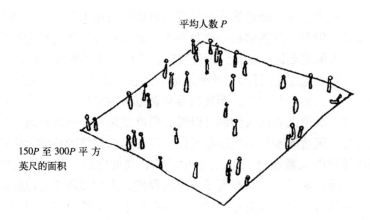

平均人数 P

150P 至 300P 平方英尺的面积

图 4-13　行人密度分析（来源：亚历山大、伊希卡娃等，2002：1241）

空间句法公司在其咨询项目中也很重视使用率低下的问题。它认为开放空间使用率低下的情况，大都是由于局部空间与整体城市空间的视线联系太弱而造成的。使用率低下的场所由于缺乏街道眼的自然监视作用，特别容易滋生负面行为，例如乱涂乱画，随意丢弃垃圾，甚至偷窃和抢劫等。该公司在行为调查中对动态或静态行为进行多时段取样。如果一个地点一天下来的平均活动量很少，那么其缺乏人气就绝不是偶然现象，而是一个值得关注的安全隐患。以笔者参与的英国斯凯默斯代尔新城的展望计划项目为例，行人计数法调查发现这个新城中心区域的日间人流量与其他类似规模的城市相比要低得多，除了中心的大型商业综合体附近有较好的人气，稍微远一点的地方人流量就基本在每小时 150 人以下（图 4-14）。这种异常的现象提示设计师要正视人车分行路网布局对人气本来就较低的小镇的危害（戴晓玲，2006）。

3）误用与异用

空间误用现象（mis-use）又称为异用（adapted use），指的是人们使用空间的方式和设计师的意图或是管理部门意愿不一致的情况。使用者对某些设施进行某种程度的不正当使用，往往会导致公共设施受到破坏，增加

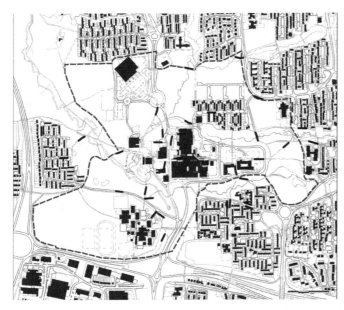

图 4-14　斯凯默斯代尔新城人流量分布图（资料来源：空间句法公司内部资料）

每小时人流量

━━━　1250 ～ 4000
━━━　750 ～ 1250
━━━　450 ～ 750
━━━　150 ～ 450
━━━　50 ～ 150
━━━　0 ～ 50

管理维护的成本。由于误用行为的发生频率不高，一般采用访谈法、行为迹象法和文献法对此进行调查。

　　处理空间误用现象，有一种较为传统的态度是认为公共空间使用者的素质有问题，要通过道德宣传、加强管理来扭转这种现象。例如文汇报的一则新闻称，上海浦东世纪大道上的日晷装置，被一些青少年当作游艺机攀爬嬉戏，令人担忧心惊，希望家长们加强对孩子的教育（图 4-15）。然而环境行为学家拉特利奇（1990：99）则提出了一种截然不同的思路。他指出，即使在某个地方果真发生了破坏性行为，我们也不要单方面地指责使用者，而应该检查一下设计者的设想是否与实际情况有所冲突，是不是设计者错误地理解了使用者的行为倾向？当使用者拆掉环境设施来满足他们非常自然的行为需要时，究竟谁是环境的破坏者？他提出一项法则：如果你不愿意把某件东西让人们以一种可以预见得到的方式加以利用，那么一开始就别把它放在那里。林玉莲和

图 4-15　别把日晷当成游艺机（来源：文汇报 2009 年 10 月 20 日第 3 版）

胡正凡（2006：236）的观点与他不谋而合，他们认为民风民俗都不是短时间形成的，移风易俗也不可能立竿见影。因此空洞的道德说教、抱怨百姓素质都徒劳无益。要减少异用、误用、滥用，甚至破坏性行为，关键点在于遵循入乡随俗的原则设计公共设施。

误用是使用后评价所要关注的重点问题之一（克莱尔•库珀•马库斯、卡罗琳•弗朗西斯，2001：324）。通过对误用现象的充分理解，设计师可以获得更好的改造思路。例如，草地上的踩踏痕迹，或许是说明现有的人行步道布局还不够完善；某处一直存在垃圾乱扔的现象，可能是由于垃圾桶的设置与人们活动的地点距离太远；儿童攀爬雕塑，或许是因为活动场地缺乏给儿童提供的嬉戏设施。从某种程度上说，乱穿马路的行为也是一种异用现象。我们在批评人不遵守交通规则之前，应该先检验是否为行人提供了恰当的过街设施。设置的绿灯时间是否够长，能让行人一次过街？斑马线之间的距离是否合适？在盖尔事务所的调查中，就包含一些步行试验的调查方法，对此进行较为客观的检验。

4）不同群体接触机会受限

空间能否被多样性的人群所共享？这既是"被动参与"需求得以实现的前提，也是鼓励社会交往的必要条件。一处拥有很多使用者的公共空间并不一定处于良好的运作状态之中。如果使用者的组成是单一的，那就是没有意义的人的聚集，不能起到增加不同社会团体之间接触机会，培育社区感的作用。因此，在行为调查中除了记录活动人数，还要记录空间使用者的社会属性，比如年龄构成、男性／女性、本地人／游客等类别，以考察使用者构成是否存在单一化的倾向。如果一处公共空间只能被特定人群享有，而排斥了某些弱势群体，那么它就达不到真正意义上的成功。

在一般情况下，老人、小孩、女性、残疾人对环境的品质更为挑剔，因此要特别注意这些类别在人群中的比例。在威廉•怀特的研究中，他十分关注女性使用者的比例。他认为，"相比于男性，女人们更在乎自己应该坐在什么位置，对陌生人更为敏感。假如一个广场上女性比例明显低于平均水平，那一定是有什么地方出了问题。而女性比例高于平均水平的地方，很有可能是一个优秀的广场，所以才会受到女性如此青睐。"（Whyte，1980：18）。丹麦盖尔事务所在澳大利亚南澳洲首府阿德莱德进行了咨询研究，其步行人流分析把白天（上午10点到下午6点）和晚上（下午6点到晚上12点）的数据分开来显示。结果显示，夜晚步行人群的男女比例十分不均衡，有80%的行人是男性（Gehl Architects，2002）。这就说明，女性群体可能存在安全方面的担忧而避免出行。这个发现为城市今后的优化改造提供了方向。在下一章将详细介绍的英国特拉法尔加广场调查中，空间句法公司采用运动轨迹法记录广场使用者的活动，把伦敦本地人和游客分开来记录。调查数据显示，伦敦人避免使用广场中心区，大部分人是从周边的路上经过，并不进入广场（见图5-21）。这种现象与该广场的历史地位是极其不般配的。后续的设计特别针对这个问题改善了广场与周边环境的步行联系。

5）过街困难

人和车之间的冲突是当前大城市中最为明显的使用矛盾。在城市设计的利益平衡考虑中，天平偏向机动车这一边还是行人这一边，并不是靠几句口号就能解决的头疼问题。过街困难的问题就是人和车之间冲突的集中体现。王伯伟曾作出这样的评论：轴线大道本身既是一种宏大的线性公共空间，另一方面也是一条巨大的线性障碍（王伯伟，1995）。对于由繁忙车行交通和过宽车行道给步行和城市生活造成的危害，在英文中有专门的一个词"severance"（割裂效应）来形容（Guo and Black，2000）。大型交通设施对城市空间的切割和限定造成了城市的碎片化，也带来了人性化城市空间的丧失等负面影响（潘海啸，2006）。

在我国，受到学者们批判的一种常见的误区是：把交通主干道同时开发为商业街（缪朴，2007；郑正，2007）。由于交通主干道对过街设施有间距上的限制，人们为了省力而乱穿马路，导致了严重的安全隐患。另外一种误区是那些被交通干道包围的广场或公园。由于交通干道的割裂效应，这些开放空间的可达性很差，损害其本应该起到的多重积极效应（图4-16）。一项武汉市洪山广场的研究显示，周边的车行道降低了广

图4-16　交通干道对广场的割裂效应（来源：大连市城市建设档案馆，2007：12）

场的易接近性。虽然广场东北角和西北角各有一处地下通道，但人们宁愿冒着危险穿过没有红绿灯的交通干道，甚至有人懒得过马路，宁可挤在与广场一路之隔的人行道上活动。上海浦东陆家嘴商务区的中心绿地也是一个典型的案例（图4-17），它被多车道马路及功能单一的摩天办公楼所双重环绕，澳大利亚规划师理查德·马歇尔认为尽管它的平面看上去好像是纽约中央公园那样的社交场所，但实际上不过是一个装饰性空间，没有能力滋养社会交往，"最多不过是从办公楼里可以望见的一个景观而已"①。

图4-17 上海陆家嘴中心绿地俯视图

西方研究中提倡以一些街道设计的创新手段扭转割裂效应所造成的危害。例如，美国波特兰市于1991年开始展开的瘦街计划（skinny street），主张居住街道车行道宽度在8～10英尺（约2.4～3m），而不是当时现行道路规范所建议的12英尺（约3.6m）。这项计划的设计标准由俄勒冈州土地保护发展委员会批准通过，取得了良好的效果。"街道瘦身"的设计理论目前在全美深入人心（迈克尔·索斯沃斯、伊万·本约瑟夫，2006：7）。另外一种新的设计理念是"居住街区共享街道"。它强调通过设计措施，降低车速，使行人、

① Richard Marshall, Emerging Urbanity：Global Urban Projects in the Asia Pacific Rim. London：Spon, 2003，193．转引自缪朴（2007）．"谁的城市？图说新城市空间三病."时代建筑（1）：4-13.

玩耍的儿童、骑自行车的人、停靠的车辆和行驶的汽车都分享着同一个街道空间。一项德国汉诺威的研究显示，共享街道转换后的儿童活动量大大提高了，户外活动更加丰富多彩，也不需要大人的监视（图4-18）（ibid：116）。

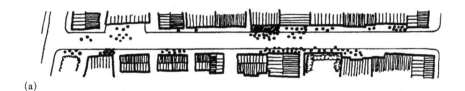

图 4-18　儿童玩耍行为地图（来源：索斯沃斯，2006：116）

(a) 改造前；　(b) 重新设计之后（德国）

近年来，我国的城市设计也开始重视这一问题。在杭州湖滨旅游商贸步行街区城市设计中，调查发现机动交通的压力与商业的要求是设计的主导矛盾。于是，设计者通过在南北向，将湖滨路引入地下，消除城、湖的步行障碍；在东西向，集中使用区域内的两条车道；促成了步行街区的形成（卢济威，2005：122）。在最近进行的上海外滩地区交通综合改造中，也使用了类似的做法，改造后中山东路的过境交通将被转入地下，地面道路宽度大大缩窄，使地面层的游客能更方便地接近水面，并为城市提供更多的公共空间（赵亮，2008）。

4.5.2　认知信息：寻找需求重点

认知信息一般都是通过言说类调查方法进行收集的。如果在信息收集过程中巧妙提问，其信息解读就会比较容易。遵循设计假设，调查的目的是"发掘场地所特有的问题和机遇"，因此调查人员尽可以直截了当地询问使用者的意见和建议。可以在探索阶段先通过访谈法收集人们反映的各种问题：有什么不满意的地方？最希望改善的什么？再把这些问题组织到问卷中，对问题普遍性和优先性进行核查。例如，英国 VivaCity2020 研究项目中的宜居性调查问卷一共设置了 4 大类 24 个问题[①]，要求居民在 5 级

---

① 四大类问题包括：公共空间和建筑的日常维护和管理、道路交通以及交通有关的问题、遗弃的使用、反社会行为。

量表中给每种问题赋予严重程度的分值（VivaCity2020 网站）。又如，在上海南京东路步行街调查中，设置了"希望改善的设施和活动"的一系列问题。调查显示，人们最希望增加与改善的街道家具是座椅与小桌，其后依次是树木绿化、厕所、指示标志牌、街道照明与装饰灯光、废物箱、电话亭。人们最希望改善的活动是休息活动（73%），其次是漫步游览（49%）。人们最希望的室外活动是露天吧（40%）（郑时龄、齐慧峰等，2000）。

由于设计改造的资料和精力有限，认知信息解读的关键点在于判断需求的重点。刘宛（2004）指出，专业技术部门通过全盘考虑，找到主导问题和机会，选取投入最小、收益最大的合理方案应该是城市设计实践过程的核心任务之一。Beaulieu（2002）也指出，在社区规划中应鉴别当地的需求，将需求按照重要性排序，并考量解决问题的资源是否可得。本章第 2 节提出过"需求层次模型"的概念。按照这个概念，把得不到满足的需求按照高低层次组织起来，是发现主导问题和机会的好方法。在设计中如果能优先针对低层次的需要进行改造，就能通过"杠杆支撑点"的作用使有限的资金得到最为高效的利用。

武汉两江四岸滨水区城市设计公众意见调查为需求层次模型规则提供了一个很有说服力的证据[①]。在对"防汛墙是否有碍景观"的提问中，广大市民的回答与政府、专家的观点有极大的区别。尽管沿江生态景观是政府及专业人员注重的规划热点，它在民众中却没有多少"共同意识"（董菲，2009）。民众比较关心的问题包括轻松到达的公共区域、活动设施、绿化环境、空间安全度和交通便利性，而这些都是比美学需求稍低层次的需求。这个例子生动地证明，要先满足低层次需求，高层次的美学需求才会显现出来。如果片面追求视觉效果，人们的认知情况很难得到有效改善。

不过，需要认识到人们的需求，尤其是潜在需求不一定能在访谈和问卷中体现出来。4.2 节谈到过"供应创造需求"的现象，即一个新的高品质空间会产生新的拥护者，会激励人们产生新的习惯。在某些情况下，设计师能为公众创造出超过他们想象的美好环境，而这正是设计师创造力的最好体现。

4.5.3　实体环境信息：判断差距

信息解读要求设计师作出有重点的环境诊断，对收集到实体环境信息诊断的关键在于判断现状与理想环境之间的"差距"。有非常多的城市设

---

① 该调查是 2008 年武汉市规划局在"两江四岸滨水区城市设计"前期组织的一场大型问卷调查活动，有两种意见收集的方式。其一，在 6 处调查点抽样，3 天时间共回收有效问卷千余份。其二，在"数字武汉"（http://www.digitalwuhan.gov.cn）和"武汉规划资讯网"（http://www.plan-consulting.cn）进行网上的问卷调查，活动时间持续了 2 周，参与人数约 500 人。

计理论研究告诉我们，好的城市形态应该是怎样的；好的开放空间与好的步行环境又应该如何。对这些理论中的环境评价标准进行分类可以发现，有一部分核心词是从空间本身的特性出发的，例如比例、尺度、渗透性、连接度、可理解性等；另一部分核心词是从感知和使用出发的，例如亲和力、活力、愉悦、安全、可达、可识别性等。同样，对"差距"的判断也有两种形式。

我们可以直接寻找现状物质空间特性与高品质空间所应具有物质空间特性之间的差距。例如，Loukaitou-Sideris（1996）从破碎的角度考察美国城市设计中的质量问题，把它细分为四种类型：（1）城市形态的缺口，整体连贯性被打断；（2）没有被开发的、未得到充分利用的，或者恶化了的残余空间；（3）有意或无意地被物质性划分开来的社会空间（社会隔离）；（4）新的开发所造成的打断和破碎。然而在很多情况下，高品质空间的特征很难定量化，因此对差距的判断并不那么容易做出。阿兰·B.雅各布斯（2009：267）曾希望通过大量实例归纳出塑造伟大街道的品质构成。他的研究发现，将这些概念与要素完全明晰化是永远也无法实现的目标。含混暧昧能够被有效地加以限制，但却是永远不可能彻底清除的。他指出那些可度量的必要条件很少能够精确得到确定的数值，例如树木的间距或建筑的高度就不可能有明确的尺寸要求。因此，成为伟大的街道的必要条件会是一个范围，在这个范围之内，已经实现了许多优秀的街道设计，在这个范围之内，也将会出现更多优秀的街道设计。因此上文谈到的很多空间概念并没有严格的优劣标准。例如，一般而言提高城市肌理的渗透性对人的出行是有利的，但渗透性过高却会带来安全性的问题。又如，城市需要具有可识别性和可预见性，但由于人们对"刺激"的需求，城市也需要具有一定的神秘性和复杂性以保持人们观察周围的兴趣。再比如，提高可达性对商业区是至关重要的，但对于要求安静的住宅区而言，却需要把可达性控制在一定范围内。

我们还可以通过判断现状环境是否与预想的认知及行为模式相适宜来判断差距。凯文·林奇（2001：108）提出的五项基本性能指标之一就是"适宜"，即指空间以及城市肌理与其居民的行为习惯是否相符。由于适宜与当地居民的期望、标准、做事的习惯相关，因此它不光与普适性的人体工学和物理定律（重力、惯性、光的传播等）相关，还和文化非常紧密地联系起来。蔡塞尔（Zeisel，1996：247）提出的平面注解行为技巧（annotated plan）可以帮助设计师把空间与行为联系起来，"把人读入平面图"。他指出设计师应该在环境行为学研究者的帮助下将自己的设计意图清晰化，分析平面的行为含义，主动预测环境会鼓励哪些活动，又会限制哪些活动，这样就可以更好地控制设计决定可能会引起的行为结果（图4-19）。然而空间与行为之间的关系并不是决定性的，对空间与所期望发生的行为模式之间是否存在差距的判断也并不简单。正如林奇所言（2001：113），"适宜"并非一成不变地套用原有的行为和空间的标准。"适宜"是宽松的，有回旋余地的，是用以创造惊喜的。设计师需要通过实践和思考，不断提高自身对空间与行为联系的预见能力。

4.5.4 设计构思过程的改良

我们根据逻辑关系，把设计调查的对象分为三类：行为活动、知觉认知以及实体环境要素，恰好与场所感的三级形成一一对应的关系（图4-20）。这并不是一个偶然的巧合。城市设计的核心之一正是为人创造场所。而要营造场所感，不光有赖于物质环境，还要考虑到活动、意义这两个同等重要甚至更为重要的要素。

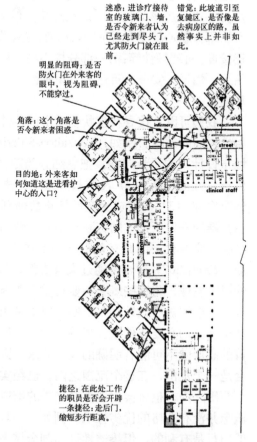

图 4-19　注记平面分析示意（来源：Zeisel，1996：53）

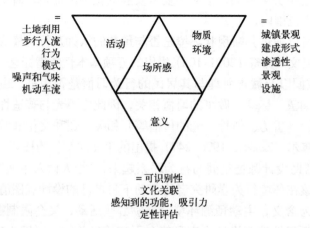

图 4-20　场所感的三极（来源：June Punter，1991，转引自 Carmona，2005：95）

96

设计师调查使用者的行为活动、知觉认知以及现有实体环境要素，其目的是为了保证改造后的环境能更好地满足人们的需求，形成更好的活动模式。从这个意义上说，我们可以把设计的过程看成是获取特定场地场所感构成之"升级版镜像"的过程（图4-21）。

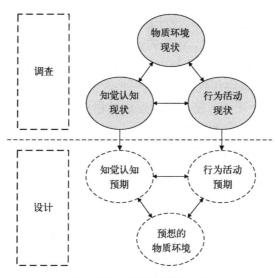

图4-21 现状"升级版镜像"的生成

在传统设计过程中，调查与设计的关系如图4-22所示，可以分为4个步骤。首先是以空间分析为主的实地调查工作，辅之以现场观察与少量访谈。接着是综合所有信息，发现基地的问题和机遇，提炼出设计目标。然后就

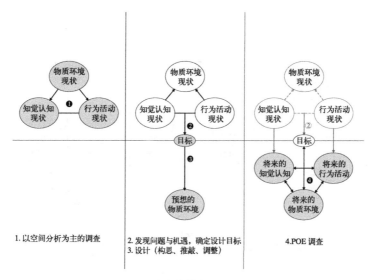

1. 以空间分析为主的调查
2. 发现问题与机遇，确定设计目标
3. 设计（构思、推敲、调整）
4. POE调查

图4-22 传统的设计构思过程

是设计构思的过程，其中包含各种推敲和反复，可能还会需要进行额外的补充调查工作，最终形成设计方案。对一小部分设计项目而言，建成使用后还要进行使用后评价调查（POE），评估设计的成效，发现需要改进的地方，并为类似项目提供经验。可以发现，在传统模式中由调查到形成设计目标的过程是一种黑箱操作。在这个过程中，我们并不十分清楚设计构思产生的细节。在很多学者的叙述中，设计者的头脑好似一台高效而神秘的运算器，只要喂入丰富的基础性资料，出来的就是恰当的设计目标和措施。

有没有可能剖析设计者头脑中发生的理性推导过程，将这一过程清晰化呢？笔者认为如果将传统模式进行一些改动，就能把调查成果有机地嵌入设计构思的各个环节，使构思的形成过程清晰起来。在图4-23中，调查与设计的关系由4步改为6步。首先采用多种方法作实地调查，充分理解使用者的认知、活动、物质环境特性三者之间的相互关系；然后在现状认知和现状活动的基础上构想改造后期望中的认知和行为模式，核查预期中认知和活动之间的关系；接着设计师要对现状实体环境特质与预想中的认知和活动之间的"差距"进行判断，依据这种判断构思预想中的物质环境，即具体的设计方案；在可能的情况下还可以在建成后作POE核查。这个改良版过程与传统模式相比，少了一个概括设计目标的环节。对设计而言，这反而是有利的。在改良版中，调查成果以图面的方式表达，不会丢失具体的空间信息。设计师要有意识地对照现状场所感三级的状况，去创造其"升级版镜像"。通过主动寻找"差距"，逐一把对将来使用状况的具体考虑反映到空间设计中去。由此可见，这个改良版的设计构思过程能促使环境行为学思考更好地融入设计。

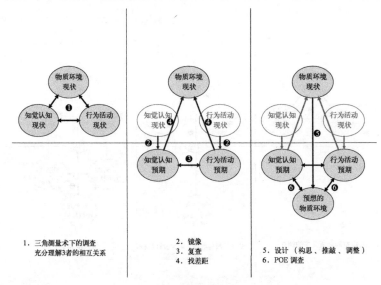

图 4-23 改良版的设计构思过程

98

第5章 行为与认知的调查

　　本章将讨论调查使用者行为活动与知觉认知的各种方法（图5-1）。其中，行为属于可以直接观察的事物，认知属于不可以直接观察的事物，其调查的技巧和难点就有所区别。适用于这两种对象的调查方法可以分为3个类别：（1）通过语言（文字或交谈）对使用者的行为模式和认知进行问卷或访谈调查；（2）通过视觉对使用者的行为进行直接或间接的观察；（3)通过查阅二手资料对行为模式进行分析[①]。我们将依次介绍各种方法的具体操作手段、优点以及其局限性，并辅之以案例说明。准确性、有效性与可行性这3大标准将始终贯穿在理性思辨和案例分析的过程中。由于问卷、访谈和文献法在社会学中的发展已经比较成熟，本章的重点会放在对观察类调查方法的整理和转换上。对传统调查而言，观察法的优点和缺陷同样突出，令研究人员难以抉择。而通过结构化的程序可以避免观察法即时性与主观性过强的缺点。在许多场合中，采用改良后的行为观察法作调查可以获得很好的效果。

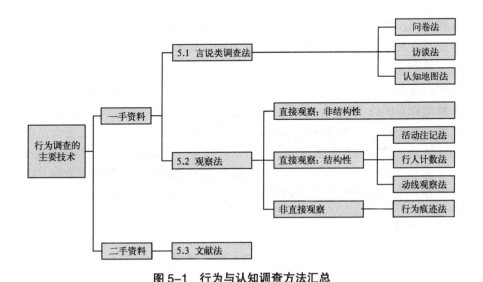

图5-1　行为与认知调查方法汇总

---

① 尽管在严格意义上查阅二手资料不属于实地调查，但在文中介绍的是对行为记录的调查，还需要在实地将记录内容标注在地图上的过程。因此把这类方法也包括在文中。

5.1 言说类调查法

要了解使用者的行为模式和认知情况，最常用的方法是通过语言。可以把设计好的问题以书面的形式呈给受访者，即问卷法；也可以使用面对面的交谈，即访谈法。在某些情况下需要更清晰地了解空间认知的细节，那就需要采用地图作为辅助的交流手段，这种方法被称为认知地图法。前两种方法在研究和城市设计中的运用都十分广泛；后一种方法在研究中常常使用，在设计中要稍逊一筹。

在深入讨论言说类的调查方法之前，笔者要作一个提醒。通过语言的调查方法能够便捷地了解使用者当前对场地的认知、需要和行为特点，推测今后的可能趋势，因此常常被视作调查方法的首选（邹德慈，2003：63）。然而在使用这种方法时，我们必须要意识到这类方法存在的三点信度上的疑问。首先，基于人性的特点，问卷中主观性问题的答案并不是完全可靠的。人性是充满矛盾（contradiction）、含糊（ambiguity）和模棱两可（ambivalence）的，人类问题的答案往往不是"对"，"不对"，"有可能"，或"视情况"；而是"又对又不对"，"又想又不想"，"又接受又不接受"（梁鹤年，2006）。因此，对封闭式问卷中的某些问题，受访者很难明确地作出自己的选择。其次，行为主体叙述的信息不一定是他的真实意图，态度和行为不一定具有一致性。比方说，在作调查时没有人会说自己喜欢坐在人群中间，然而威廉·怀特的实地观察研究却显示公共空间最吸引人的因素是"他人"（Whyte，1980：19）。又比如，哥本哈根的市民一开始认为北欧不是意大利，不需要更多的户外空间，但在扬·盖尔的推动下，在户外休闲的哥本哈根人却在成倍增长。因此，我们不能完全依赖使用者的言说去预测将来的行为模式。最后，受访者只是对自己活动范围内的局域比较熟悉，对于自己相关的利益比较关心，而标准化问题往往会涉及更大范围的区域，考虑的也是多数人的利益。这样收集到的意见并不一定准确地反映了客观事实。基于以上这些因素，我们需要谨慎地对待看似简单的言说类调查方法，更仔细地推敲问题的设置，并复核测量结果的信度。

5.1.1 问卷法

问卷法（questionnaire）是通过填写问卷或调查表来收集资料的一种方法，它以问题表格的形式，测量人们的特征、行为和态度。这种方法不光在研究领域，在城市设计实践中也得到了普遍的运用。一般认为，它的优点在于省时、省力、匿名性，易于进行定量分析，能够成为加强公众参与，广泛收集民意的有效手段。它的缺点在于，与访谈法相比，其回答率与填答质量难以得到保证，会影响到分析结果的可靠程度。

在研究调查中，问卷设计实际上是制定测定社会现象指标的过程，所有的指标都应直接或间接地与研究所关注的理论假设有关（顾朝林，2002：229）。概念通过其操作化定义反映到问题设置上，收集到的资料将用于验证研究假设的真伪。然而，在设计调查中并不存在需要验证的研究假设，因此其问卷设计的技巧就有所区别。设计调查中的问卷设计要围绕调查目的而展开——是为了收集公众对城市的意向认知？还是为了征求市民对某一地区改造方案的建议？又或者是为了统计公众对公共空间的使用情况？某些问卷调查定位不明确，盲目借用环境行为学研究的问题设置，例如采用 SD 法收集人们对环境的意象，其调查成果过于抽象，也就无法为设计提供有用的信息。

问卷法的成功运用取决于 3 个步骤的合理性：问卷的设计，样本的选取，以及随后的分析。问卷的设计分为封闭式和开放式两种。封闭式问卷是把所要了解的问题及其答案全部列出的问卷形式，调查时只需被调查者从已给答案中选择某种答案。开放式问卷则只提出问题，不给出答案。由于标准化的答案便于进行统计分析，封闭式问卷的运用比较广泛。问卷设计一般采取以下的格式。开头是一个简短的说明书，写明调查的目的，表明将对资料中的个人信息严格保密。以此消除被调查者的顾虑，取得对方的真诚合作。问卷的具体内容包括两部分：先是了解被调查者的基本资料[①]，再是了解其对某些问题的态度和行为。问卷答案的设计可以分为 4 种尺度：定类尺度、定序尺度、定距尺度和定比尺度，要特别注意满足选项的完备性和互斥性要求，这在第 3 章已经做过解释。一些量表如李克特量表、语义差异量表常被选用以测量使用者的满意度、喜好程度等主观感受。

问卷项目的设置要经过反复推敲，以适应复杂多变的实际情况。一些常见的误区如下。首先，专业术语的使用，难以被普通人理解。例如，在一次西安大雁塔北广场的调查中，设置了"有交往空间，可以进行社交活动"的考察项目。此项的语言过于专业化，使得使用者的理解产生了偏差，没有得到好的调查结果（李志民、王琰，2009：178）。其次，问题引导性过强会影响客观性。例如"如果公交加大密度，提高服务质量，以方便您的出行，那么您愿意乘坐公交车出行吗？"问卷设计人员在提问前，已经为被调查者描绘了一个美好的情境，并且用明显的字眼暗示被调查者，在

---

① 也有把个人基本信息放在问卷最后的做法，可以这样写："您好，为了方便我们进行进一步研究，麻烦您填写以下个人信息，此为无记名填写，我们将严格为您保密。"这样做的好处在于避免被调查者由于厌烦雷同的个人信息调查而拒绝填写调查问卷。

此特定情境下，被调查者将会做出什么样的选择几乎是确定的，并不能反映公众真实的想法或行为倾向（邱少俊、黄春晓，2009）。最后，过于片面的问题与一部分被访者毫无关系。例如，"您觉得某地的街心公园是否尺度宜人"，如果填写问卷的人并不了解那一小片区域，他们就会给你一个仅凭感觉形成的答案。这样同一个问题询问两遍就会得到两个不同的解答，测量的信度就不高。

样本的选取也是一个关键的步骤。在 3.3 节中，我们已经介绍了抽样的方法，并推荐采用配额抽样法，以平衡效率和品质的要求。但是在实践中很多调查实际采用的往往是"偶遇抽样"，调查者在途中凭自己的主观意愿选择受访者。这种抽样方式比较容易受到调查人员主观倾向的影响，产生有偏差的调查结果。广州天河体育中心及周边区域环境的环境质量评价研究是一个典型的例子（朱小雷，2005：293）。研究者以偶遇抽样的方法进行了问卷调查，共计发放问卷 200 份，得到 181 份回收问卷，其中有 171 份合格答卷。从受访者社会属性的统计中，我们发现女性占 29.4%，男性占 70.6%。尽管这项调查的研究人员认为这样的男女比例可以接受，但这种男多女少的比例，绝不是偶然的，可能由两种情况所引发：其一，发放问卷者为 6 名大学本科生的性别大部分是男生，他们倾向于选择相同性别的人作问卷发放对象；其二，广州天河体育中心的活动者总体男性要大于女性。如果是第一种可能性，则该项调查样本的代表性有问题，不能准确地反映总体的情况。如果是第二种，这就暗示着天河体育中心的使用存在着一定的问题。我们知道在良好运作的公共空间，男女比例应该是大致相当的。那么是不是因为安全因素，使女性使用者要绕道而行呢？这就需要作进一步的检验。

封闭式问卷调查取得的资料是定量化的，其分析比较简单。研究人员需要探讨多个变量之间的因果关系，就需要例如 SPSS 之类统计软件的帮助。对设计调查而言，描述性的单变量分析就足够用了，Excel 软件就可以做出简单而有效的图表。还有一些问卷调查是在网上进行的，其附带的计算机软件能够自动将调查结果转化成图表。例如英国利物浦大学城市设计学院（2009）进行的上海松江新城居住满意度调查就是通过网络平台收集数据。另外，还有一些计算机软件能够自动生成具有直观性的问卷调查分析结果，从而很好地促进了公众参与过程的互动性。英国 CABE Space 机构[①]开发出来的计算机分析工具包"Spaceshaper"就是一个很好的例子（CABE 2007）。在当地居民和空间管理者在电脑中以问卷调查的方式对场

---

① CABE（Commission for Architecture and the Built Environment）是英国有关建筑、城市设计和公共空间方面的政府顾问。CABE Space 是 CABE 下属的一个专业机构。

地各方面的品质进行评价后，该工具能够将41类问题整理成八大块内容进行表述[①]。它使用蜘蛛形状的八条轴线代表八块内容，单项的评价越高，中心的多边形图像就越向外围生长。通过这种图示就很容易比较不同人群的观点。例如图5-2的左侧显示了使用者的评价结构，右侧显示的是管理者的评价结构。两者的差异以一种有结构的方式显示出来，以此激发出来的讨论就更有针对性。

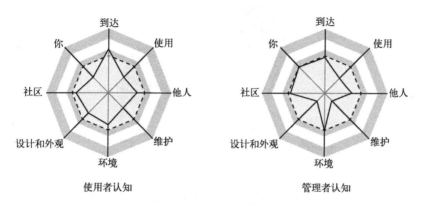

图5-2　Spaceshaper 软件生成的不同群体评价结果对比（来源：CABE 2007）

　　尽管问卷法是城市设计中运用最广泛的一种调查方法，也具有很多优点，但我们还是要意识到它的三点局限性。首先，标准化问卷收集到的资料抹平了区域之间的差异，统计化的数据过于抽象，对重视空间和布局的城市设计而言效果有限。针对这个问题，赵民和赵蔚（2003：237）在上海宝通社区发展规划研究中提出的"社区公众感知和意愿的空间分析"方法较为有效[②]。这种方法要求在采集数据时就根据预先的编码，记录受访人的空间位置。这样在分析时就可以借助地理信息系统（GIS）平台，将收集到的数据从地理学的角度进行展示、查询、概括和组织，直观地了解不同位置居民的需求差异（图5-3）。这样的调查成果使设计师可以追溯分析研究居民的感知和意愿差异的原因，从而使设计对策更具微观空间及居民群体的针对性。

[①] 这八块内容分别是：到达（access），是否容易找到并进入空间；使用（use），这个空间能够提供怎样的活动和机会；他人（other people），空间是否能满足不同人群的需要；维护（maintenance），空间是否干净并维护得当；环境（environment），空间是否感觉安全并舒适；设计和外观（design and appearance），空间看起来感觉如何；社区（community），这个空间对当地的居民而言重要性如何；你（you），你对这个空间的感觉如何。

[②] 该研究以上海宝通社区为例，问卷内容由上海大学与同济大学联合课题组共同商议拟定。

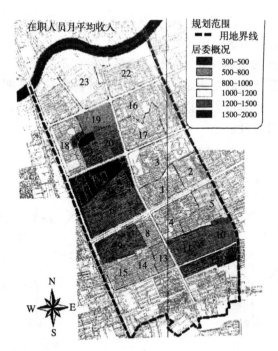

图 5-3　在职人员月收入差异分布图（来源：赵民、赵蔚，2003：239）

　　其次，问卷起到的主要作用是印证已有观念，对设计构思的启发性则较弱。在社会学研究中，问卷调查收集到的定量化数据是用于检验假设的。在设计调查中，问卷能够检验设计师的判断或回答设计师感兴趣的问题，但它并不能弥补设计者思维的局限性，也不能帮助他发现新的思路。甚至引导性过强的问卷设计还会强化设计师先入为主的判断，依据该结果做出城市设计，"归根结底也只是自己的思想，只不过穿上了公众意见的美丽外套而已"（邱少俊、黄春晓，2009）。针对这个问题，我们可以采取的对策是：在进行正式的问卷调查前，要先进行小规模的访谈和观察，利用访谈带来的新视角和观察体会到的真实情况去发现真实的问题，仔细推敲问题的设置。另外，还可以设置一部分开放式问题，在问卷调查之后对有启发的部分以访谈法补充细节并向深度挖掘。例如，在武汉两江四岸滨水区城市设计公众意见调查中，采用了封闭式选择题和开放式问答题相结合的方式。在分析中，研究者系统地整理了开放式问答题答案的建议。调查人员将 795 条具体建议分门别类地作了统计和归纳，提炼出市民的重点呼声。

　　最后，问卷调查收集到的定量化信息说服力很强，然而如果发生问卷设计不当、抽样方法有误、样本量过小的情况，就会产生信度和效度的问题。定量化结论的复查比较困难，错误信息会给决策带来有害的影响。因此，设计师必须要理解调查工作所应该具有的严谨性。尽管在社会学家眼中问卷调查是一种省时省力的方法，但单凭三五个设计师走街串巷是做不了这项工作的，必须要有一定的资金支持和人力保障（戴月，2000）。

5.1.2 访谈法

访谈法（interview）是指调查者和被调查者通过有目的的谈话，收集资料的一种方法，这也是现代社会研究中常用的资料收集的方法。按照访问调查的内容和结构是否统一，访谈法又可以分为无结构访谈和有结构访谈两类（顾朝林，2002:228）[①]。无结构访谈采用一个粗线条的调查提纲进行访问。这种访问方法，对提问的方式和顺序，对回答的记录，访谈时的外部环境等，都不作统一的要求，有利于充分发挥访问者和被访问者的主动性、创造性，有利于对问题进行较深入的探讨，适应千变万化的客观情况。有结构访谈是按照统一设计的、有一定结构的问卷进行访问，其好处在于便于对访问结果进行统计和定量分析，缺点是缺乏弹性，难以对问题进行深入探讨。

对比一对一进行访问的方式，在公共参与实践中，常常以会议的方式进行集体座谈和开展社会调查，例如公众听证会、公众咨询论坛、相关团体座谈等。这种访谈法的扩展形式被称为"集体访谈法"，作为一种独立的调查方法被讨论（李和平、李浩，2004）。他们认为集体访谈法是比一般访问更高一个层次的调查方法，调查者不仅要有熟练的访谈技巧，更要有驾驭调查会议的能力。其优点是简便易行，工作效率高，集思广益，其缺点在于对调查人员的能力要求高，受访者之间容易互相影响，口才好的人和权威大的人可能会左右会议的倾向。

对比问卷调查法，访谈法的特点在于调查者和被访者之间的即时互动。调查者可以通过不断地提问，澄清含糊的描述，逐渐接近真实。被调查者也能在互动交流中整理思路，提供较为肯定的答案。因此，这种方法的效度较好，取得的资料比较充实，回收率和回答的比率较高，能够减少因被调查者文化水平低和理解能力差而给调查效果造成的不良影响。但也因为这些特点，它具有不少局限性：对调查者的能力要求也比较高，匿名性差[②]，易受受访者的情绪影响，花费的人力、物力、时间较多等。

社会学调查方法研究中，整理了很多访谈法的技巧，其中包括：聆听和提问的技巧，管理、利用和分享从深度访谈中所获得的数据等，本研究不再赘述。然而设计调查中的访谈有自身的特点。该如何提问，以激发当

---

① 有时又被称为标准化访问和非标准化访问。水延凯. 社会调查教程 [M]. （第4版）. 北京：中国人民大学出版社，2008.

② 对于有争议或越轨的态度及行为、社会禁忌或敏感问题，受访者出于自我保护意识往往采取回避态度。

地居民和使用者对城市设计的热情和宝贵的直觉？一些设计事务所总结了十分有用的经验。美国城市设计联合事务所在公众参与的团体会议阶段会提出3大类问题。第一，您在这个邻里地区最喜欢的是什么（长处、好的方面、资产）？第二，您最不喜欢的是什么（弱点、不好的地方、负债）？第三，您对所在邻里的未来有怎么样的愿景？（Urban-Design-Associates，2003：62）有意思的是，这三个问题正好反映了我们在上一章讨论的知觉认知调查中的两类概念：需求调查和满意度调查。对地区愿景的提问能够启发公众深入思考那些没能被满足的需求；对最喜欢和最不喜欢地点的提问其实是满意度调查的一种具体形式。在该事务所的 Kimberly Park 设计项目中，访谈法得到的信息被概括为5点最重要的优势和5点最严重的问题（2003：98），在此基础上形成了7点具体的城市设计原则。在团体会议中，该事务所要求人们把地区最好和最坏的位置标注在地图上（图5-4），这种做法收集到的满意度资料伴随着详细的空间信息，对设计才会起到较好的作用。该事务所还强调在公共参与阶段要做的是提问与积极地倾听，而非以专业者的身份提出建议限制人们独立的思考。这种理念与上文第3章中提到的英国约翰·汤普逊及合伙人事务所的想法是一致的。

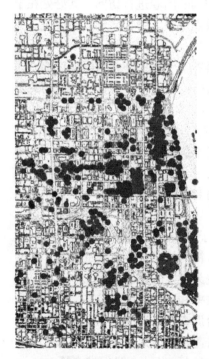

图5-4　最好和最坏的地点（来源：Urban Design Associates，2003）

其他一些设计团体也发展出类似的技巧，例如英国的城市设计联盟（Urban Design Alliance）所采用的场所核查法[①]，以及美国社区规划中较常用的"资产定位"（asset mapping）工具[②]。这种技巧最大的好处在于，它通过引入地图，使居民能够在较好的空间精度上发表自己的意见，从而有效鉴别出场地内部的差异。与抹平了场地内部

---

① 场所核查法包括3个开放性问题：这个地方最令你喜爱的是什么？最令你厌恶的是什么？它需要做出怎样的改进？转引自 M. Carmona, and T. Health. 城市设计的维度：公共场所——城市空间 [M]. 南京：江苏科学技术出版社，2005：237.

② Asset Mapping 是一种应用广泛的公众参与工具。利用这一系统市民们可以在地图上指出在他们的社区中什么地方是受欢迎的，而什么地方不是。根据所收集到的信息在地图上标出热点（hot spots），帮助设计者了解在社区中居民喜欢什么，希望保留什么，哪些方面是需要改进的。引自黄一如，王鹏. 居住社区规划领域的新技术与新工具 [J]. 城市规划汇刊，2003（3）.

差异的封闭式问卷调查相比，它能对设计人员的空间性构思起到直接的推动作用。在波特兰市的步行总体规划调查中采用的收集居民意见的方法也值得借鉴。它在公众咨询论坛上要求居民采用设置好格式的"问题卡片"填写问题的类型、地点并勾画大致的地图（图5-5）。

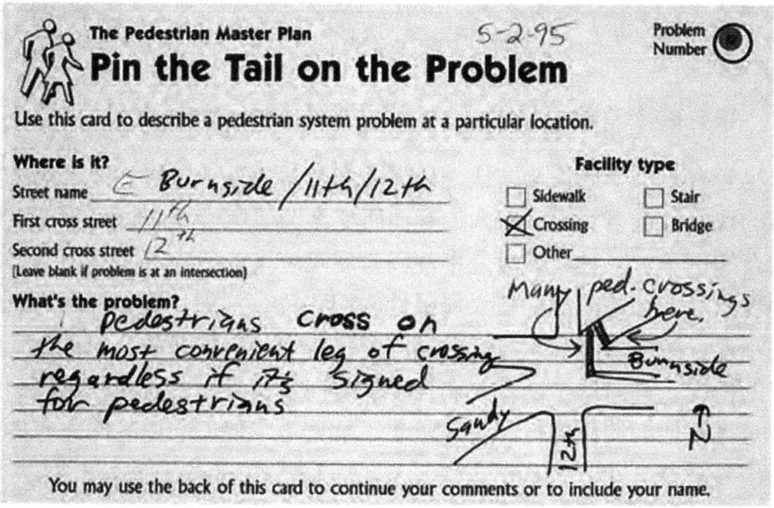

图 5-5　波特兰市调查的问题卡片（来源：Krizek，2001）

5.1.3　认知地图法

认知地图法（Cognitive Map）又称心智地图法，是结合了认知心理学分析技术和社会学调查方法发展出来的一种专门记录城市意象的方法（王建国，2004：219）。心理学家 Tolman 提出的学习理论认为，人对环境的学习过程在脑海中有一张类似的田野地图，即所谓的认知地图[①]。1960 年，凯文·林奇的《城市意象》一书提出了可意向性的概念，发展出一套完整的调查方法，使用 3 种途径获取人们对城市的公共意象：（1）由一位受过训练的观察者对地区进行系统的徒步考察，绘制由各种元素组成的意象图；（2）对一组居民进行长时间访谈而得到的意向图；（3）由居民自己凭记忆在白纸上画出所在城镇的地图（草图）。城市的 5 类意象元素将以符号的形式标注在地图上，进一步分析其位置关系和频率（图5-6）。林奇采用的意象调查方法是访谈法和图解技术的有机组合，通过这种方法统计各个意象元素被提及的频率及相互关系，生成公众意象图。

---

① E. C. Tolman Cognitive map in rats and men. Psychological Review, 1948, 189 ~ 208, 转引自冯维波，黄光宇. 基于重庆主城区居民感知的城市意象元素分析评价 [J]. 地理研究, 2006, 25（5）: 803-813.

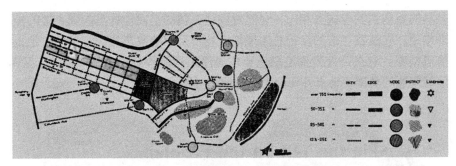

图 5-6　从草图中得出的波士顿意象（来源：凯文・林奇，2001：111）

　　尽管有不少学者认为，认知地图法能够帮助设计者更好地了解市民对城市的认知。但事实上，国内的意向研究多为研究性质，极少有与设计实际结合的例子，并且大多数是中观到宏观尺度上的研究（朱小雷，2005）。这种现象与认知地图法的三大局限性密切相关。首先，认知地图的绘制有一定难度，对被访者的素质有较高的要求，因此会出现被访者不愿意配合调查的情况。针对这个困难，调查者需要向被访者耐心解释，请他们画图并不是考验他们的画图技巧，而是想了解城市在他们心中的印象。调查者可以借鉴林奇（2001：107）的说法："我们希望你能快速地画出××城市中心地区的地图。就假设你正在向一个从没来过这里的人快速描绘这个城市，要争取尽量包括所有的特征。我们并不需要一张准确的地图，一张大致的草图就够了。"还有一种做法是为受访者提供城市的地图，要求他们在上面根据图例做标记，无锡总体城市设计中的景观意象调查就采用了这种做法（杨俊宴、王建国等，2009）。由于地图是给定的，因此被访者就不需要有很高的绘图技巧，在其主观感知的空间位置和关系表达方面相对容易。

　　其二，认知地图法取得的资料分析成本较高，难以进行大规模样本的调查。由于不同的人往往采用不同的绘图表现手法，要从草图中归纳出公共意象需要大量的时间 [1]；另外，深度访谈获得的大量信息也需要长时间的整理。因此，即使是林奇本人也只进行了小样本调查，由于取样数量过少，其研究结果是否能反映真实的公众意象常受到质疑。从我国的意象调查实践看来，认知地图法在慢慢演变为一种对公众意象的问卷调查法，或是由问卷调查和画草图相结合的调查方法。前者的例子包括对重庆主城区（冯维波、黄光宇，2006）、大连（李雪铭、李建宏，2006）和长沙市（杨健、郭建华，2007）进行的意象调查，后者的例子

---

[1]　在北京城市意象的调查中，研究者共获得意象草图 91 幅。按照所得图形的涵盖范围大小，可以分为 3 个类型。其中能够被分析的类型 Ⅱ 和类型 Ⅲ 的草图仅占 71%。顾朝林，宋国臣．北京城市意象空间及构成要素研究 [J]．地理学报，2001，56（1）：64-74．

包括武汉公共意象调查（林玉莲，1999）以及无锡城市景观意象调查（杨俊宴、王建国等，2009）。通过统计问卷收集到的意象元素频率，调查人员再自行绘制城市意象元素的分布图。由于问卷法收集的资料便于分析，因此可以采用较大的样本量。但是，访谈法所具有的深度和效度就打了折扣 ①，绘图法具有的空间表达优势也同时消失，可谓有得有失。如果使用问卷法获取城市的公共意象，那就需要事先筛选的城市意象元素作为问卷制作的依据。当前可以选用的有两种方法。一是通过对专家的调查来确定基本的城市意象元素，例如重庆的案例；二是通过常住居民"图片再认"的方法 ②，例如北京和大连的案例。

最后，规模较大的城市能否获得一个共同的城市意象还需要谨慎的处理。很多研究发现，受访者绘制的认知地图与他所处地理位置有很大关系（顾朝林、宋国臣，2001；朱小雷、2005）。弗朗西斯卡托和麦彬在对米兰和罗马的研究也发现，中产阶级居民的意象空间宽度大，综合性强，数据量大并有更多样的要素；而下层社会居民的意象空间宽度小，内容简单 ③。在大城市中，居民对城市不同区域的熟悉程度会有很大的差别，其活动的范围决定他们会对距离自己的居住地和工作地点较近的区域更加了解。因此认知地图调查的取样十分关键，要公平地选取均匀散布在被研究区域的居民作调查。或者，也可以将认知地图调查的范围从整个城市缩小到一个区域。

由于很多认知地图的案例是纯粹的研究工作，这种调查与城市设计的关系并不是十分的明朗。单纯地为设计提供背景资料是不够的，我们还是应该通过这种方法去寻找基地的问题和机会，或者按照转化后设计模型的特点，去寻找预想认知模式与现有实体环境特征之间的差距。施普赖雷根(Spreiregen) 提出，在一个新的开发项目中，设计者应该考虑该项目将如何影响整体的城市意象。例如，项目可以通过设计与城市道路系统明显结合在一起；构成或者帮助强化一个地区；如果它位处边界，则可以保持其连续性，使其更加清晰；还可以成为一个醒目的标志和一个积极的节点（保罗·D. 施普赖雷根，2006）。另外，如果以问卷调查的方式获得认知地图，在对意象元素进行重要性考察之外，还可以增加品质好坏的指标。这种做法能够发

---

① 林奇对泽西城调查结果作了这样的评述：最惊人的是，描述大都倾向借助于街道名称和使用功能，而非视觉意象。因此他认为泽西城的可意向性很差。显然，如果采用问卷而非访谈法作意象调查，就没有办法分辨出人们到底是靠视觉意象还是街道名称来识别城市结构的。凯文·林奇. 城市意向 [M]. 北京：华夏出版社，2001：23.

② 先拍摄具有特点的风景及建筑物照片，然后请常住居民对照片进行辨认，选取大多数人能说出照片中景物的名称或景物大体处于什么方位的照片用于进一步的意象调查。

③ Francescato D，Mebane W. How citizens view two great cities. In: Downs R，Stea D. Image and Environment. Chicago，Aldine，1973. 131-147. 转引自顾朝林，宋国臣. 北京城市意象空间及构成要素研究 [J]. 地理学报，2001，56（1）：64-74.

现印象深刻但品质较差的那些意象元素。在重庆、长沙等案例中就采用了这种做法，使调查结论为今后的景观整治和环境整治工作提供了科学的依据。

在无锡市总体城市设计中，设计者进行了市民景观意象的调查（杨俊宴、王建国等，2009）。调查以问卷法为主，以画草图为辅（图5-7）。在问卷中，提供了无锡市的城市地图，要求受访者在上面特别要标出"居住地点"和"工作地点"，这样就可以在事后复查取样是否在城市中分布均匀。"区域"和"边界"的意象因素也是靠绘图法完成的。有了地图作底稿，受访者就比较容易将自身的印象表达出来。结果显示，市民对城市中区与边缘的认识基本上是按照山、水等自然空间骨架划分的。此外铁路、太湖大道等重要的交通线路也构成了市民对城市整体印象的基本骨架。设计者由此得出这样的结论：在下一步城市设计中，山、水等自然要素对城区的分隔作用，仍然是值得遵从与利用的。

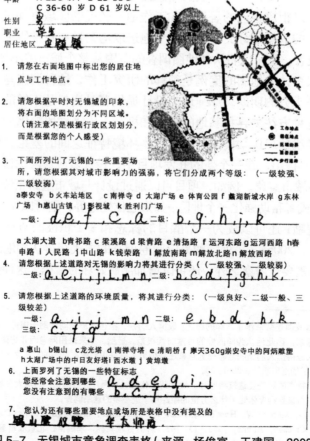

图5-7 无锡城市意象调查表格（来源：杨俊宴、王建国，2009）

道路、节点、标志物这些意象因素则是通过问卷完成的。问卷特别在末尾加了一个开放式的问题：您认为还有哪些重要地点或场所是表格中没有提及的？这样就可以有渠道收集那些设计者没有考虑到的重要意象元素。城市节点调查发现，老城中心仍然是城市的核心地区，在市民认知体系中占据着重要地位。而新的城市节点以礼仪型的大型广场为主，缺乏与市民生活有密切关系的城市节点。这样的发现就为设计构思提供了扎实的依据。

5.2　观察类调查法

观察法是一种调查者有目的、有计划地运用自己的感觉器官如眼睛、耳朵等，或借助科学的观察工具，直接考察研究对象，能动地了解处于自然状态下的社会现象的方法（李和平、李浩，2004）。所谓"百闻不如一见"，直接的观察可以在很短的时间里给调查人员带来丰富的信息。因此，这类方法是言说类调查方法的有益补充。在实践工作中，不同设计者对观察法的态度有很大区别。阿兰·B.雅各布斯的叙述反映了这一现象的矛盾性（Jacobs，1985：7）。他说，尽管在许多专业学科中视觉诊断都是一种重要的工具，然而近年来，一部分城市规划师和设计者们认为观察法过于主观，不能够作为严肃行动的基础。他们更倾向于使用更为定量化、统计化的方法，诸如人口普查之类的定量化二手信息。赵民和赵蔚比较完善地总结了实地观察法的优缺点（2003：38）。这种方法的长处在于：（1）取得的信息直观性较好，信度强；（2）资料新；（3）角度和对象灵活；（4）收集与使用需要切合。这种方法的缺陷在于：（1）受观察者主观因素影响较大；（2）资料整理时间成本高；（3）资料即时性过强；（4）资料效度较弱。

有意思的是，如果我们把这些优缺点排成两列，我们会发现它们之间存在着或强或弱的因果关系（图5-8）。实地观察的角度和对象比较灵活，这意味着高效率的信息收集；然而这也带来了观察容易受到观察者主观因素影响的问题。实地观察能够取得基地最新的信息，与从二手资料中获得的信息相比更为符合实际情况；然而资料的即时性过强，也意味着它反映的可能只是偶然现象，不能准确地表达基地的使用模式。观察取得的信息直观性好，可靠性强，不会发生言行不一致的现象；然而单凭观察是不能够推断行为的起因动机的，行为与物质空间因素之间关系的推理不够肯定，对使用者需求的揣测是间接的，对设计的有效性就比较弱。最后，观察收集到的信息与使用需要切合；这也意味着收集到的信息类型和格式不一，难以统计归纳，资料整理时间成本高。

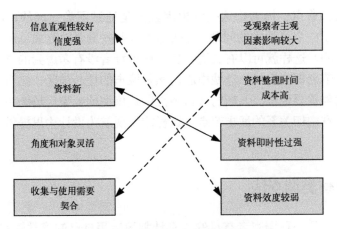

图 5-8　实地观察法的优缺点
注：强因果关系以实线表示，弱因果关系以虚线表示

正是由于观察法的以上特点，这类方法有很大的发展空间。我们是不是能够采用一些手段和技巧，将观察法的缺点控制在一定程度内，而将优点显现出来呢？这就是本节的任务。我们将在环境行为学等研究工作以及优秀的城市设计实践调查中总结经验和技巧，发展整理出一些能适用于设计调查的观察方法。针对观察法主观性和随意性的问题，如果事先设计好观察项目和要求，将观察对象以及其记录方式结构化，就可以克服这个弱点。当然，结构化的观察会失去灵活和高效的优势，但能够保留直观性和信度高的优点。因此，我们可以把观察法分为两类整理：非结构性观察法和结构性观察法。5.2.1 节探讨非结构性观察法的主要技巧，5.2.2 ～ 5.2.4 节将依次讨论活动注记法、行人计数法与动线观察法这三种结构性行为观察方法，最后将介绍一种比较特殊的观察方法，即行为迹象法。

5.2.1　非结构性观察法

非结构性观察法（un-structured observation）又称随意性观察，这是一种高效、直接的调查方法，简·雅各布斯的名著《美国大城市的死与生》就是基于她对北美城市生活的大量非正式观察，提炼后得到的结晶。在城市设计中，很多设计师都喜欢采用这种方法，对基地进行反复地踏勘，在过程中逐渐形成独特的设计构思。要特别提醒的是，这种方法不仅可以用来观察行为活动，也可以用来观察实体环境要素，两种观察往往是同时进行的。例如，段进（2006：229）提出的空间注记法，就是在实地调查时把对城市空间的种种感受记录下来。记录的对象包括基地分析、视觉美学、空间形体、视景序列、行为心理、社会使用等诸方面的特点；其内容涉及了人群、行为、空间与实体的所有要素，也涉及了数量与质量问题，同时还有时间变量。马库斯（1998：346）在谈论使用后评价时，并列提到了参与观察法（participant observation）与行为观察法（activity observation）。根据本章内容的限定，我们将重点讨论非结构性行为观察法的技巧。

行为观察的具体内容被很多环境行为学家整理为五个 W：什么时间（when），什么人（who），什么地方（where），为了什么目的（why），在从事什么活动（what）[①]。当然，其中部分内容如使用者的年龄和社会角色，活动的目的等只能做粗略的估计。至于对活动细节的观察要精确到什么程度，要根据具体情况而确定。蔡塞尔（1996：147）谈到，每一种观察都有趣，但不见得都有用，完全看研究者在解决什么问题。他以购物中心设计为例，把观察行为的内容和与之相关的设计问题按详细程度分类，整理成表格（图5-9）。拉特利奇（1990：116）鼓励设计者在平时就不断地进行"眼球的健美体操"，使观察成为一种习惯。这样就可以逐步建立个人的潜意识信息库，在设计中遇到难题时，就能作出更令自己信服的解答。

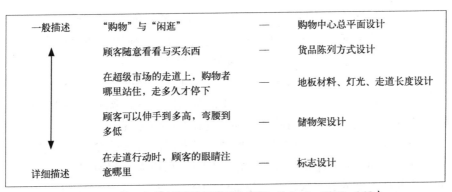

图5-9　从一般描述到详细描述（来源：Zeisel，1996：148）

对设计调查而言，其观察的侧重点与研究调查有所区别。第 3 章提出的设计假设概念要求设计师去发掘场地所特有的问题和机遇。因此，服务于设计的观察要带着发现问题和机遇的眼光。保罗·D.施普赖雷根（2006）指出，在视觉调查时要进行不断地评估：一些格格不入的元素会被作为缺陷而需要改正，而一些恰如其分的元素也应强调作为资源而得到保护。林奇（2001：109）谈到，可以通过观察人们在一个地方的活动，了解此地是否适宜。例如，"人流路线是否顺畅？人们是否能够很容易地完成他们要

① 阿尔伯特·J.拉特利奇.大众行为与公园设计[M].北京:中国建筑工业出版社,1990:166-173;李志民,王琰编.建筑空间环境与行为[M].武汉:华中科技大学出版社,2009:144-149;Zeisel,J.研究与设计:环境行为研究的工具[M].台北:田园城市文化事业公司,1996:144-157.其中 Zeisel 指出的 5 个问题略有不同:谁? 做什么? 和什么人? 以什么关系? 在什么情景里? 在哪里?

做的诸如提东西、开门、和别人说话等这样的事情？能看见多少显而易见的不适宜现象，例如犹豫、踉跄、阻碍、尴尬、事故、不舒适等？是过于多了或不够用？是否发生使用和形式不相称的情况，例如废弃的车辆停在草坪上或不走铺的地而选择穿过草地的捷径？"阿兰·B.雅各布斯（Jacobs，1985：28）则发展了一种"自我辩论"的技巧。他指出在基地勘察的过程中，要一边走，一边记录要点。并不断地对自己发问，观察到的现象是什么，刚才推测的结论是不是成立？这种技巧与社会学中的"草根理论"研究方法类似，即在调查过程中不断地思考，令结论自己涌现出来（艾尔·巴比，2005：285）。以上这些技巧都可以提高调查的效度。

观察场地宜采用的方式是步行。相对通过开车或骑自行车的方式考察基地，步行的观察者能够更方便地控制观察节奏并能够方便地停下来细查某个特殊场景；步行者能够更加专注地作观察，不受路况的干扰；步行可以到达任何一个角落，不会像开车那样受到限制（Jacobs，1985：28）。观察法的重要伴侣是照相机、摄像机、素描等技术，图片能聚焦观察所发现的问题，使调查报告具有更强的说服力。

针对观察法取得资料即时性过强的缺点，可以通过不同时间段进行多次观察而得以避免。马库斯（2001：322）认为，在使用后评价的调查中，每个研究区域至少考察两次（越多越好），每次考察每个地点至少花上一个小时。考察应在使用高峰期间，例如工作日的午餐时间段考察两次，如何在周末再考察一次将会更好。在将不同时间段观察获取的信息综合之后，偶然性的现象就可以得到排除，行为的规律性得以体现。

针对观察法取得资料受观察者主观因素影响较大的缺点，阿兰·B.雅各布斯（Jacobs，1985）给出了他的解答：和他人一起做观察（p.135），并采用其他类型的方法做核查（Jacobs，1985：12，135）。他认为，当资料来自于一个观察者时，信度的问题会比较突出，因为很难以有效的方法阻止观察者个人主观性的介入，误读和误导的问题常常会发生。而如果有两个人一起作观察，边看边讨论，错误发生的概率则会小很多。另外，观察法应该在调查的初步探索过程中使用，其得到的结论可以作为猜想，在接下来的其他调查方法中进行复查。不过，我们必须要理解，完全中性的观察是不可能的，非结构性的观察一定会带有调查人员的观点。这种主观性在另一种角度看来，也是这种方式的优点所在。基地中可以被观察的事物是难以穷尽的。在考察时，设计者"头脑中的剪刀"会发挥作用，使他的想法带有一定的倾向性，不会因为信息的纷乱而受到影响（赖因博恩、科赫，2005：30）。因此，正是主观性成就了非结构性观察法的高效。

尽管非结构性观察法具有直接、高效的优点，它的运用存在三项局限性。首先，它对调查者的素质要求比较高，"你得有相当敏锐的洞察力，以便区分哪些是纯属偶然发生的和哪些是必然发生的行为趋势"（阿尔伯特·J.拉特利奇，1990：178）。非结构性观察法的成功与否有赖于设计师个人的素质，这种洞察力因人而异，如果过分依赖这种方法，经验不够的设计师，可能会作出错误的判断。其次，这种方法高度个人化，无法进行理性的讨论，这就增加了设计黑箱的神秘性，不利于城市设计过程中公众参与的要求。最后，这种方法一般会由设计师本人完成，适用于空间规模较小的设计。而一旦遇到基地范围较大的情况，设计师通过亲身考察对基地作直观性地把握就有难度。针对这些问题，一些结构性的观察方法在研究和实践中被慢慢发展起来，取得了较好的效果。下面几个小节将逐一介绍。

5.2.2　活动注记法

结构性观察法是调查者事先设计好观察的内容和要求，在观察表格、卡片和地图的辅助下进行的一种观察方法。通过观察行为的"结构化"，观察方法就可以摒弃主观性的弱点，做到相对程度的客观。在众多的结构性观察法中，活动注记法（behavioral mapping）在环境行为学研究中得到了广泛的运用。这种方法最初由依特森等人(Ittelson et al., 1970)发展而来，包括五项要素：(1) 观察区域的图形化表现；(2) 对观察、计数、描述或者图示的人类行为作清晰的定义；(3) 制定重复观察和记录的间隔时间表；(4) 观察中所要遵守的系统程序；(5) 一套编码和计数的系统，使记录观察所得信息所需要付出的努力最小化。可以看到，这种方法的设置十分科学。它通过重复观察和指定间隔时间表实现了随机抽样的要求；它通过定义被观察的行为以及编码计数方法使记录较少受到观察者主观性的影响。通过活动注记法可以记录下来的信息包括：使用者的空间位置、社会属性、活动时间信息、活动状况等。其中社会属性包括所推测的性别、年龄、身份等信息，活动状况可以记录人的姿势（一般分行走、驻足、就座这3大类），也可以记录所从事的行为，例如交谈、吃东西、阅读等，根据不同项目的要求而定。

记录越多的信息也意味着要花费更多时间整理和分析信息。而效率对设计调查是至关重要的，因此我们必须要明确这些记录下来的信息对设计有什么帮助。威廉·怀特曾指出，依据季节和天气的情况，一个广场上高峰时段的人数会有很大的变化。然而，人们在空间中的分布模式却几乎是恒定的。一些部分被频繁地使用，而另一些地方的使用强度却要小得多（Whyte, 1980：18）。这意味着，与统计活动者数量相比，对使用者的空间分布模式的观察具有更好的信度。因此，对空间位置的记录十分关键。将几次观察得到的结果在地图上汇总，可以得到一张"人群密度图解"（图 5-10），即一个人群集结点的鸟瞰图（阿尔伯特·J·拉特利奇 ,1990）。这比眼睛直接扫视的效果更好，能够显示出我们上文所总结的"过度使用"和"使用率低下"这两种问题类型，为下一步的设计改造提供扎实的依据。在本书第 7 章，我们就用这种方法发现了上海多伦路南段使用状况的异常。特别要提醒的是，如果要得到较大范围的人群密度图解，需要派遣多个调查人员"同时"进行活动者分布情况的记录。这样，就可以排除气候、时间等因素对使用者间分布模式造成的影响。

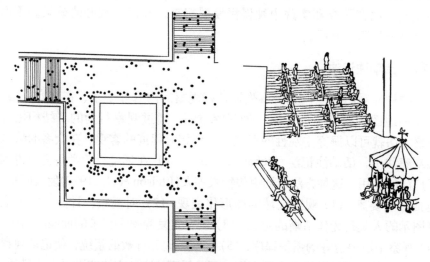

图 5-10　人群密度图解（来源：拉特利奇，1990：172）

　　这里特别要提醒一种误区。在一些环境行为学研究的活动注记调查中，仅仅使用表格记录活动者的信息，这样就丢失了具体的空间信息。比如日本佐贺市滨水环境使用调查（赵秀敏，2006），又如深圳高新科技园区交往空间调查（李津逵、李迪华，2008：126）。尽管以表格形式记录的数据对某些定量化研究已经足够，但对于设计调查而言，只有记录了具体空间位置的活动者信息才可以显示出场地的内部差异。因此，设计调查的活动注记最好要采用地图作为介质，并使用能够反映建筑的外轮廓、围墙、道路，以及街道家具位置的高精度地形图[①]。对于比较小型的场所，可以使用地图、表格结合的方式记录使用者的空间位置、社会属性和活动状况多种信息（戴菲、章俊华，2009）（图 5-11）。对于一些大中型的城市设计而言，在高精度地形图上记录使用者情况耗费的时间太多，是不可能实现的。在这种情况下，可以酌情采用一种"变通"的方法。在一项调查重庆人民广

①　例如使用 1：50 到 1：200 的地图。

场的调查中,研究者将广场分 5 个区,并予以编号(陈旭锦,1999)(图 5-12)。这样就可以用表格将使用者粗略的空间位置与其他信息一起记录下来。通过牺牲一定的空间信息精度,而换取了效率的提高。

行动观察调查表

行动观察地图调查表 日期： 时间： 调查员：	活动人群编号	性别		年龄/岁				活动							
		男	女	0~6	7~18	19~60	60以上	野餐	钓鱼	跑步	休息	锻炼	游泳	骑车	观看表演
	1	2	1	1		1	1				2				1
	2	1	1		2			2							
	3	6	4		4					4					6
	4	2	2			6		4							
	5		1			4	1					1			
	6														
	7														
	8														
	9														
	10														
	11														
	12														
	13														
	14														
	15														

图 5-11　地图、表格相结合的行为注记表（来源：戴菲、章俊华，2009）

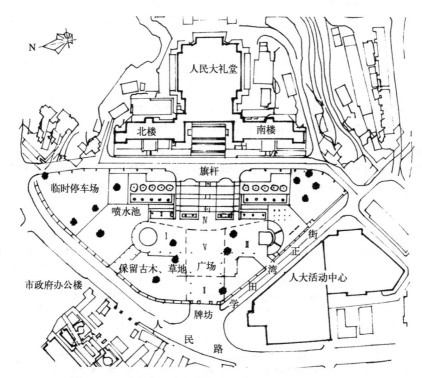

图 5-12　重庆人民广场的调查（来源：陈旭锦，1999）

记录下来的社会属性主要用于推测使用者的人口构成是否合理。例如，在日本佐贺市滨水环境使用调查中（赵秀敏，2006），研究者记录了游客的年龄和性别，其中年龄层次根据经验目测，分为 3 档记录：18 岁以下（青少年、幼儿），19 ～ 60 岁（中青年），61 岁以上（老年）。在 2104 个样本的统计分析中发现，游客的性别差异在老年段和青少年段不明显（男性比例分别为 51.8%、46.7%），而在中年段则是女性占压倒优势（占到 80.5%），其原因在于日本就业的性别差异。老年人所占的比例在 70% 左右，这种情况符合佐贺市的人口总体情况，说明老年人是亲水活动的主要人群。需要指出的是，如果通过活动注记法收集到的样本量不够多，对使用者人口构成是否合理作判断就要比较谨慎一些。在下一小节我们会给出盖尔事务所的例子，在澳大利亚阿德莱德市的调查中，他们同时进行了活动注记和行人计数的调查。但有意思的是，做年龄分布情况分析时采用的是行人计数法统计到的数据，因为后者的采样量比较大，信度更高（Gehl-Architects，2002）。

　　对时间信息的记录有两种。一种是由重复观察时间间隔表所决定的记录时间，另一种是使用者在场地停留的时间。前者的记录十分简单，只要在记录地图或者表格上注明一笔就可以了，而后者则要花费大量的心血。由于环境行为学理论普遍认为户外持续时间的长短和空间的品质密切相关（扬·盖尔，2002：81），在很多行为观察中，研究者会记录活动者在场的时间。问题是，这种记录要求调查人员对视线所及范围内的一小块场地进行连续的观察，记录单个使用者进入和离开的时间，非常耗费精力，之后的有效分析也是一个难题[1]。以至于一部分研究人员一看到用观察法做的调查，就联想到连续几个小时的繁重劳动，认为这种方法效率低下，不值得采用。笔者认为，对设计而言，使用者活动持续时间这类信息，收集的成本太高而效用不大，建议将这个项目省略[2]。这样一来，观察者不必长期待在同一个场地，可以采用边行进边记录的形式（moving observer method）或者"快照法"（snap shot）对多个场地进行时间上的抽样记录，调查的成本就会大大下降。

　　调查一般会全天进行，取样时间间隔为 1 ～ 2 小时一次[3]，以体现高

---

① 在威廉·怀特的研究中，对西格拉姆广场侧边的一条可坐台面进行了完整的坐憩行为记录和分析。从上午 9 点到下午 3 点半，记下每一处什么人某一时刻到达，某一时刻离开。最后整理出一张包含时间、空间信息的使用者表格。这项工作一共使用了 100 个工作小时。Whyte, W. The Social Life of Small Urban Spaces[M]. Washington：The Conservation Foundation，1980：110.

② 如果实在对使用者活动持续时间感兴趣，则可以通过访谈和问卷法掌握这方面的信息。

③ 研究调查所采用的时间间隔要远小于设计调查。研究人员有时会采用 5 分钟的间隔时间以记录使用者在不同位置所停留的时间长度。（引自李道增. 环境行为学概论 [M]. 北京：清华大学出版社，1999：178.）不过，由于设计调查关心的是人员分布的情况，采用 1 ～ 2 小时的时间间隔取样，已经能够满足要求。这样调查人员可以在事先分割好的观察场地之间移动，记录更大范围内的活动情况，中间还可以有剩余时间休息，从而提高调查的效率。

峰期和非高峰期场地使用模式的区别。最好在工作日和休息日各随机选取一天作调查①。基于场地的土地使用情况特性,这两类时间的活动情况往往会有所不同。例如,在英国斯凯默斯代尔新城的调查中发现,工作日夜晚出行的人数本来就不多,而到了休息日的夜晚整个中心都没有人活动。这个令人吃惊的现象指出,该新城的夜间娱乐功能亟待发展(图5-13)。马库斯等人(2001:327)指出在POE调查中,至少要用四个单独的半小时来观察实际的活动情况,观察时间最好在不同天的不同时段,例如一个工作日和一个周末的上午,再加上一个工作日和一个周末的下午。另外,如果设计中所允许的调查工作时间实在有限,那就要选择活动人数较多的时间段进行观察,但是至少要选取两段不同的时间以减少偶然性的影响(Grajewski and Vaughan,2001)。这样尽管记录到的人数不能代表这个空间的普遍状况,但由于样本较多,一般可以反映出活动者分布的模式。

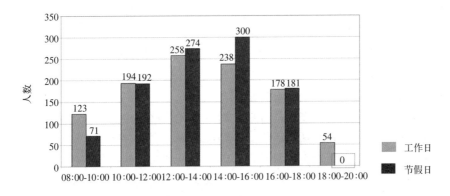

图5-13　斯凯默斯代尔新城行人统计（来源:空间句法公司内部资料）

快照法是空间句法研究团体对活动注记法的一种发展形式。顾名思义就是调查者想象自己对观察区域这一刻的使用者行为在脑海里拍下了照片,然后在把这些即时的信息用符号迅速记录下来。任何在"拍照"之后进入观测场地的人不应该被记录下来。这种方法能够避免由于调查人员记录速度不同所造成的误差②。这种方法首先要在准备好的地图上将空间按凸空间的定义分为若干个调研者在一瞥之间看到全貌的观察区域,并设计好行走在所有观察区域的路线。调查时,调查者持有地图,按照事先决定的路线依次走过每一部分观察区域,记录快照瞬间的活动情况。快照法常用

---

① 一般认为周一到周四的行为模式是类似的,周五有不同的模式,周六和周日相似。

② 由于一些急速前进的使用者会不断超过慢腾腾的调查人员,速度慢的调查人员比速度快的人在通过场地时会记录到更多的活动者。

的记录符号如图 5-14 所示，区分出坐着的人、站立的人、行走的人，箭头还可以说明步行者行进的方法；用一个圆圈表示聚集在一起聊天的人（不论他们的姿势是闲坐、站立，还是走动）。如果还要记录使用者的性别和年龄就需要预先确定更多的符号，或者通过辅助表格来记录。在非常繁忙的时段，某些被观察区域的活动或许非常多，有可能会来不及准确地记录，空间句法的观察手册中专门解释了这种现象（Grajewski and Vaughan，2001）。它认为这一点误差对结果的影响并不大。因为即使是在最忙的情况下，记下使用率频繁空间 75% 的活动

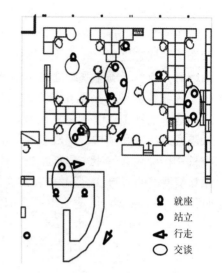

图 5-14　快照法图例（来源：Grajewski，Vaughan，2001）

应该还是可能的，与使用率较低的空间相比较（那里往往可以做到 100% 的记录准确率），空间使用强度的差别还是可以在汇总的图纸上一目了然，因此遗漏掉一些活动并不影响调查的结论。

　　快照法的另外一种变种是直接采用高空鸟瞰摄像来记录行为活动。在某些情况下，如果能找到合适的高空拍摄场所，例如被观察广场旁边的高楼，使用照相机或摄像机进行拍摄可以真正做到对自然情景下使用者无干扰的调查。另外，使用摄像技术还可以减少现场调查人员的数量。一个调查人员能够对好多处场景进行一定间隔时间的重复拍摄，当然过后还是需要人工将大量照片中的信息整理出来反映到表格和图纸中去，这个后期整理的时间是省不掉的。威廉•怀特就采用了定时拍摄技术（time-lapse filming）对纽约市公共空间的日常使用行了翔实的调查（Whyte，1980）。他选择合适的位置放置摄像机，对静态行为每隔 10 秒拍摄一帧；对步行行为每隔 2 秒拍摄一帧。一项对上海火车站南广场的使用调查采用的也是摄像法，选择了广场对面的假日酒店 16 层进行持续全天的高空摄像，每小时摄取 15 分钟，随后再结合地面调查数据进行后期的数据采集和分析（刘丛、高庶三等，2009）。这种做法的难度在于选取合适的摄像位置。为了能清楚地拍摄，威廉•怀特认为较佳的拍摄视角是被观察的广场旁建筑 2 ～ 3 层的窗口，但是，由于有各种障碍物，如行道树、路牌，能看到整个场地的视角不容易选取。

　　应该记录哪些活动状况的信息？正如存在很多种行为分类的方法，这个问题并没有标准答案。在环境行为学研究中，学者们可能会关注活动类

型与停留位置空间特性的规律，例如阿鲁达（Campos M. B. Arruda）考察了英国伦敦市的广场使用情况，对休息、吃东西和阅读这三种活动作出区分，试图找到活动者位置选择模式和活动类型之间的关系（Arruda 1999）。然而，记录详细的活动状况对设计有什么作用？在空间句法公司的实践案例中，对活动状况的记录并不十分详细，一般只区分使用者的姿势：行走、就座或者站立。他们将静态使用者的人数当作公共空间品质的指示器，认为由静态使用者形成的"共同在场"使不同的社会人群之间能够产生相互交流的界面（interface），最终激发出场所的活力。而一个地点如果没有人停留绝不会是偶然的现象，应该从空间组构的特点找原因（Stonor，2004）。空间句法的调查人员在现场调查时并不使用表格，用图例和符号直接在地图标记使用者的空间位置、社会性信息和活动状况。在原始资料整理阶段，这些信息与每张图的记录时间信息一起输入电脑。如果有条件使用 GIS 平台，这样同一批数据既可以通过图像的方式直观显现出来，又可以用表格的方式作统计分析，极大地提高了效率（图 5-15）（J. Gil，C. Stutz et al.，2007）。

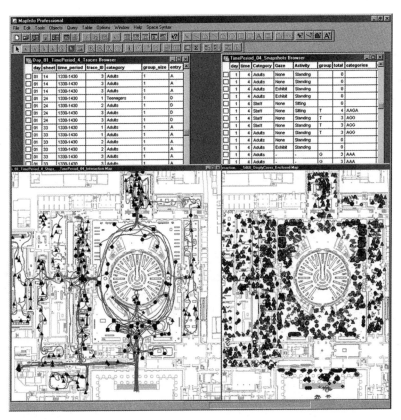

图 5-15　GIS 平台的两种显示方式（来源：Jorge Gil et al.，2007）

在盖尔事务所的实践中也十分注重对静态行为的调查，不过他们的记录工作要更为细致一些，通常将静态活动细分为以下 8 种类型：文化性行为、商业性行为、儿童嬉戏、躺着休息、在正式座位上的坐憩、在辅助座位上的坐憩、坐在露天咖啡馆内、站立。粗看之下，这种分类法并不存在明确的逻辑。笔者试图在它的案例分析中寻找这种分类的意义。在英国伦敦的案例中，他们特别分析了就座人数和座椅数量的关系（图 5-16）。在柱状图中可以看到，三个列柱分别表示了发生在辅助座位上的坐憩行为，发生在正式座位上的坐憩行为以及实际的座位数，发生在室外咖啡座上的坐憩行为以及实际的座位数。这张图表达了不同类别就座情况的比例：37%的坐憩行为是发生在辅助座位上，17% 的坐憩行为是发生在正式座位上，46% 的坐憩行为是发生在室外咖啡座。调查显示，在还有空闲的正式座位的情况下，有非常多的人依然选择辅助座位休息。这就说明了正式座位的供应情况不够理想。在空间调查中，对公共座椅的安放位置的考察证实了这一猜想，很多座椅被安放在没有景色可欣赏，没有遮阳，可达性不高的地方，这就成为下一步设计要解决的问题。

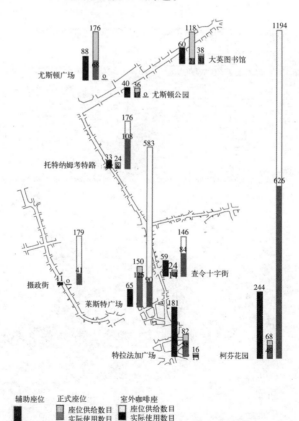

图 5-16　伦敦公共空间就座人数和座椅数量分析（来源：Gehl Architects，2004：55）

在澳大利亚阿德莱德的案例中，调查发现主要的静态活动包括：站立（看商店的橱窗、和同伴交谈），在长椅上休息，在辅助座椅上休息，以及就座于户外咖啡馆。文化和商业行为发生的比例则比较低，主要集中在 Rundle Mall 街上。分析发现，特别值得注意的是，被记录下来的儿童非常少，仅仅在 Rundle Mall 街和 Skate 公园两处发现有儿童嬉戏。这种现象与空间调查结合在一起，点明了现有公共空间可达性的弱点。很可能由于这些场所被机动交通围绕，家长不放心让小孩去自由活动。这也成为下一步设计的主要关注点。另外，该案例还选取了中午 12 点到下午 4 点三轮静态活动观察数据与几个类似规模城市的数据作对比（表 5-1）。研究人员认为，尽管该市的行人调查显示其人流量较大，但选择在城市中停留的人数比其他城市要少得多，这意味着在该市公共空间的品质还不够高，人们在空间中停留下来享受休闲时光的可能性还没有被激发出来。这将成为下一步城市设计的重要任务。

活动注记法观察到的平均活动数量	表5-1
哥本哈根（1996年）	5900人次
墨尔本（1994年）	1920人次
珀斯（1994年）	809人次
斯德哥尔摩（1991）	3050人次
阿德莱德	864人次

（来源：Gehl Architects，2002）

从以上这两个案例看来，盖尔事务所将静态活动细分为八种类型的做法是出于一种实用性的考虑。笔者推测，这是根据欧洲公共空间常见的问题类型而慢慢形成的一种分类法。座椅的设置是否恰当？儿童是否能安全的享用公共空间？静态活动人数与通行人数的比例是否正常？活动的复合程度如何[①]？通过这种看似凌乱的活动类型细分，调查能高效地为设计找到值得改进的问题。不过，也正是因为盖尔事务所要记录的社会性信息与活动类型信息比较详细[②]，它就只能以预先设置表格的方式进行记录。这是以空间信息精度换取其他信息质量的做法，建议酌情采用[③]。

---

① 文化性、商业性、休闲性的活动比例能够体现活动的复合程度。
② 根据其文本内容，记录的信息包括活动者的性别、活动类型以及年龄范围。年龄范围分5个类别记录：0～6，7～14，15～30，31～64，>65。
③ 由于该事务所的咨询工作往往针对的是整个城市，它的调查也是选取重点区域作为样本。所以其调查结果并不直接和具体的设计项目联系。这种空间信息精度的降低并没有带来什么问题。

5.2.3　行人计数法

行人计数法（pedestrian countings）指的是在调查区域选择若干处重要的人行路径，选择某一街道断面记录通过的人数，其观察对象一般是步行者。这种方法与城市交通学科对车人流的调查方法比较类似，不同点主要在于：（1）交通研究中倾向于收集高峰时刻的数据，行人计数法收集全天的数据；（2）交通研究常常作 2 ~ 3 小时的连续取样，行人计数法采用的是时间上的"随机抽样"。在环境行为学中，这种方法的运用案例并不多。徐磊青和俞泳（2000）采用这种手段对上海徐家汇地下公共空间的寻路行为规律进行了探讨。刘栋栋等研究人员（2010）采用摄像技术对北京市地铁换乘站行人进行了观测和数据统计，共采集了 313 小时的摄像资料，得到数据样本 48304 条，对行人的组成特性、步行速度特征等进行了分析，为我国多层地下交通枢纽的行人疏散设计与数值仿真提供了可靠的基础数据。

在城市设计领域，行人计数法是丹麦的盖尔事务所和英国的空间句法公司进行行为调查的主要手段。在实践中，这种方法的各种技巧慢慢发展成熟，能够对城市设计起到较好的作用，十分值得借鉴。然而它的潜力并不被人所广为了解，不少设计者对这种方法怀有成见，以为这是交通规划师的工作范围，取得数据过于枯燥。本文将在下面详细介绍这种方法的各项技巧：如何进行信息收集、表达与解读。另外，笔者还采用这种方法在上海市虹口区 $2 \times 1.5 km^2$ 的范围对步行行为进行了调查，详细内容请见第 7 章。

与活动注记法一样，行人计数法要选择晴朗或多云的天气，工作日和休息日各选一天作调查以反映两者的行为模式差异。在选择的观察点，通过目测将该街道断面通过的人数及其社会属性记录到事先设计好的表格上。时间和地点信息填在表格上方。社会属性可以包括性别、年龄等，要根据具体项目的特点而定，以此考察使用者的人口构成是否存在异常现象。这种方法在短时间内就可以收集大量的使用者样本，十分高效。不过收集到的社会性信息是靠调查员在行人以或快或慢速度通过时由目测得到的，这种判断的精度十分有限。推荐采用低精度的分类测量：男性 / 女性，小孩 / 成年人 / 老人，游客 / 本地人。

就行人计数法的数据收集，表达的具体操作手段而言，空间句法公司和盖尔事务所之间存在着一些差异。盖尔事务所的调查员同时负责行人计数和活动注记调查，在每小时循环取样中，前 10 ~ 15 分钟记录步行者信息，剩余的时间记录静态活动者信息。记录下来的行人流量转化成每小时的人流数据后，既可以通过统计表格的方式也可以通过图面的方式表达出来。

在地图上，人流量以箭头的粗细表达出来，十分直观（图5-17）。需要特别指出的是，步行流量图上令人印象深刻的数字并不是通过实际计数得到的，而是由抽样调查获取的人流量换算得到的①。比方说，如果每小时记录了15分钟的人流量，那就先将实际观察到的人数乘以4，得到每小时的流量，然而再把10:00～18:00的人数相加,最后得到整个白天的人流量。

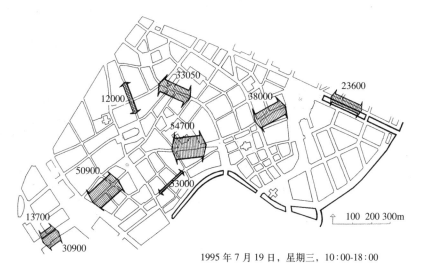

1995 年 7 月 19 日，星期三，10:00-18:00

图 5-17　哥本哈根步行交通（来源：扬·盖尔、吉姆松，2003：52）

空间句法公司采用的行人计数法又称为观察点计数法（gate count），是其理论研究和实践工作都最为常用的调查方法。调查员单独负责步行者的情况记录，每小时每个观察点一般取样5分钟，这样，在一个取样时间段内，一个调查员就可以负责十多处观察点的观测，高效地利用了时间。具体的方法如下。首先在基地范围内均匀选择一些典型街道作为观察点，将所有的观察点连成一条观察路径。调查员在每个观察点，要先找一个参照物，想象一条横穿街道的直线，以这条直线为界，在规定的时间内②使用事先准备好的表格记录走过的行人数量以及其社会属性（图5-18）。在非常繁忙的地区，如果来不及记录所有路过的行人，可以分几次记录不同类别的人，例如先花2.5分钟记录男人，再花2.5分钟记录女人。然后再叠加换算成5分钟的全体人流量。反之，如果两个临近的观察点路过的行人都很少，那么可以试图找一个看得到两个观察点的角落，同时记录这两处的行人，以节约时间。

---

① 在盖尔事务所的项目文本内说明，在阿德莱德的观察是每小时15分钟。墨尔本是每小时10分钟。

② 一般是 5 分钟，观察时间要精确到秒。

图 5-18　观察点计数方法示意

　　一般人流量的取样会覆盖全天的时间段，每个时间段可以是 1 个小时或 2 个小时。例如白天记录早高峰（8：00～10：00）、早中午（10：00～12：00）、午餐时间（12：00～14：00）、下午（14：00～16：00）、晚高峰（16：00～18：00）这 5 段时间，如果需要了解夜晚的使用再增加晚上（18：00～20：00）、深夜（20：00～22：00）两段时间。这样调查收集到的人流量信息经过整理就可以为设计师提供一副大尺度的人流空间分布密度图。与盖尔事务所不同，它采用色彩变化（由红色到蓝色）的方法在地图上显示人流量的多少，具体做法可以参见上一章介绍的英国斯凯默斯代尔新城的行人调查（见图 4-14）。

　　收集到的各种信息经过整理，能够用以检验步行者的人口构成情况，以及不同街道段使用强度的区别。例如，盖尔事务所在阿德莱德的咨询项目中发现，夜晚在城市中行走的男女比例十分不均衡，有 80% 的行人是男性。这就说明女性群体可能存在安全方面的担忧因而避免出行，成为下一步城市设计的重要目标。在其伦敦的咨询项目中，盖尔事务所特别关注了拥挤的问题。其他城市的调查数据显示，每 1m 宽度的步行道每分钟通过 13 人是舒适的步行空间的通行能力上限值，也就是拥挤现象产生的下限值。而牛津圆形广场步行道的行人流量是舒适通行容量的 239%，这就说明步行道的宽度过分狭窄，而拥挤会造成低品质的步行体验。

盖尔事务所还经常采用数据比较的方法对收集到的步行人流数据进行分析。在阿德莱德的项目中，研究人员发现其休息日的行人流量比工作日的人流量减少了大约 50%，最主要街道 Rundle Mall 的上午 10 点到下午 6 点行人流量分别是 34000 人次和 60000 人次。然而回顾该事务所的国际城市数据库资料却发现，在墨尔本和哥本哈根市的调查中，休息日和工作日的人流量并没有太大差别。这个显著的差异使得设计师作出这样的判断——在阿德莱德，当周末办公场所关闭时，很多人选择待在家里或者去别的什么地方。那么设计改进的目标就很明确了——要设法改善人行网络和广场，吸引人们在休息日也愿意参与城市中的公共生活。在盖尔事务所墨尔本的项目中，采用的是历史数据比较的分析方法。在 1993 年和 2004 年，它对墨尔本中心区采用相同的方法进行了行为调查，其观察日的气候条件是类似的，因此两组数据应该具有可比性。比较两组数据发现，10 处观察点中被记录下来的日间行人总人数上升了 39%；夜间行人总人数上升了 98%，这就极为有力地说明了公共空间使用情况的改善。夜间使用强度的提高，显示墨尔本的安全感大大加强了。比较的方法能使设计者对观察到的行为模式获得更加深刻的理解。不过，持续地采用相同的方法进行行为观察是数据可以进行比较的前提基础。

对于空间句法公司而言，收集到的行人流量资料还有另外一种利用方式。它们可以和空间分析获取的信息一起，用于建立行人流量预测模型。生成的模型可以用于检验设计备选方案，推测基地将来使用的模式。在统计学要求下，用于建立模型的人流量数据至少需要 25 个观察点。我们将在第 6 章解释它的原理。

5.2.4　动线观察法

动线观察法（trace observation）指的是在平面图上记录个体的运动轨迹[①]。具体方法是，调查者持有一张地图，从选定的地点跟踪行人记录其步行轨迹。特别要注意不能距离被跟踪者太近，使其感觉到不快。行人的选择是随机的，最好做到年龄、性别的均衡。由于某些行人可能会一直行走不作停留，最好设置一个时间的限定，例如 10 分钟以后就不再作跟踪。该方法的一个主要操作难点在于：调查者不太容易准备用于记录轨迹的地图。由于在自然状态下，个体活动的轨迹可长可短，十分发散。如果使用精度较好的小比例的基地图，使用者可能会走到地图外去；而如果使用大比例的基地图，那么空间精度又不够，会在记录时失去宝贵的信息细节，例如使用者寻路的犹疑点、停留的地点，难以进行下一步的分析工作。针

---

① 在空间句法理论团体中，这种方法被称为行人追踪法（people following）。

对这个难题，最好在使用者活动范围能够被预见的场地采用这种方法作调查，例如公园、广场或者一个特定的功能片区。

在环境行为学中，阿普尔亚德和林特尔（Appleyard & Lintell，1972）在旧金山的研究是运用这种方法的一个经典案例[①]。他们记录了旧金山市三条相邻居住性街道上的户外活动轨迹。比较研究发现，具有少量交通的街道拥有最多的户外活动，随着车流量的增加，街道两边的邻里活动难以为继，户外活动也近乎消失（图5-19）。在纳泽和费希尔（Nasar & Fisher，1993）关于校园犯罪案件与实质环境关系的研究中也采用了这种方法。他们对美国俄亥俄州立大学卫克斯纳视觉艺术中心周边的学生运动轨迹进行了调查（图5-20）。通过对比白天和夜晚的通行方向、路径与密度，他们发现晚上在建筑右边行走的学生与白天相比要远离大楼，而在晚上穿越建筑的人也明显减少。

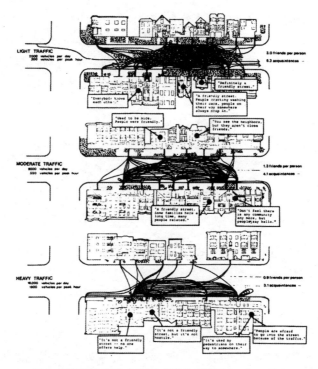

图5-19　旧金山居住性街道户外活动调查（转引自：扬·盖尔，2002：39）

① D Appleyard，M Lintell．The environmental quality of city streets：The residents' viewpoint [J]．Journal of the American Planning Association，1972，38（2）：84-101．转引自扬·盖尔．交往与空间 [M]．第4版．北京：中国建筑工业出版社，2002：39．

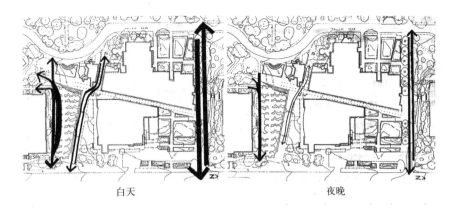

白天　　　　　　　　　　　　　　　夜晚

图 5-20　俄亥俄州立大学调查（来源：Nasar & Fisher，1993）

蔡塞尔和格里芬（Zeisel & Griffin，1975）对 Charlesview 住宅区的一项使用后评价研究也可视为这种方法的一个变种[①]。研究者并不采用跟踪的方式，而是要求受访人在基地地图上画出或指出他们由家门到停车位、小店、公车站的路径（图 5-21）。细查叠加单条路线形成的轨迹总图发现，小区设计师原来设想的中心公共区域在现实中很少被居民所利用。蔡塞尔认为，在图纸上标注的方法比口头描述的方法能够更为可靠、精确并且清楚地描述空间路径。

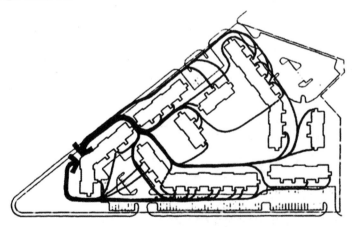

图 5-21　Charlesview 住宅区常用路径图（转引自：J. Zeisel，1981：173）

① Zeisel and M. Griffin, Charlesview housing：a diagnostic evaluation, Harvard University Architectural Research Office, Cambridge, MA, USA (1975). 转引自 Zeisel, J. Inquiry by Design：Tools for environment-behavior research [M]. Monterey, CA, ：Brooks/Cole Publishing Company, 1981：193.

由于各种原因，这种方法在城市设计中的应用比较少见。在英国伦敦特拉法加广场（Trafalar Square）设计的前期工作中，空间句法公司巧妙地运用这种方法作调查，为设计构思提供了重要的依据（戴晓玲，2005）。该广场建于1812年，由纳什（John Nash）设计，具有重要的历史价值，也是伦敦公认的市民中心。在20世纪90年代，这个广场被车辆交通占据，被认为是既不愉快也不安全的地方。2001年英国政府决定改造这个广场，空间句法公司作为诺曼·福斯特事务所领衔的设计团队的一分子，为项目进行了行为调查、空间分析和设计方案评估的工作。行为调查综合运用了活动注记法和动线观察法。其中，特地把伦敦本地人和游客分开来记录（图5-22）。行为分析发现：（1）伦敦人避免使用广场中心区，大部分人是从周边的路上经过，并不进入广场；（2）尽管威斯敏斯特广场就在特拉法尔加广场南边不远处，但游人并不接着向前游玩。

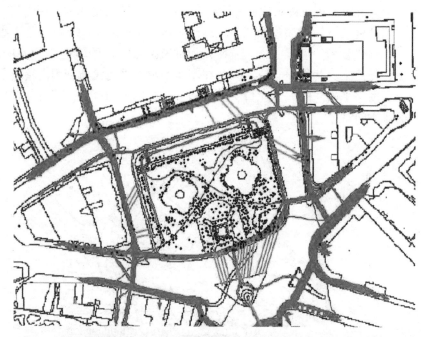

图5-22　英国伦敦特拉法加广场行为调查（来源：Space Syntax Limited 网页）
红点代表的是从事静态活动的人的位置和数量，蓝线和绿线分别代表在广场周边行走的本地人和游客的轨迹

针对活动者的活动范围可能会超出地图无法记录的问题，空间句法团体还发展了一种动线观察法的变体，被称为运动轨迹法（movement traces）。这种方法要求先把观察区域分为若干个凸空间（就像快照法做的那样），调查者依次记录每个凸空间内的动态行为。以线条表示人们穿过空间的精确路径，在结束点使用一个箭头表示这个活动者离开了被观

察区域。记录时间可以设定为 3 ～ 5 分钟。尽管每次记录的是整个空间的一个片段，但在资料整理输入电脑之后，就可以显示出一张完整的运动轨迹画面。空间句法公司的伦敦维多利亚地铁站空间研究，就采用了这种方法。它和快照法一起，显示了行人停留点和行人穿越空间轨迹的规律（图 5-23）。

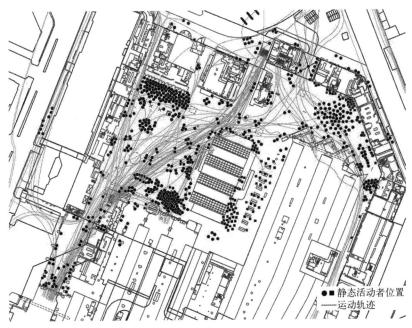

● ■ 静态活动者位置
—— 运动轨迹

图 5-23　伦敦维多利亚地铁站调查（来源：Space Syntax Limited 网页）

由于使用者行为轨迹的记录十分耗费时间，另外要做到不干扰观察对象的记录也比较困难，近年来出现了一些借用电子设备自动记录使用者运动轨迹的研究。日本新宿御苑使用 GPS 关于利用者行为模式的研究就是一个很好的例子 ①。研究人员在公园主入口向游人发放 GPS，并同时对他们的年龄、来园频率、来园同伴构成等属性进行简单的问卷调查。游人拿着 GPS 在园内自由活动，游览完毕在公园出口处交回 GPS。通过 GPS 可以获得这些利用者关于出发地、到达地、游园轨迹、停留时间等调查项目的数据。获取的资料经过分析，有效地反映了不同社会属性使用者对各类型公园空间的喜好差异。这种使用电子设备记录运动轨迹的调查方法还出现在地理学研究和交通研究中。例如，时间地理学者使用 GPS 定位手段实时

---

① 山本・泰裕．在新宿御苑使用 GPS 关于利用者行为模式的研究 [C]．日本：日本造园学会研究发表论文集 24，2006：601-604．转引自戴菲，章俊华．规划设计学中的调查方法 2——动线观察法 [J]．中国园林，2008（12）．

记录个体在空间中的移动轨迹，生成生活行为路线图和时空棱柱（柴彦威、沈洁，2008）。交通研究者开发了基于 WebGIS 和移动通信的车辆定位系统以掌握车辆的实时动态（张孜、徐建闽等，2006）。不过，如果利用城市中的移动电话基站作空间定位，我国当前可以达到的空间精度在 15m 左右（夏智宏，2005），不能完全满足城市设计的要求，还有待技术的进一步发展。

5.2.5 行为迹象法

最后要介绍的是行为迹象法（behavior traces）。行为迹象指的是过去发生活动所留下的各种线索，在它的提示下可以靠推理判断曾发生的事件（阿尔伯特·J. 拉特利奇，1990：160）。这种方法与前面几种方法有一个很大的差别：观察的对象并不是行为本身，而是行为在物质空间留下的痕迹。它既可以在非结构性观察中用到，也可以有条理地进行。

社会学家韦伯将行为痕迹分为两类（Webb，Campbell et al.，1966）。第一类，以"磨损度"为线索的行为迹象，它以某些物质的耗蚀程度为我们提供判断依据。最明显的例子是草坪中践踏出来的小路；而相反，如果野餐桌下和座位旁有茂盛的青草，这就证明这些设施几乎无人问津。第二类，以"积厚度"为线索的行为迹象，它以某些积留物质为我们提供判断依据。例如垃圾堆里的废弃物，地上的香烟头和啤酒瓶等。蔡塞尔认为，这种观察方法可以转变为很有用的研究工具，其优点主要在于4 点：（1）可以激发想象。面对行为迹象，研究者要问自己它为什么会发生？（2）这是一种无干扰（unobtrusive）的测量方法，它不会影响造成遗迹的行为。当被访者对收集的资料敏感时，或者和某些回答有利害关系时，无干扰就特别有价值；（3）长久性。许多痕迹不会很快消失，便于调查者的观察、计数、照相或者绘图；（4）对行为迹象的观察通常花费不多，比较容易。初步的基地访问就能够提供相当多的观察记录，又很容易回顾整理（Zeisel，1996：105）。

这种方法特别适用于对负面行为的调查。由于负面行为发生的概率与正面行为相比要低一些[①]，直接观察它们的时间成本太高。因此，以间接观察行为迹象的方法记录它们发生的地点比较可行，例如，观察乱丢垃圾的情况、乱涂乱画的情况等等。此外，这种方法对调查人员的经验和想象力要求较高，要避免误读的陷阱。比方说，一个用来玩耍的沙地中没有脚印，并不一定是因为没有人使用，而可能是由于工作人员刚好在观察之前耙过了沙地。通过这种观察方法建立的关于使用情况的假设，一定要采用其他

---

① 很容易想象得到，负面行为一般都是在避着人的情况下进行的。

方法（例如访谈）去验证真伪。

行为迹象法在城市设计中的最好运用就是那个广为人知的故事。建筑师在设计了建筑群之后，将剩余的空间全部铺上草皮，让使用者在上面自由活动。慢慢的，一些小径被踩踏出来。一年之后，再根据自然踩踏出来的路径做铺砌，形成了十分有机的人行步道系统。拉特利奇也给出了一个贴切的例子。他说，如果发现草地上的草不断地被人踏平，并且积满了许多香烟头。这种行为迹象就暗示出这个地方频繁地接待着群体的社交活动。如果设置一组座椅，无疑就可以提高这块地方的使用价值（阿尔伯特•J.拉特利奇，1990：162）。这种方法的其他运用可能还需要设计师的进一步探索。

5.2.6 小结

本节重点介绍了多种结构性行为观察方法。在文献综述中我们发现，尽管在城市设计中常常用到非结构性的观察法，但很少使用结构性行为观察法。这种现象主要是由以下三种原因造成的：（1）不少结构观察法没有得到完善，具有受观察者主观因素影响较大，资料整理时间成本高，资料即时性过强，资料效度较弱这些弱点；（2）环境行为学研究中的有结构行为观察法过于费时费力，不能满足设计调查对效率的要求；（3）介绍该种观察法的文献不多，设计师对这种方法有畏惧情绪，认为既然可以通过言说类方法了解人们的行为模式，就没有必要采用这种不熟悉的方法。

经过本节的分析，我们知道通过巧妙设置调查内容以及规范操作手段，得以克服主观性、资料即时性、效度低这些弱点。而结构性行为观察法具有很多其他调查方法所不具备的优点，非常值得推广。首先，这种方法能够以较少的时间成本获取大量使用者信息，满足设计调查对效率的要求。与问卷和访谈的方法采集单位信息所需要的时间相比，直接观察法的效率要高得多。例如，在王德主持的南京东路消费者行为调查中，被访问者回答一份问卷平均需要 15 ～ 20 分钟（王德、叶晖等，2003），加上寻找愿意被访问的人的等待时间，则大概需要半小时才能记录一个单位使用者的行为选择。又如，徐磊青在同济大学学生的辅助下调查了上海市中心区四个广场的空间认知与行为，其跨年度研究共取得 490 份合格的问卷，然而这个数量对使用这四个广场的全体使用者而言只是一个非常小的比例（徐磊青，2005）。如果要保证问卷取样的随机性，则还要花费更加多的时间和精力。而在空间句法和盖尔事务所的实践项目中，以行人计数法作调查，数个调查员花两天时间记录下来的活动者数量就可以达到上万个，虽然对行人年龄等社会属性记录的精度不高，但其依靠时间抽样的取样方法实现了随机性原则，能够较为准确地反映基地使用者的构成情况。

其次，这种方法能同时记录使用者的社会属性、空间位置和活动时间信息，十分有利于下一步的分析和解读。尽管问卷和访谈法也可以调查行为，并可以详尽探究行为的起因，但它们对空间性信息只能做粗略的记录①。对城市设计而言，获取一体化的空间信息和行为信息是非常重要的。这样，设计师才能明确地了解到场地内部空间的差异性，例如哪里存在拥挤的现象，哪处空间人迹罕至，有安全隐患。行为观察法可以在地图上标注活动者的具体位置，对设计师作出针对性的优化设计决策有很大的好处。

最后，对比问卷和访谈法，结构性行为观察法获取的空间使用情况更加客观可靠。所谓"百闻不如一见"，尽管结构性行为观察法也会存在一定的误差，但其直观性决定了它不会存在言说类方法由于沟通不良、记忆不清、故意造假等情况导致的信度问题。对比二手资料，行为观察法得到的信息更为及时和准确，能够反映城市区域的动态变化（Jacobs，1985：8）。另外，由于结构性行为观察采用了重复观察取样的方式，相对随意观察法而言，得到的结果要更为可靠。

5.3 文献查阅法

文献查阅法（archival sources）指的是通过查询他人记载的各种文献档案资料，获取与自身相关的适当材料的方法。文献法可以被采用的文献来源包括：档案记录、新闻报道、影视录像等。这种方法一般在两种情况下会被选用：(1) 文献档案是唯一的资料来源；(2) 它比收集原始资料更为有效。因此，这种方法是历史研究最重要的资料来源。对城市设计而言，它的好处在于：首先，如果构思巧妙，把他人为其他目的收集的资料调整转变为对自己有用的资料，那么就能通过较小的代价获取大量的资料，对大规模的基地调查而言十分有利；其次，这是一种不会对调查对象造成干扰的调查方法，效度较好（Webb，Campbell et al.，1966）。

由于城市设计需要的资料中空间位置的信息非常关键，因此本节谈到的文献法所收集到的资料必须包含具体的地点信息，信息整理时一定要到实地进行核查。对设计而言，比较常用的文献资料包括交通事故的记载、盗窃行为的记载、公共设施的维修记录等。例如，英国的伦敦开放空间战略中提到，可以把集中的故意破坏行为列为开放空间审计的一项指标（Mayor of London and CABE Space，2009）。由于这些调查对象都属于负面行为，而负面行为的发生概率要少于正常的行为，以直接观察法对它们进

---

① 在问卷调查中，活动日志调查也能同时记录空间位置，但是其空间信息的精度要远低于行为观察法。

行调查太耗费时间，问卷和访谈的方法又难以取得全面或准确的信息。因此，上一小节介绍的行为迹象法和本节谈到的文献法才是比较恰当的信息收集方法。下面将以2个案例予以具体说明。

5.3.1 人车碰撞事故调查

对于大规模的步行环境整治而言，辨别步行和机动交通冲突点的位置非常重要。而对机动车和行人碰撞事故的调查可以成为非常有效的证据。在伦敦哈林盖郡（Haringey）的步行环境整治规划中，区政府发展出一套对步行环境的审计工具，对道路交叉口的步行环境进行了定量研究（Haringey Council，2007）。其中，对行人和机动车碰撞事故的调查数据成为一项重要的指标。与传统做法相区别，对交通事故的统计不仅显示在表格中，还以地图的形式表达了出来。图5-24显示了2003～2005年3年中步行人员伤亡事件的具体位置和数目，可以发现，事故集中的位置大部分在主要交叉口或主要的道路上。在审计工具中，这3类事故将赋予1、5、10的分值。这种调查为过街设施改造的优先顺序决策提供了扎实的依据。

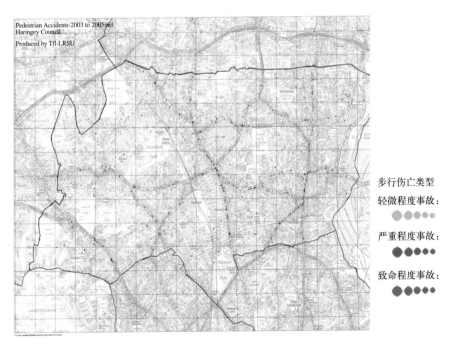

图 5-24　2003～2005 年步行人员伤亡位置和数量
（来源：Haringey-Council，2007：表 5.7.1）
绿色、蓝色、红色分别代表 3 类不同程度的事故：轻微、严重和致命

135

这种调查形式的运用还见于波特兰步行总体规划。规划人员收集了1991～1995年人车相撞事故的资料（图5-25），将其作为街道段品质评估的重要指标之一，最终形成了潜力指标和缺乏指标的矩阵，帮助客观地决定具有道路改造优先权的地点（Krizek，2001）。

图 5-25　波特兰机动车行人相撞事故点（来源：City of Portland，1998：25）

5.3.2　犯罪行为发生地点调查

通过设计预防犯罪是当前研究界的一个热点话题。这也是空间句法公司咨询服务的内容之一。1998年，该公司受澳大利亚哥斯尼尔斯市委托，进行了一项住宅空间布局与犯罪模式关系的研究。该项目的调查对象是一片均质的住宅区，由带有围墙花园的排屋构成，共计11000户左右。该研究将入室行窃的案发地点在图纸上标注出来（图5-26），分析空间集成度（integration）、渗透性（permeability）、连接度（connectivity）等物质空间特性与被偷窃可能性的关联度强弱。多变量统计分析显示，可达性好的房屋比较安全，而如果一处房屋周围空间的渗透性过强，反而会使它变得危险。该研究项目提炼出增加及减少易受攻击性的关键设计要素，并且将这些结果转化为战略设计导则，引导良好的设计，来帮助预防犯罪。

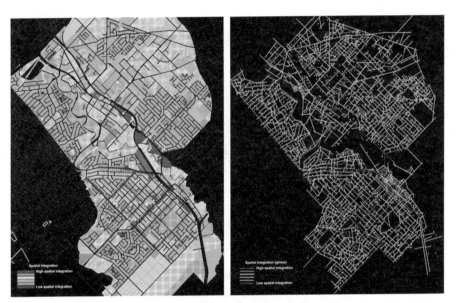

图 5-26　入室行窃案发地点与空间组构分析（来源：Hillier，2002）

左图中红色到蓝色代表整合度由高到低，白色的点代表行窃案发生的地点

右图分析了左图中 6 个地区 synergy 度量与发生案件呈负相关关系

第6章　实体环境要素的调查

　　对实体环境要素的测量和分析是设计者基本技能，因此本章关注的内容乍一看并不是什么新问题。然而，城市设计是多重价值取向下的实践活动，其中的实体环境要素调查也存在多重视角。设计师们所熟悉的空间分析工作往往是从美学、技术或是历史保护的视角出发的，从行为和社会使用出发的分析工作相对而言并不受重视[①]。这与"以人为本"口号的要求存在着较大的距离。本章将着重讨论从环境行为学视角出发的实体环境要素调查方法[②]。内容分四部分展开：第1节要澄清实体环境测量和分析的难点所在，后面3节会分宏观、中观与微观尺度，分别讨论该种尺度下适用的调查方法（图6-1）。

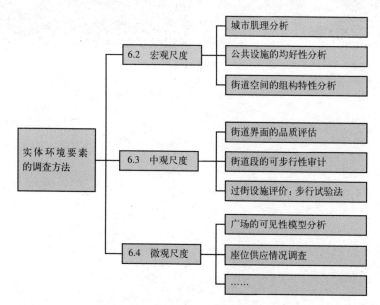

图6-1　实体环境要素调查方法汇总

---

①　例如段进(2006)指出我国城市设计有一种倾向，即把重点放在形体和环境的美学目标上，甚至提出作为一独立的形象景观设计阶段。这种认识和相应方法不利于城市设计发挥应有的作用。又比如，李京生等人(2006)指出我国的控制性详细规划显然过分强调了规划控制技术和管理的要求，缺少社会维度的空间评价。
②　诸如通过物质环境调查制定用地红线、高度控制、覆盖率、绿化率、日照间距、容积率、房屋间距、道路宽度等技术性较强的指标就不在本研究的讨论范围内。

6.1 难点剖析

在整理具体的调查方法以前，我们首先要充分理解实体环境要素测量与分析的难点所在。由于空间分析是城市设计师日常工作的一部分，对实体环境要素的调查成为一种"例行公事"，很多设计师对其中蕴含的难点和疑点熟视无睹。在探讨具体的调查方法以前，本节把这些难点清晰化，整理为以下三块内容：空间概念的测量，空间分析边界与基本单位的确定，整体和局部关系的处理。

6.1.1 空间概念的测量

谈到对实体环境的测量，很多人会立刻想到对欧几里得公制距离（Euclidian metric distance）的测量。距离概念的测量在今天没有任何难度。在微观尺度，这种概念能令我们审查开放空间的长宽比，街道断面的构成，建筑立面和街道家具的尺寸等，帮助我们判断人性化原则是否得到满足；在宏观尺度，直线距离（crow fly distance）可以考察空间可达性概念，例如公共设施的分布均好性的问题，以检验公平与公正原则的落实情况。距离作为一种非常可靠的空间测量方式，被很多城市研究者所采用，在此基础上建立了"互动—地点"范式的城市模型（Hillier, 2007）。然而，这种高度抽象的城市模型是建立在理性经济人的假设上的，并不能反映出复杂城市形态对人们的行为和认知所造成的影响。在这种城市模型的引导下，空间的主体性被忽略，空间规划与设计不能发挥应有的作用，空间规律得不到应有的重视，在城乡建设实践中产生许多失误（段进、龚恺等，2006：序）。

从社会学研究的角度上说，除了距离概念，还有很多其他空间概念需要测量方法，如对可达性、可识别性的测量。设计师通常把这些测量认为是空间分析的工作。为了准确把握空间的特性，类型学通过归纳和分类的方法整理出各种重要的空间模式。例如，城市形态学通过与人们所熟悉的基本形态相类比的方式，把城市总体结构分为星形结构、带形城市、卫星城、格网城市这几种类型（王建国，2004：4）。在街道构成模式研究中，研究者把街道网粗略地分成两大类别：规则的方格网以及有机变形的网络。前者是以几何规律为特征的，而后者则是以明显的不规则性为特征。索斯沃斯等学者（Southworth, 2005）对街道网模式的分类更为细致，分为"纵横交错的直线格栅布局"（interconnected rectilinear grid）、"零星格栅与蜿蜒平行的街道布局"（fragmented grid and warped parallel streets）、"非连续性的与世隔绝的尽端路和环形道模式"（discontinuous, insular pattern of cul-de-sacs and loops）这三种类型（图 6-2）。罗伯·克里尔（Rob Krier）对广场进行的类型学分析，将欧洲城市广场归纳为三种主要的平面形状：方形、圆形或三角形。这些基本形态可以通过很多方式改动或调整，形成多种广场的类型（图 6-3）。

图 6–2　街道布局插图（来源：Southworth，2005：3）

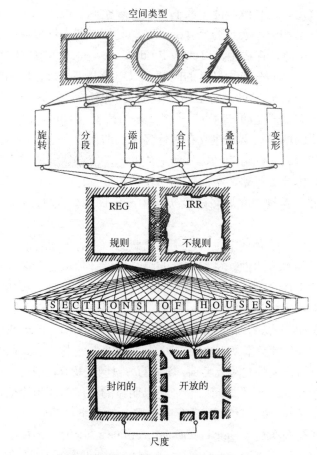

图 6–3　克里尔对广场类型学分析

（来源：Carmona et.al，2005：67）

以上这些基于类型学的测量方法是设计师们在工作中采用的主要手段。然而，希利尔却认为这些规划师和城市设计师们所借用的简单化空间概念并不能反映大部分真实城市的复杂性和不规则性（Hillier，2009）。他指出，复杂的空间模式尽管能被人们依靠直觉把握，却是不可言说的（non-discursive）。例如图 6-4 显示的四种图案由不同的元素组成，虽然我们能毫不费力地识别出它们属于同一种空间模式，但它们却并不具有一个确切的名称。这种不可言说性，为空间模式的测量带来了一定的难度。这或许也是空间特性的操作化手段在社会学调查中得不到有效的发展原因之一。

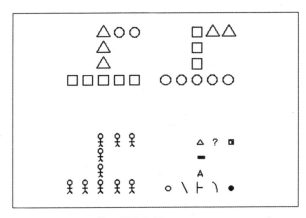

图 6-4　组构示例（来源：Hillier，1996：28）

空间句法团体把复杂空间模式称为空间组构，通过严格的数学定义发展出各种空间概念的操作化度量，如连接度（connectivity）、可见性（visibility）、整合度（integration）、可理解度（intelligibility）。得益于计算机技术的飞速发展，这些度量能在根据一定规则绘制的空间模型的基础上，由计算机软件给出客观的数值。如果把类型学方法看作对空间模式的定类测量，空间句法就是对空间模式的一种定距测量方法[①]。这种测量大大提高了精度和客观性；然而对一些设计师而言，他们并不愿意依赖电脑自动产生的空间数据，对这种过分数量化的方法总是心存疑虑。另外，研究者们还在不断地调试和完善这些度量，在空间句法团体外围的人员往往会对新的理论发展有应接不暇之感。

一种折中的做法是使用一些较为简单的数量化空间组构测量手段。例如，连接度、视域、深度这些度量的定义都很简单，如果需要，设计师甚至可以手动复查电脑计算出来的结果。其中，连接度的测量方法不光为空

---

① 由于空间组构的数值不能进行乘除法的运算，它不是一种定比测量。

间句法所采用，被很多学者所采用，具有一定的共识性。例如伊恩·本特利（2002）在场地分析中推荐计算每条道路上的交叉口数量，数字较多的那些路表示它们更密切地联系了场地与周边区域（图6-5）。而迈克尔·索斯沃斯（Southworth，2005）认为道路交叉口密度和街坊面积大小的指标能够较好地体现一块片区的连接度概念，高密度的交叉口和较小的街坊尺寸通常意味着较高的连接性程度。

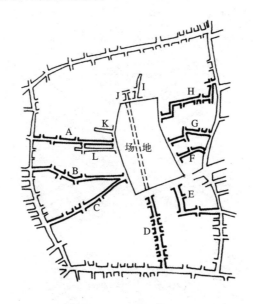

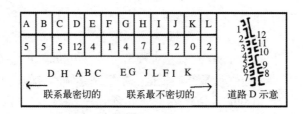

图6-5　道路交叉口数量分析（来源：本特利，2002：8）

6.1.2　空间分析的边界与基本单位

　　城市空间与建筑物不同，它是连续而非封闭的，很难对它作出准确的分割。可以想象得到，如果采用不同的边界，对同一块场地空间特性的测量值都会有一定的变化。这就给空间测量带来了难度。很多空间分析会以行政区的界线作为边界。然而这种界线往往受到历史偶然因素的影响，通常是武断的。更好的做法是以铁路、主要道路和水系来确定分析区域的边界（Mayor of London and CABE Space 2009）。然而在定量空间分析中，边界的存在总是会对边缘地带的分析单位产生影响，这成为空间分析研究中持久性的难题。在本文中对此不展开讨论。

空间分析的基本单位也很重要。在传统规划和地理学中通常采用街坊作为基本单位进行空间分析，显示各种社会信息，例如主要的土地使用情况、建筑密度、人口密度等。这种分析单位的问题在于它抹平了同一区块内部具有的性质差异——而在城市的真实体验中，一个街坊的正面、背面往往具有极大的差别。希利尔经常提到一个"线性整合下的边际分割"（marginal separation by linear integration）的规律（Hillier，1996：124）。通俗地说，它指的是一种常见的空间体验：你沿着某一条直线街道行走，会发现两侧的土地使用类型往往是类似的，变化缓慢；然而如果你转一个90°的弯进入另一条街道，土地使用会发生显著的变化。正是这种突然的变换为很多历史城镇增加了丰富的趣味。在历史城镇中，这种规律令不同的社会阶级得以在同一个区域内相互临近共存。在19世纪的伦敦布斯地图[①]上就反映了这种规律——上层阶级往往分布在最易到达的主要街道两侧，下层阶级一般位于地块内部较为隔绝的次要小道（Vaughan，2007）（图6-6）。因此，空间句法理论认为，影响土地使用和社会模式的最基本因素不是分区，也不是城市街坊，而是直线型的街道（Hillier and Penn，1996）。这个论断被很多学者所认可。一项对英国混合权属的调查也表明，权

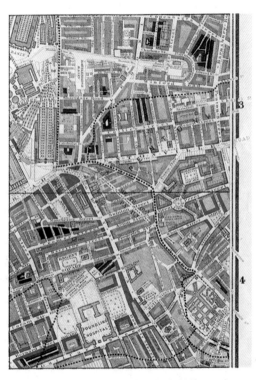

图6-6 伦敦布斯地图（来源：Vaughan，2007）

注：富裕的中产阶级和相当富裕的阶层以红色和粉色显示，贫困的阶级以蓝色显示

---

① 该地图的英文名为 Charles Booth's statistics of poverty，记录了19世纪伦敦中心地区的贫困程度分布情况。

属混合最好不要出现在同一街道上或街区上，而是出现在不同的街道间（即每条街是均值的，不同的街是差异的），这提示我们街道才是最牢靠的社会单位（Carmona and Health，2005：114）。

空间句法的主要分析方法"轴线图模型"采用的基本分析单位是轴线（axial line），即为直线型的街道。希利尔指出，尽管街道网是城市中最大和最明显的全局性实体，但是在城市研究的历史上，它被相对忽略了。空间句法所做的就是把街道网重新放到研究的中心，学习分析它的不同形式（Hillier，2007）。除了轴线，空间句法还发展了两种形态学描述的基本单位：凸空间（convex space）和视域（isovist），以它们为基本单位测量复杂空间系统的各种组构特性。这三种对城市连续空间的分解从人类经验的角度看都有它们的合理性：轴线代表了人移动时的可视性，凸空间代表了"共同在场"时的可视性，视域代表了可视性本身（Stahle，2005）。因此，现象学研究者西蒙教授认为空间句法的组构分析能反映人们对空间的认知，它的空间描述方法不光是数学的，还内含一种强烈的现象学维度（Seamon，1994）。

6.1.3 整体与局部的关系

亚历山大（2002：7）在其《建筑模式语言》的开篇中谈到，没有任何一个模式是孤立存在的。每一个模式在世界上之所以能够存在，只因为在某种程度上为其他模式所支持：每一模式又都包含在较大的模式之中，大小相同的模式都环绕在它的周围，而较小的模式又为它所包含。这个"对世界的基本观点"被很多学者以其他的方式表述过。例如比尔•希利尔则指出，场所不是一些局部的东西，它们是大尺度的东西里的一些瞬间。辨明这一点是至关重要的，我们无法在还没有理解城市的时候就创造场所（Hillier，1996）。这些论述都提醒着我们在空间分析时，一定要注重整体与局部之间的关系。

如果忽视了整体与局部关系会造成研究中的困惑。例如，在理论界存在对"尽端路"概念的争论，每一方都能举出很多例证支持自己的观点（黄一如、陈志毅，2001；Carmona and Health，2005：75）。这是怎么回事呢？要知道，尽端路是一个局部的概念，如果不清楚地限定它所采用的场合，是很难判断这个局部模式的优劣的。只看到局部而忽视整体关系会造成设计上的失误。纽约的洛克菲勒中心广场（Rockefeller Plaza）被认为是美国城市中最有活力的广场。它拥有一个下沉式广场，其规模不大但使用率很高（图6-7）。这个广场常被其他设计师以同样的尺度和细节复制到其他地方，然而相同的物质空间却往往不能带来同样的使用上的成功。这是为什么呢？威廉•怀特（Whyte，1980：59）对这个下沉广场的分析表明，它成功有赖于和周边环境的关系。下沉广场本身并不是活动人群主要停留的地方。它好比露天剧院的舞台，里面的人们提供了表演，冬天是滑雪，夏

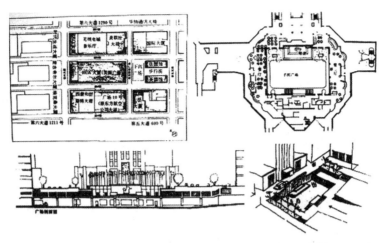

图 6-7 洛克菲勒中心广场平面、剖面、空间结构（来源：方顿，1997）

天是露天咖啡座和经常性的音乐会。而更多的使用者（经常占到总人数的80%）其实是停留在下沉广场之上的"观众席"上，例如沿街的栏杆旁，中间一层的平台，或者是从第五大街延展出来的宽阔步行道。如果设计师只复制广场本身而没能注意它与较大尺度城市的关系，就不一定保证复制品在使用上的成功。

因此对设计而言，既注重整体同时又掌握局部的空间关系十分关键。如何做到多尺度下的城市空间分析，在研究领域也属于国际前沿的课题。在英国工程和自然科学研究委员会（EPSRC）最近资助的"国际研究网络：城市历史与多尺度的空间整体规划"（ChaMSpaM）项目中，中英两国专家共同研讨了怎样在空间整体规划中对多尺度空间进行统筹考虑的课题[1]。对实体环境的调查而言，如何才能既把握整体又关注局部，在两种尺度中做到自由的切换？凯文·林奇（2001：65）的对策是"在调查的最初阶段，我们有必要专注于局部而非整体，经过对各部分进行成功的区分和理解之后，我们才能进而转向对整个系统的思考"。本特利（2002：7）则指出，在考察城市肌理的渗透性时，要同时关注两个尺度：场地与整个城市的连接情况；场地与周边区域相联系的情况。空间句法理论的对策则是在其组构模型计算中，对各种空间概念都进行不同尺度的考察。例如，在轴线模型中，有 $R3$、Rn 两种整合度度量，分别表示部分与整体的整合度；在线段角度模型中，可以自由确定选择度（choice）度量的半径选择（一般使用欧几里得公制距离 400m、800m、1200m 等）。另外，它还创造了"可

① ChaMSpaM 全称 "City History and Multi-scale Spatial Master-planning：International Research Network"，项目起止时间：2007～2009 年。其研究成果正在整理之中。引自：http://www．space．bartlett．ucl．ac．uk/chamspam/

理解性"（intelligible）的数学度量，把它定义为连接度和整体整合度的比值（con/Rn）。这种度量意味着我们从一个空间所能看见的（即有多少连接的空间）在多大程度上能够成为我们所不能看见的（即空间的整合）有益的指引（Hillier，1996：129）。这个度量能有效反映某个空间嵌入在它周边环境的方式，在实证研究中发现与人们对城市空间的认知情况密切相关。

6.2 宏观尺度

以下方法提供的空间分析主要用于得到对城市整体结构的把握，与总体层面的城市设计相对应。

6.2.1 城市肌理分析

在城市形态学研究中，对城市肌理（urban grain）的分析是一种常见的空间分析方法。一般采用的手段是：先确定一个基本单元（如1km见方），在之内统计各项数量化指标，如道路交叉口与街坊块数量，以此衡量城市肌理的致密程度。很多研究者采用这种方法进行城市比较研究。例如，迈克尔·索斯沃斯和伊万·本约瑟夫等人（Southworth and Ben-Joseph，2003）采用这种方法对美国20世纪住宅区的街道模式进行了比较研究。他们使用的五项指标分别是：街道长度、街坊数量、街道交叉路口数量、进入点数量、环形道和尽端路数量（图6-8）[①]。

	格栅 （1900年）	断裂平行式 （1950年）	弯曲平行式 （1960年）	面包圈和棒棒 糖型（1970年）	一根杆上的棒 棒糖型(1980年)
街道模式					
交叉路口					
街道长度 （英尺）	20, 800	19, 000	16, 500	15, 300	15, 600
街坊数量	28	19	14	12	8
交叉路口数量	26	22	14	12	8
进入点数量	19	10	7	6	4
环形道和 尽端路数	0	1	2	8	24

图6-8 郊区街道模式的对比分析表（来源：Southworth & Ben-Joseph，2003：115）

---

① 在该书的译本《街道与城镇的形成》（中国建筑工业出版社，2006）中，"No. of Blocks"被译为"街段数"，而其实际含义应该是"街坊数量"。

阿兰·B·雅各布斯在《伟大的街道》一书中也采用了这种方法，他将 47 个地区 1 平方英里区域的城市肌理以数量化的形式进行了比较，列明了它们的街道交叉口数量、街坊数量、交叉口间的距离平均值和中间值（表 6-1）。

1平方英里区域的城市肌理分析节选　　　　表 6-1

城市(区域或时期)	道路交叉口数量	街区数量	道路交叉口间的距离(英尺)	
			平均值	中间值
威尼斯	1725*(1507)	987*(862)		
艾哈迈达巴德	1447	539		
东京(高桥地区)	988	675		
开罗	894	301		
德里(old Delhi)	833	244		
首尔	718	496		
波士顿(1895年)	618*(433)	394*(276)	190	150
阿姆斯特丹	578	305		
萨凡纳	530	399		
波士顿(1955年)	508*(356)	342*(240)		

（来源：阿兰·B·雅各布斯，2009：258）

注：* 某些城市的1平方英里区域包含大量水体，这些区域被扣除，通过比例换算得到数值，而括号里显示的是实际的数字。

我国学者李斌（2007：48）在东京都、大阪市、北京市、上海市、华盛顿特区、纽约市这六个城市的中心区各选择了 2km×2km 的地区作为样本。他先统计出 2km×2km 地区中的路口个数，然后按照道路网是方格网的假定把路口个数以此换算成街区面积、街区边长和道路密度。其分析发现，中国和美国的对象地区的街区面积及道路比较接近，而与日本的城市有较大差别（表 6-2）。

平面分析：道路密度和街区面积　　　　表 6-2

城市	$4km^2$中的路口数(个)	街区面积(m^2)	街区边长(m)	道路数(条/km^2)
东京都	1154	3466	58.9	34
大阪市	650	6154	78.4	25
北京市	142	28169	167.8	12
上海市	206	19417	139.3	14
华盛顿特区	284	14085	118.7	17
纽约市	249	16064	126.7	16

（来源：李斌，2007：48）

这种常见于城市形态比较研究的肌理分析法是不是也可以用于城市设计呢？转化工作存在以下两大难点。其一，对城市肌理的分析其实是渗透性概念的操作化手段。而渗透性这个概念并没有明确的优劣标准，太强或太弱都会导致问题。一方面，稀疏的街道网络提供的路径选择少，即简·雅各布斯（2005：161）所谓的小街段少，不利于步行的可达性，也不易于城市活力的形成。而另一方面，如果城市肌理的尺度很小并过于复杂，路径选择的自由就会被迷茫所取代，导致寻路和安全的问题，街道总长度的增加还会导致较高的基建开支。因此对数量化测量数据的解读就存在一定的难度。正如本文 4.5 节的分析所言，设计师判断现有的城市肌理是否需要改进，其关键点在于寻找差距，即审查预想中的场地使用情况与该处的空间特性是否匹配。对城市中心区而言，有很多研究发现 100m 左右的街坊大小是比较适宜的，既满足功能要求，又能形成较好的步行可达性 [①]。更多的参考值还有待于最新研究的发现。目前已经比较肯定的认识是，商业中心区的街坊一般都存在加密的现象，而郊区住宅区的街坊会大一些，因为过强的渗透性会稀释已经比较低的人流，而导致安全的隐患。

另外一个难点在于如何决定分析的边界。以上研究的几个指标，如交叉口数量、街坊数量与平均面积、街道段平均长度与总长度都是对一个方形的基本单元的定量化形态描述。而在城市设计中，使用这样武断的分析边界显然是不恰当的。另外，抽象的统计数据也不能揭示场所空间属性的不平衡性。对于这个问题，空间句法公司的分析手段值得借鉴。有别于审视抽象统计数据的做法，该公司将街坊面积的大小按定比度量以颜色表现在地图上，通过直接阅读着色的分析图，寻找问题和机遇。

在伦敦克罗伊登自治区（Croydon）的中心区行动规划项目中，空间句法公司被委托进行城市物质空间结构的分析和评估工作，就采用了这种分析方法（Space Syntax Limited，2007）。如图 6-7 所示，街坊由 6 个等级的面积大小被分别着色：200 ~ 2000m²、2000 ~ 8000 m²、8000 ~ 16000 m²、16000 ~ 32000 m²、32000 ~ 64000 m²、>64000 m² [②]（图 6-9）。咨询人员特别提供了伦敦市另一个自治区的中心，国王路地区（King's Road）

---

① Siksna 考察了美国和澳大利亚城市 CBD 的地块大小，总结出 80 ~ 110m 之间的网格是最理想的。A. Siksna. City centre blocks and their evolution: A comparative study of eight American and Australian CBDs[J]. journal of Urban Design，1998(3)：253-283. 英国学者本特利认为 80 ~ 90m 的街区可以满足大部分功能的要求（伊恩·本特利，2002：9）。我国学者王兴中等人通过"感应邻里区法"的理论研究也发现，中国城市邻里交往的范围一般在 100m 左右的半径（王兴中等著，中国城市社会空间结构研究. 2000）。

② 空间句法公司的肌理分析 (block size analysis) 是在轴线图绘制的基础上由其自行开放的 GIS 软件插件完成的。电脑能自动完成着色过程，并由分析人员决定面积分类的等级。

的肌理分析图，以相同的比例呈现，以提供参照。目测和统计表格都证实克罗伊登中心区的街坊结构要粗糙得多。由中心几个大街坊造成的较低空间渗透性，会产生绕路现象（backtrack），导致单个旅程路途的加长，降低人们的出行意愿。到夜晚，当商业中心和公园中的内部道路被关闭时，情况就更严重了。这种分析为之后的设计提供了有力的支撑。

街坊面积（m²）
■ 200 ～ 2000
■ 2000 ～ 8000
■ 8000 ～ 16000
■ 16000 ～ 32000
■ 32000 ～ 64000
■ ＞ 64000

图 6-9　克罗伊登地区肌理分析（来源：Space Syntax Limited，2007）

6.2.2　公共设施的均好性分析

均好性分析是对"公平与公正"原则在城市中落实情况的检验。这种分析依靠欧几里得公制距离概念，测量公共设施在空间中的可达性情况。其中，经常需要作分析的是开敞空间的均好性程度。韦亚平和赵民（2006）指出，尽管我国的城市总体规划以人均公共绿地指标以及绿化覆盖率两类指标对公共绿地的数量和人均拥有量有所规定，然而它们都不能反映绿化空间的均好性问题。他们给出的绩效密度示意图显示，在同样的人口规模和建成区面积情况下，一个不同规模等级均衡分布的绿化开敞空间系统尽管人均指标和绿化覆盖率并不高，却能满足城镇居民的需求（图6-10）。因此，在规划指标之外，城市设计需要为均好性作出补充性考虑。

均好性分析的通用方法是服务半径分析，即以一定的半径在公共设施上画圆圈，检验圆圈是否覆盖了基地的每一寸土地，这种方法为设计者所熟知。然而，该方法使用的是点到点的直线距离，适用于非常宏观的尺度，

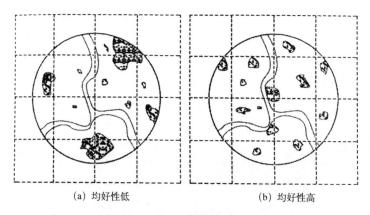

(a) 均好性低   (b) 均好性高

图 6-10　绩效密度示意（来源：韦亚平、赵民，2006）

并不能反映由于特殊城市形态对可达性造成的削弱。在第 7 章介绍的上海
虹口区案例中，我们就给出了一个例子，显示点到点的直线距离与实际步
行距离之间存在的极大差别（见图 7-27）。因此，这里要介绍一种更为详
细的均好性分析方法，该方法采用的是实际步行距离，其分析结果是一张
"缺乏区域地图"。它能有效地帮助后续设计识别出不足的地区以及改进的
机会，并为空间优化顺序的决策提供支撑。

　　伦敦市的开放空间战略为其管辖自治区的开放空间更新战略制定提供
了指导性方法（Mayor of London and CABE Space，2009），其中就包含对
开放空间缺乏区域的识别工作。识别缺乏区域的第一步是对研究范围所有
的开放空间进行现场审计。也就是说，无论所有权如何，可达性如何，对
所有的开放空间都要进行摸底式调查。在大部分地区可以设一个面积大小
的下限值，例如 0.4hm²。但对于密集城市区域，由于小块的场地对当地来
说也是非常宝贵的，也应该包括在调查中。然后再将这些开放空间的各种
属性输入电脑，特别推荐采用 GIS 的方法管理数据。第二步骤是确定服
务区范围（catchment areas）。该文件认为应该使用较为精确的实际步行距
离，而不是点到点的实际距离，以反映由重要障碍物，例如铁路线、快速
路、特殊的街道布局模式以及它们与开放空间入口的关系等造成的影响。
注意，对不同等级的开放空间而言，其设定的步行距离上限标准（distance
thresholds）都有所区别。以一般区级公园为例，步行距离上限设为 400m。
最后，使用 GIS 软件，就可以分析得到某一种类型的所有开放空间所能
服务的范围。将这个范围所没能覆盖的区域标注出来，就可以得到开放空
间的缺乏地图（open space deficiency）。图 6-11 显示的就是伦敦市下属的
Sutton 区分析结果。

　　在识别了开放空间缺乏的区域后，设计者要仔细考量提供新开放空

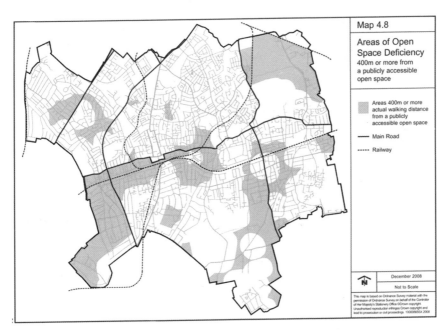

图 6-11　开放空间缺乏地图（来源：London Borough of Sutton，2009）
灰色表示在 400m 实际步行距离内达不到任何一个公共开放空间的区域

间的可行性。如果开放空间的审计工作将所有的未建设空间、没有利用的空间都统计在内，那么在其中应该可以发现能够被转化为开放空间的场地。其他还可以采取的一系列措施如下：（1）考虑是否有新建开放空间的机会；（2）将私有的空间开放给公众；（3）组织学校活动场地的双重使用；（4）以街道指南（Manual for Streets）的做法将公路的一部分转换为开放空间；（5）在新的开发项目中创造开放空间；（6）增强既有开放空间的可达性；（7）改进到周围开放空间的途径；（8）改善既有公共空间的设施和功能。

在我国的设计实践中，深圳城市规划设计研究院也采用了比较类似的分析方法（深圳市规划和国土资源委员会网站）。在深圳经济特区公共空间系统规划项目中，设计者依次分析得到深圳公共开放空间的现状分布图、5 分钟步行可达范围图和公共开放空间预警区分布图（图 6-12）。其中，该项目在分析服务可达范围时，采用的是时间距离的单位，可以通过平均步行速度换算成距离。其分析得到的"预警区分布图"与伦敦市所谓的"缺乏地图"相类似，为深圳市《公共空间建设指引》中的空间增加行动，即针对数量不足分布不均问题而进行的近期公共空间建设行动计划提供了依据。该设计研究院在后来的杭州市公共开放空间系统规划中也采用了类似的做法（深圳城市规划设计研究院网站）。

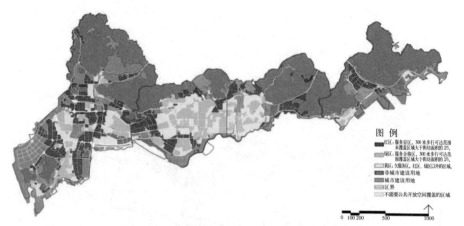

图例

■ 红区：服务盲区，300 米步行可达范围未覆盖区域大于供给面积的 2/3
■ 绿区：服务合格区，300 米步行可达范围覆盖区域大于供给面积的 2/3
□ 黄区：欠服务区，红区、绿区以外的区域
■ 非城市建设用地
■ 城市建设用地
▨ 区界
▥ 不需要公共开放空间覆盖的区域

0 100 200   500   1000

图 6-12　公共开放空间预警区分布图（来源：深圳市规划和国土资源委员会网站）
绿色显示服务合格区，红色显示服务盲区，黄色是位于两者间的欠服务区

6.2.3　街道空间的组构特性分析

然而，空间句法认为基于距离因素的重力模型并不能完全解释人在空间中的行为，空间组构对人们的空间行为而言更为关键（Hillier, Turner et al., 2007）。这是因为人在空间中的移动不光要消耗与距离成正比的能量，还涉及复杂的认知过程。尽管在小尺度空间，距离因素对人们行为的影响力很大[①]。然而，在宏观和中观尺度的复杂城市空间系统中，人们是很难对实际距离作出正确估计的。空间的几何与拓扑特性对人们空间认知的影响力更为强大。

在宏观和中观尺度，空间句法的组构分析单位是"轴线"。轴线代表了人的视线。轴线图将城市的街道网络表达为一组数目最少、长度最长的直线，可以近似地表达"集体人"对城市整体空间的感知（杨滔，2006）。大量实证研究证明，以轴线为单位建立的轴线图模型所产生的整合度和可选择度指标可以很好地预测步行人流在空间中的分布情况（Hillier, Penn et al. 1993）。一般来说，模型计算出来的空间度量与观察到的步行人流量可以达到 60% 的相关性（Hillier, 2005）。因此它能被当作一个有效的设计工具（段进、Hillier 等，2007：18）。

我们可以先对基地进行现场调查，然后在（CAD）软件中结合详细地形图绘制出轴线图，并检验轴线图是否符合最少、最长原则。接着将轴

---

① 例如近体学研究发现人们对人际空间距离的处理，受到相互了解和亲密程度的影响。在霍尔《隐匿的维度》一书中把沟通时互动双方的空间由近及远可以分为 4 个层次：亲密距离、个人距离、社交距离和公共距离。E. Hall. The Hidden Dimension[M]. New York, Doubleday, 1966.

线图导入 Depthmap 或者安装了 Confeego 插件的 Mapinfo 软件，指示电脑进行计算，得出初步的空间模型。由于在模型运算之后，软件会根据计算得出的空间度量值给轴线图上色，因此视觉检验能很容易地发现轴线绘制时的一些小错误，例如遗漏了某两条道路之间的相交关系等。修改好的轴线图模型将产生一系列空间度量。其中比较常用的是空间整合度（spatial integration），通俗地说它代表了某一段街道的心理可达性[①]。深度值（point depth）也是一种有力的度量，它的计算非常简单，但是其图形表达可以非常有效地反映某一条轴线和周边环境的联系程度（图 6-13）。设计师可以结合行为调研的结果，对模型生产的各种度量进行解读和诠释。也可以把候选方案中的空间布局方案放入基地，重新进行模型运算。这种分析能帮助设计师更好地预见方案的潜在使用情况，从而帮助其作出更好的决策。

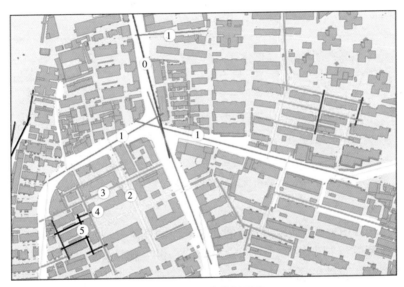

图 6-13　深度分析示意

在实际工程的操作，轴线图的绘制被分为三种解析度：低解析度的、中等解析度的、高解析度的模型。例如在一项研究中，巴塞罗那市的街道结构被分别表达为以低解析度和高解析度的轴线图模型（图 6-14）。低解析度的轴线模型不考虑街道家具和空间细节对视线的影响，主要用于宏观和中观尺度的城市分析。高解析度的轴线模型则将影响行人运动的种种空间要素，例如过马路横道、地道、城市家具、绿地、台阶等，都表达在模型中，主要用于中观和微观尺度的城市分析（图 6-15）。

---

① 空间句法公司主管 Alain Chiaradia 在 2007 年同济大学的讲座中，把空间组构解释为心理可达性。

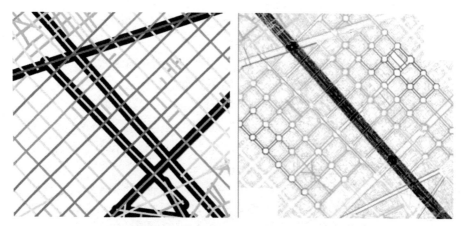

图 6-14　巴塞罗那市**轴线图**（局部）（来源：Karimi，2004：6）

左图为低解析度轴线图，右图为高解析度轴线图，两者表达的是同一区块

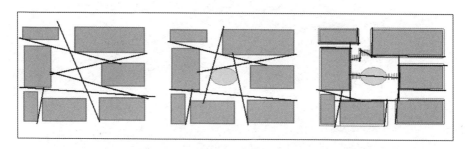

图 6-15　低、中、高解析度的轴线图绘制示意（来源：Karimi，2004：6）

在轴线图模型的基础上，空间句法理论团体又发展出"线段角度模型"。这种模型的绘制方法与轴线图模型类似，但电脑计算的方式有很大区别。轴线图分析反映的是拓扑距离（一条路线有多少转弯），而线段角度分析反映的是最小角度或几何性距离（Hillier and Iida，2005）。这意味着分析的单位由长轴线变成了交叉口之间的街道段。这种模型将街道段之间的角度变化幅度考虑在度量计算中，能体现出人们在城市空间中更为精细的认知和寻路的特点。另外，它还可以给定度量计算的距离范围（一般给出的是 800m、1200m、1600m 等等的半径），解决了空间分析中的边界难题。然而，不同半径的整合度或者选择度显示出来的重要街道都有所不同，其表达的含义还有待于进一步实证研究的揭示。

在伦敦特拉法加广场的空间分析中，采用的是高解析度的轴线模型分析（图 6-16）。在这个模型的基础上，咨询人员对不同的设计方案进行模拟和比较，帮助设计师作出改建方案的决策。分析结果发现，如果把北侧的国家美术馆和广场间的车行道区域步行化，以大型中心台阶代替原来连

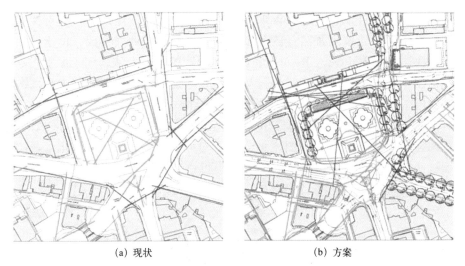

(a) 现状　　　　　　　　　　　　(b) 方案

图 6-16　伦敦特拉法加广场轴线模型分析（来源：Space Syntax Limited，2001）

接道路和广场的狭窄楼梯，这样的方案能把周边的步行人流引入广场中心。该项目实施后调查证明这种预测是非常准确的。

　　在大伦敦地区克罗伊登（Croydon）自治区咨询项目中，空间句法公司采用了线段角度模型作分析。深度分析法和实际距离分析被同时采用，以检验一些重要街道的覆盖范围。分析结果显示，如果只考虑实际距离，中心区各条道路的可达性是类似的，然而如果考虑到心理距离，有不少中心区的街道（如图 6-17 中的右图）对周边环境而言，可达性就比较差，即在两个大转弯内能到达它的相邻街道非常少。这样小街段的存在导致该中心区的可识别性较差，需要改进。

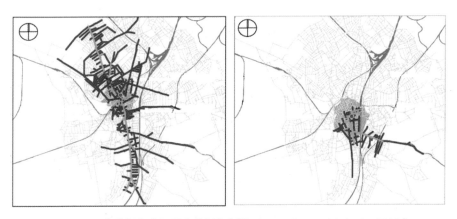

图 6-17　深度分析和实际距离分析（来源：Space Syntax Limited，2007）

红色线段是分析对象，绿色线指在深度分析 90° 转弯内能到达的范围，蓝色线指在 180° 转弯内能到达的范围；墨绿色区域表示实际距离 10 分钟内所能到达的地方该项目的目标之一是改善现有步行网络，提出优化方案，并对优化方案中每一处建议增加路径的效果进行评价。实地调查发现，位于镇中心的快速路（Wellesley Road）和铁路对两边的步行人流起到了严重的隔绝作用，因此增加一些步行路径是必要的。线段角度模型被用来测试各种新增路径方案会带来的两方面效果：对于增加局部可达性的影响，以及对于增加全局可达性的影响。图 6-18 是对某 2 处新增路径的效果测试，左图显示现状可达性，右图显示改造后的可达性。分析结果显示，在增加这两处联系后，一条东西向的主要步行通路就形成了，能把周边地区和镇中心联系在一起。

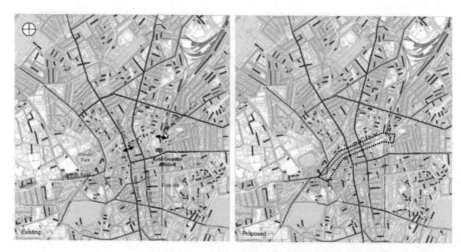

图 6-18　新增路径线段角度模型分析（来源：Space Syntax Limited，2007）
在打通左图两个箭头处的连接后，右图黑色虚线所标注的道路可达性了得到极大提升

不过，值得注意的是，组构分析所测量的是纯粹空间的属性，并不包括交通节点、土地使用、人口密度、美学因素等因素。尽管空间句法认为空间组构是影响人步行运动的最为关键的因素，但其他社会性因素的空间分布情况也会影响人们的认知和行为。因此，组构分析是一种单项特性的分析方法，只能确定场地的空间潜力。而一个场所要获得成功，还需要对其他方面的因素做周密的考虑。在空间句法理论团体，步行可达指数技术（B. Hillier and C. Stutz，2005）和 "Place Syntax" 模型（Stahle，2005）能够把其他方面的因素整合到了组构模型上去，以实地行为调查数据做测试，以形成较为准确的步行人流量预测模型。不过，这种复合因素的模型建构对分析人员技能的要求很高，并不是设计师能在短时间内所掌握的。

6.3 中观尺度

以下方法也能够用于宏观尺度的分析。然而，由于它们能提供更多的空间细节，主要和片区尺度的城市设计实践相对应。

6.3.1 街道界面的品质评估

街道界面的活跃度关系到步行环境的安全性和愉悦感，城市生活的活力，是重要的中观尺度物质要素。在盖尔事务所的调查工作中，对街道界面的调查集中在对"底层建筑立面"的考察上。与传统建筑学对街道断面高宽比和天际线的关注相区别，其选择记录的是底层界面的情况。盖尔事务所认为底层临街建筑立面状况与公共生活的关系最为密切，称之为"视线平面的城市品质"。好的临街界面可以使建筑内部的活动和街道上的活动相得益彰。有趣的界面为人们在城市中的漫游、流连提供了理由，而与之相反，毫无内容的实墙则抑制了人们外出的意愿（Gehl Architects，2004：58）。

通过考察盖尔事务所的多个咨询项目文本，笔者发现该事务所的街道界面调查方法在实践中得到了改进。1993 年该事务所对澳大利亚墨尔本市进行了街道界面调查，主要按照沿街建筑界面是否具有视觉通透性的标准将街道分为 3 个等级（表 6-3）。在 2004 年，该事务所对墨尔本市以相同的方式进行了街道界面调查，以便于将两次调查结果进行对比。所不同的是，其表达方式有所调整，分析单位由街坊转变成街道段，提高了分析精度（图 6-19）。对比研究发现，自 1993 年以来 A 等和 B 等的立面比例有显著增加。

<table>
<tr><td colspan="2" align="center">底层建筑界面调查标准</td><td align="right">表6-3</td></tr>
<tr><td>等级</td><td colspan="2">标　准</td></tr>
<tr><td>A等</td><td colspan="2">该等级的立面在街道层面提供了双向的视觉渗透性。发生在建筑之内的活动为街景增加了生气和多样性</td></tr>
<tr><td>B等</td><td colspan="2">该等级的立面提供了对建筑室内情况的部分视觉通透性，这种视觉通透性被陈列物、标志或者玻璃的大小和种类减弱了</td></tr>
<tr><td>C等</td><td colspan="2">该等级的立面与街道的交互关系很差，可视性极少或是没有。例如下面这些情况：采用了单向的视玻璃，开窗高度高于行人的视线，实墙面，或建筑底层闲置</td></tr>
</table>

（来源：Gehl Architects，2004）

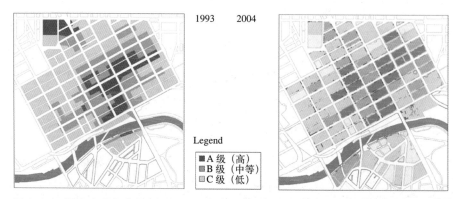

1993   2004

Legend
■ A 级（高）
■ B 级（中等）
□ C 级（低）

图 6-19　墨尔本市街道界面调查分析图（1993/2004）（来源：Gehl Architects，2004）

　　而在澳大利亚阿德莱德市和英国伦敦市的咨询项目中，盖尔事务所采用的街道界面调查方法有所不同。单项的视觉通透性标准被更为综合的评估标准所取代。界面等级的评估取决于多项特性：出入口数量、土地的利用状况、建筑细部品质（表6-4），这也可以看作为一种定序测量的量表。调查人员根据量表在现场判断，把街道界面分为五个等级进行记录。其中，狭窄的单元、更多的功能、良好的设计细部是该事务所认为有吸引力的界面；而少有出入口的大型单位，单调的功能，没有细部是排斥人的界面特性。

临街面调研的五个等级　　　　　　　　　　　　　　　　表 6-4

级别	名称	定义
A	有吸引力的	小型房屋地基(每100m 15～20个)，有很多入口；功能多样化；没有关闭的或是消极的单位；临街面有趣；有品质的材质和精制的细部
B	令人愉快的	较小型的房屋地基(每100m 10～14个)；功能较为多样化；只有少数关闭的或是消极的单位；临街面比较有趣；细部较好
C	一般	小型、大型的房屋地基相间(每100m 6～10个)；功能较为多样化；只有少数关闭的或是消极的单位；临街面设计无趣；细部乏味
D	沉闷的	较为大型的房屋地基(每100m 2～5个)；功能少有变化；有很多关闭的单位；临街面毫无吸引力；几乎没有细部
E	排斥人的	大型的房屋地基，少有入口；功能看不出变化；关闭的或是消极的立面；毫无变化的临街面；没有细部，没什么可看的

（来源：Gehl Architects，2004；伦敦文本，56）

　　在伦敦的案例中，被记录下来的信息以红黑两种颜色和两种不同线型表达在地图上（图6-20）。这种分析图能够清晰表达数据，使界面品质的状况一目了然。摄政街、牛津街、托特纳姆考特（Tottenham Court）路、查令十字街（Charing Cross）这四条商业街的界面情况还是不错的。面宽较长的商店和面宽较小的店面毗邻交错布置，为行人提供了更加丰富的体验。相比而言，尤斯顿（Euston）路的界面就比较沉闷，沿街的界面不具备透明性。新牛津街则被大型的沿街单位所占据，出入口很少，和街道的联系少。在此基础上，优化设计的具体目标也就呼之欲出。

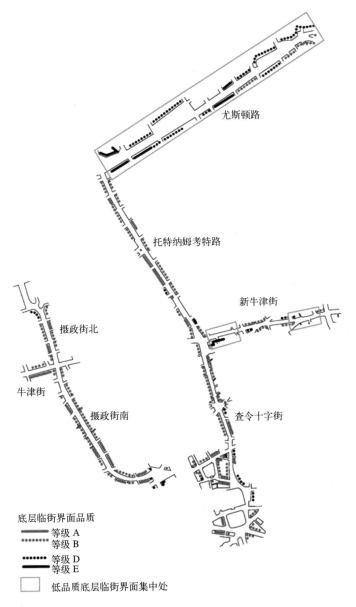

尤斯顿路

托特纳姆考特路

新牛津街

摄政街北

牛津街

摄政街南

查令十字街

底层临街界面品质

━━━ 等级 A
••••••• 等级 B

•••••• 等级 D
━━━ 等级 E

☐ 低品质底层临街界面集中处

图 6-20 伦敦底层临街界面调查（来源：Gehl Architects，2004：伦敦文本，57）
A、B、D、E 四种界面分别以红色实线、红色虚线、黑色实线、黑色虚线表示

在 Llewelyn-Davies 为英国政府编写的《城市设计纲要》文件中，也提供了一份测量临街界面活跃程度的量表（Llewelyn-Davies，2000）。这份标准与盖尔事务所采用的后一种分类标准非常相似，也是将界面分为 5 个等级，以多项特性指标加以定义（表 6-5）。

活跃临街面等级导则 表 6-5

A级	
每100m多于15个房屋地基 每100m多于25个门和窗口 功能变化范围大	没有实心或是消极临街面单位 建筑表面有很多雕刻和浮雕 材料品质很高和细部精致
B级	
每100m 10~15个房屋地基 每100m多于15个门和窗口 功能变化范围适中	少量实心或是消极临街面单位 建筑表面有一些雕刻和浮雕 材料品质好和细部精致
C级	
每100m 6~10个房屋地基 功能有一些变化 实心或消极临街面单位少于一半	建筑表面有很少的雕刻和浮雕 标准化材料，几乎没有细部
D级	
每100m 3~5个房屋地基 功能几乎没有变化 由实心或消极临街面所支配	建筑表面平板 标准化材料，几乎没有细部 几乎没有细部
E级	
每100m 1~2个房屋地基 功能没有变化 由实心或消极临街面所支配	建筑表面平板 没有细部，没什么可看的

（来源：Llewelyn-Davies，2000：89）

6.3.2 街道段的可步行性审计

与上面两种单项品质的分析方法相比，可步行性审计是一种对街道段的复合分析方法。在研究工作的基础上，各种"可步行性"的审计测量工具被开发出来，其中包括多项指标，以评估环境支持步行和其他活动的潜力。

美国波特兰市步行总体规划是最早使用可步行性审计的实践项目之一（City-of-Portland，1998）[1]。当地规划师为了较为客观地决定改造对象

---

[1] 1998 年的波特兰市步行总体规划致力于建立一个 20 年的改进框架，提升人行环境，增强步行这种交通方式被人们选用的机会。它由 5 个部分内容构成，包括人行交通政策、街道分类、人行设计导则、主导项目清单、资金策略，是学术界所公认的一个成功的步行规划。其中主导项目清单的任务就是决定改造对象以及其优先顺序。

以及其优先顺序，创造性地发明了用以辨别步行环境改造优先顺序的两种工具——潜力指标（potential index）和缺乏指标（deficiency index），对32000个街道段进行了定量化的评估。由这两类指标组成的矩阵分析将辨明同时具有高潜力和高缺乏度的街道段，它们就是调查工作所推荐的具有改造优先权的地点（图6-21）。规划学者克里泽克（Krizek，2001）认为，这种基于实证工作的判断具有很强的说服力，使这些步行项目改造立项在竞争城市投资和区域交通规划的资金时，具有更强的竞争力。不过，这两类量化指标的获得不光包括物质空间特性的调查，还包括一部分行为观察和文献调查的资料（表6-6、表6-7）。

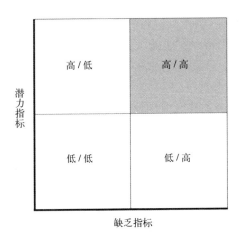

图6-21 优先权决策矩阵（来源：City of Portland，1998）

潜力指标的构成因素　　　　　　　　　表 6-6

			行为观察	文献调查	物质空间调查
1	政策因子	街道性质规定		●	
		规划对地区级别的规定		●	
2	临近性因子	到小学/初中/高中的距离			●
		到商业点、交通枢纽、公园的距离			●
3	定性的人行环境变量	土地使用的混合程度			●
		目的地			●
		联系			●
		人性尺度			●
		地形			●

			行为观察	文献调查	物质空间调查
1	步行道连续性	街道段左右两侧人行道的完整性			●
2	穿越街道的容易程度	交通速度	●		
		机动交通流量	●		
		车行道的宽度			●
		人车相撞的资料		●	
3	道路的连续性	街道段的长度			●

近年来的研究使这种综合审计工具变得越来越复杂。例如，美国学者戴（Day）等人（2006）发展的"Irvine-Minnesota inventory"审计工具一共包括162项指标，评估4个部分的特性：可达性（62项）、愉悦（56项）、对于交通干扰的安全感（31项），对于犯罪威胁的安全感（15项）。英国伦敦市则委托软件公司开发审计软件以形成一个对步行环境的整体性的回顾，综合考虑现存的街道环境、可达性、安全、老人和残疾人的使用情况等因素（Mayor-of-London and Transport-for-London 2004）。

然而，这种审计的工作量是巨大的。在我国的快速城市化发展中，考虑到专业人员比例不高的国情，实施类似审计的可能性较小。可以部分采纳对街道段进行逐一检验的方法，以"发现问题"为导向进行审查工作。例如，盖尔事务所在阿德莱德和伦敦的项目中，将现有人行步道系统中的"障碍"——一枚举在地图上，例如一些使用率很低的次要车行入口、放置不当的街道家具等（图6-22）。消除这些障碍能够促进步行道成为一个连续的系统，增进城市环境的可步行性和活力。

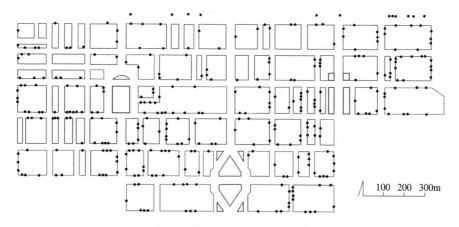

图6-22　阿德莱德步行道系统中330个不必要的中断（来源：Gehl Architects，2002）

6.3.3 过街设施评价：步行实验法

在城市设计中，通过安排过街设施以处理好人与车的冲突关系也是非常重要的。除了常规方法以外，盖尔事务所对过街设施采用了一种步行试验（test walks）的评价方法。套用人类学的概念，这种方法与其他客位立场的调查相区别，采用的是主位立场。它要求调查员采用普通步行速度行走在被选择的路段上，记录步行的时间，以及过马路时等候交通信号灯的时间（表6-8）。在阿德莱德市，盖尔事务所进行了5次步行试验，将试验的结果与1993年在澳大利亚帕斯市取得的试验数据相对比，对过街设施的品质得出了积极的评价。在帕斯市，过马路的时间要占据总体步行时间的30%～40%，而阿德莱德的情况则要好得多，在马路交叉口的等待时间基本不存在问题。步行试验法可以被视为一种结构化的主位立场调查方法，简便易行。我们是否能借鉴这种方法的原理，发展出其他可行的结构性主位体验法？这可以成为进一步研究的课题。

阿德莱德的步行试验（改编自：Gehl Architects，2002：33）　表 6-8

路途编号	行走的时间	等候与穿越的时间	等候与穿越时间/行走的时间
1	12分35秒	0	0
2	15分35秒	2分7秒	14%
3	15分45秒	1分47秒	11%
4	14分47秒	1分41秒	11%
5	15分35秒	2分7秒	14%

6.4 微观尺度

微观尺度调查关心的是小尺度的物质空间要素，与街区尺度以及单个项目的城市设计相对应。微观尺度对象的测量没有什么难度，很多调查尽管重要（例如植被情况、街道剖面、街道家具等），但并不需要特别的技巧，本节就没有提及这部分内容。这里要介绍的是广场平面的可见性模型分析与座位供应情况调查这两种方法。

6.4.1 广场的可见性模型分析

在传统建筑学中，对广场的视觉效果分析一般是这样进行的——设计师们考察广场的基面和边围，对空间品质的两个维度（围合性和方向性）

进行判断。广场的围合性通过空间的封闭及开放得到体现。关于方向性的研究将进一步在两个次一级的层面上展开：轴向性与向心性。围合感赋予空间宁静与安全感，向心性强化空间的中心点，轴向性使空间产生动感（蔡永洁，2006：99）。分析中也包含比较简单的定量分析，如对广场的平面视角分析、空间宽度与深度比例分析等，以核查广场的围合性是否符合审美要求（图6-23）。

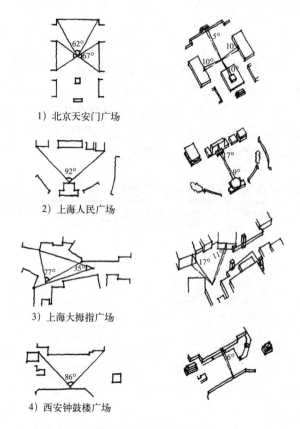

1）北京天安门广场

2）上海人民广场

3）上海大拇指广场

4）西安钟鼓楼广场

图6-23 多个广场的比较分析（来源：蔡永洁，2006：205/207）

对比这类传统的分析方法，当前计算机技术的发展使对空间特征的复杂定量分析成为可能。空间句法团体开发出来的VGA（Visibility Graph Analysis）计算机软件能够进行可见性的组构分析，是一种较为成熟的技术。它产生的定量化数据是以色彩渐变的形式在平面图上表达出来的，能够帮助设计师对平面进行更为细致的考察。VGA软件能提供多种空间特性的度量，如：视域（isovist）、连接度（connectivity）、各种尺度关系的整合度（visual integration 3，4，…n）等。研究人员的工作使这些度量与人们的感知和认知联系起来，帮助我们更好地理解各种空间特性与人类行为之间的关系。

我们前面已经介绍了轴线图模型和线段角度模型，由于在线性的街道空间中人们的移动方向要么是向前，要么是向后，这两种模型能与人们在真实运动中的认知取得联系，从而部分地解释步行行为模式。然而在块状的开放空间中，行为轨迹有无数种可能性，轴线图模型显然是不适用的。可见性模型分析（VGA 分析）就可以解决这个问题。这种组构分析技术的分析单元不再是直线段，而是研究者自己定义大小的小块正方形空间，用以对小尺度空间进行更为精细的组构分析。

我们首先要在 CAD 软件中加工被分析空间的平面图，在一个专门的图层以闭合线显示空间边界，把视平面以下的街道家具放在其他图层。然后将 CAD 平面图导入 VGA 软件中，通过"set grid"的计算机指令，分析人员自行设定基本分析单位（例如 1m×1m），电脑就会按照设定的大小将闭合线内的开放空间（以灰色表示）均匀分成小方格（图 6-24）。

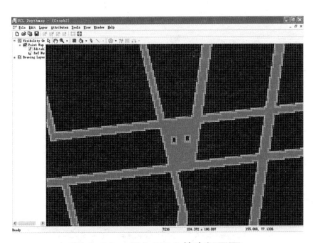

图 6-24　导入 VGA 的广场平面

在广场内部空间被分割成小方块之后，使用计算机指令就可以得到多种分析图。图 6-25 显示了其计算原理。图中以九宫格的形式排布了实墙和开口。以较大的尺寸将其内部空间被分割成小方块。每一个细分格子的中心是软件的运算点。以黑点为例（root node），软件会从它发出无数根直线寻找直接可视的计算点，这些点以红色着色，称之为第一步点（step one nodes）。而由第一步点构成的图形就是黑点的第一步视域。再从第一步得到的所有红色点出发，把直接可视的点依黄色表示，称之为第二步点（step two nodes）；接着从第二步得到的所有黄色点出发，把直接可视的点以绿色表示，称之为第三步点（step three nodes），依此类推。VGA 软件在指令下能自动计算内部空间中每一个点与周围计算点之间的联系情况，点与点之间的直接联系记为一个关联，以拓扑运算的法则整个图形中小方格之间的组构关系都可以用数值表示。这些数据能够显示空间中某一特定位置与周围环境的可见性关系。由于分析过程中使用的细分格子尺度很小，它们基本能够显示较为连续的空间属性变化。

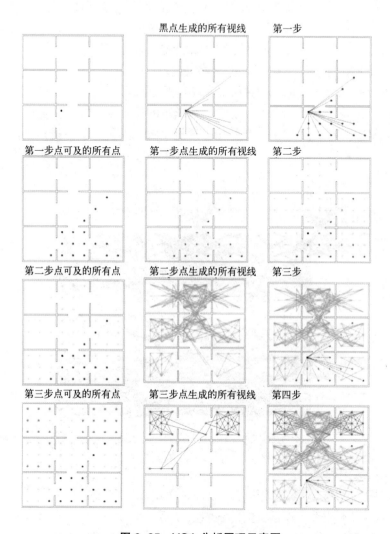

图6-25　VGA分析原理示意图

通过"make visiblity graph"、"step depth"的指令我们可以接着对图6-26所示的广场平面进行运算，可以得到的空间度量包括：从某个点出发的视域、连接度和整合度（图6-26）。其中，视域显示的是从某个点开始通过1步、2步、3步的视线转换可以看到的范围。连接度和整合度的定义与轴线分析相同。软件将以度量的数值给图形中每一个小格子上色。红色显示的是最高的数值，蓝色显示最低的数值。更具体的操作方法可以在空间句

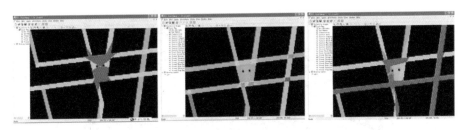

图 6-26　视域、连接度、整合度分析示意图

法研究团体的网页中下载[①]。

　　由这种分析技术得到的多种定量化空间特性，能够帮助设计师理解场地的固有特点。研究人员以实证案例测试各种空间特性与人类行为之间的关系，得到了很多有用的规律。例如，阿鲁达以一系列实证研究探讨了空间使用模式与多种空间特性之间的关系（Arruda，1999；Arruda，2000；Arruda and Golka，2005）。她以观察法（快照法）收集英国伦敦市多个广场的非正式静态活动数据（包括站立和坐憩活动），把它们与 VGA 分析得到的空间组构数据关联，进行相关性统计分析。她发展出一种"重叠视域"（overlapping point isovists）的度量，指的是从广场周边的多个道路进入点作单点视域分析，并将多重视域叠加在一起。研究显示重叠视域度量与人们选择的座位位置负相关，整合度度量与人们选择的座位位置正相关。也就是说，人们会避免在过分暴露的空间（即在从主要进入点能够直接看到的空间）停留，他们更喜欢选择具有良好视线同时能保留一定私密性的地点。非高峰期和非高峰期时间段的空间使用规律略有不同。库提尼（Valerio Cutini）在意大利的研究选取了 10 个城市的主要广场作为例证，考察广场中的活动是否和空间组构有关，并比较了轴线图模型和可见性模型的分析结果。他指出一些新建广场空间的低效率使用是由于它们没有处理好中观和微观尺度的空间组构关系，比如说广场远离了主要人流出现的方位（Cutini，2003）。

　　可见性模型分析方法在空间句法公司的咨询项目中得到了较多的运用。上文提到的伦敦特拉法尔加广场项目就使用了单点视域分析技术。这个简单的度量显示，广场南侧的道路交叉口是视线最为开阔的地方，向北可以欣赏广场全景，向南可以一直看到英国国会大厦（图 6-27）。在行为调查中也发现，游客常常在此处停留，并向北穿越机动车道，非常危险（见图 5-22）。于是在后面的设计中特别改进了过街设施，提供了一个稍大的路心安全岛，使游客的寻路行为更加容易。

---

① 　http://www．spacesyntax．org/software/depthmap.asp.

图 6-27 伦敦特拉法尔加广场视域分析（来源：段进、B. Hillier 等，2007：12）

在英国纽卡斯尔市斯蒂芬森区块（Stephenson Quarter）的咨询项目中，也采用了可见性模型分析技术[①]。该项目位于纽卡斯尔市中心区的南侧，泰恩河畔，占地 3.6hm²。它曾是蒸汽机的发明家斯蒂芬森进行火车动力试验的地方，业主将在保留场地内部几幢重要历史建筑的基础上，把它更新为一块商业综合区。基地现状和周围环境的联系比较差，北边是火车站，南边是河岸，同时还存在复杂的高差关系（图 6-28）。在这些局限条件下，空间句法公司的任务是测试空间布局的多种可能性，使这块场地能更好地与周边环境连接，为商业带来人气。咨询人员采用可见性模型的重叠视域度量，将人们进入这块场地 6 个入口的视域叠加在一起，在此基础上确定了场地内部布置中心开放空间的最优位置（图 6-29）。该项目还综合多个空间组构的度量，建立了步行流量的预测模型，以检验不同候选方案的效果（图 6-30）。这个模型的变量指标包括：由轴线图模型分析得到的轴线整合度，6 个入口出发的视觉连接度，视觉整合度等空间变量。

---

① 该项目业主 Silverlink Property Developments PLC 公司，项目负责人 Tim Stoner。笔者是该项目的主要咨询员，也是可见性模型和步行流量预测模型的建立者。

图 6-28　斯蒂芬森区块基地航拍图（来源：Google map）

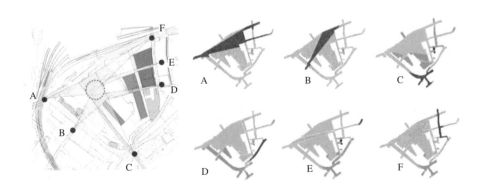

图 6-29　斯蒂芬森区块可见性模型分析（来源：空间句法公司内部项目文本）

图 6-30　斯蒂芬森区块步行流量预测模型（来源：Space Syntax Limited 网站）

6.4.2　座位供应情况调查

在第 4 章，我们已经充分理解了座椅对公共空间和公共生活的意义。然而非常多的城市公共空间使用后评价显示，使用者抱怨座椅数量不够，没有遮阴避雨的地方[①]。因此，座位供应情况调查首先是对数量和分布位置的调查。座椅大体而言可以分为正式和非正式两类。除了正式的长椅、长凳以外，建筑界面和环境设计中也可以通过挡土墙、栏杆、艺术品等提供辅助座位。一个极端的例子是威尼斯城，它里面所有的城市小品——街灯、旗杆、雕像以及建筑的外墙面——都设计来可以让人坐上一会儿的（扬·盖尔，2002：166）。人性化尺度的原则得到了最好的体现。不过，马库斯等人（2001：76）认为由于正式座位的舒适性要大大高于辅助座位，它的数量至少要和辅助座位相等。

在盖尔事务所的调查中，可坐的位置被分为两种类别统计：正式座椅、咖啡店拥有的室外活动座位。估计是考虑到测量的难度，辅助座位并没有包含在统计范围内，但可以由对发生在辅助座位上的坐憩行为的记录得到

---

① 例如，北京西单广场的问卷调查显示 90% 以上的游人反映广场座椅数量不能满足使用要求（梁玮男，2009）；武汉红楼广场的问卷调查显示，53% 的人认为遮阳避雨的设施不够，21% 的游人认为休息场所少（林玉莲、胡正凡，2006）；上海南京路步行街世纪广场空间的调查表明 50% 以上的使用者认为广场中设施不全，需要增加休息座椅和遮阳设施（乐音等，2001）。

170

体现[①]。该事务所认为，喝咖啡这一种简单的活动把几种吸引人的要素组合在一起：待在户外、观赏景色、观赏瞬息万变的街头生活。因此，尽管室外咖啡座不能代替公共座椅，但也很重要，能够加强户外活动的休闲特征。对比墨尔本1993年和2004年调查结果发现，户外咖啡店的数量增加了275%，户外咖啡座位的数量增加了177%。这个历史数据的比较工作有力地证明了该市公共空间品质的提高。不过，由于中国和西方文化存在很大差异，这种分类法需要被谨慎地引用。如果室外咖啡座的基本消费超过了当地普通消费者的水平，就会发生一种常见的问题：不多的几个公共座椅长期被人占用，与较低的咖啡座上座率形成鲜明对比（图6-31）。

图6-31　鲁迅公园侧入口的咖啡座
少有人光临的咖啡座与公园内部几乎满座的座椅情况形成鲜明对比

盖尔事务所的可坐位置调查不光用于广场，也用于街道。它认为，休憩是步行者活动模式的有机组成部分。良好的就座机会使人们能够选择先休息一会儿，继而走得更远，更好地享受城市熙熙攘攘的公共生活。因此，鼓励人们多步行，就需要沿着主要的步行通道布置良好品质的休息场所。"没有座椅的步行大道是令人厌倦的，对年长者、儿童等群体而言，这种旅程是劳累的。"（Gehl Architects，2004：52）在它的伦敦案例中，对所有调查区域（8条街道，5个广场和2个公园）的长椅数量进行了统计，一共找到1084张长椅（图6-32）。尽管单独看这个总数是毫无意义的，但把

---

① 如果发现某个地点出现了大量在辅助座位上就座的使用者，这很有可能是由正式座位数量不够或品质不佳所引起的。

长椅数量与街道长度或者广场面积联系起来，就可以转换为长椅密度的指标。调用盖尔事务所数据库中其他城市的情况，进行对比就能发现问题。分析的结果显示，伦敦街道上所拥有的长椅比例是非常低的。其每百米的长椅数量与哥本哈根主要商业街的数据作比较相差很远。其中，摄政街（Regent Street）的情况最为严重，在一条普通夏日拥有 6 万人次步行人流的街道上，竟然找不到一张可以就座的长椅（2004：52）（表 6-9）。

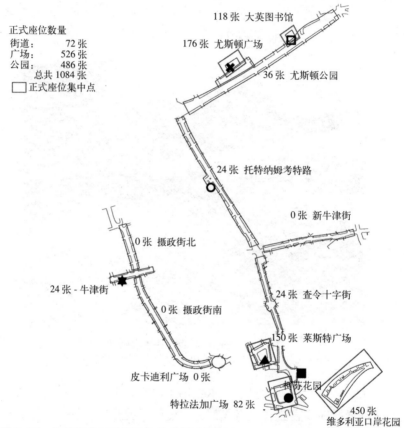

图 6-32　伦敦公共长椅数量与分布统计（来源：Gehl Architects，2004：52）

可坐位置的密度对比（改编自Gehl Architects，2004：52）　表 6-9

街道	街道长度(m)	每百米的座位数量
哥本哈根的主要商业街（Stroget）		9
摄政街(Regent Street)	850	0
托特纳姆考特（Tottenham Court Road）	1070	2.25
查令十字路（Charing Cross Road）	900	2.75
新牛津街（New Oxford Street）	700	0
尤斯顿路（Euston Road）	1250	3

除了数量统计以外，有条件的话还可以对正式座椅进行品质评价。马库斯和弗朗西斯（2001：76）给出的设计评价表中包括15点有关座位设计的考评。按照需求层次模型，可以把它们分成3类标准。首先是生理需求：座位本身的舒适度如何？座位布置是否允许人们在阳光和背阴之间进行选择？其次是安全需求：是否通过辅助座位的设置增加整体座位容量，以免在人数较少时使用者置于座位的海洋之中而感到恐慌？最后是社交需求：座位的布置是否能为闲坐者创造看到过往人群的穿行，观看水景、远景、表演者、树丛的机会？是否既考虑到成群人的使用（宽大的无背长椅、成直角摆放的座位或者活动座椅），也考虑到陌生人之间不希望有视线接触（线性、环形的座位）的可能？

盖尔事务所在伦敦案例之中发展了一种座位品质评价的5级量表。评价因素由5项内容组成：小气候、视线、噪声和污染、舒适性、安放位置适宜性。每一项被赋予1～5分的分值，其总和的分数说明了现存座椅的状况。把该量表与马库斯的评价问题相比较，可以发现这个评价量表考评的因素还是比较全面的。

第7章 上海虹口地区的实地调查

为获取对各种调查方法的直观体会，笔者选取上海市虹口区的一部分作为案例，对多种行为、认知、实体环境要素的调查方法进行了亲身的试验，并在调查结论的基础上提出了该片基地步行系统和开放空间的设计改造建议。本案例的资料收集工作主要分两个阶段完成。第一次调查在 2007 年 6 月，以空间句法的行为调查方法为蓝本，笔者在同济大学建筑系学生的帮助下对该区域进行了行人计数法和活动注记法的调查。27 个学生分为 2 组，其中 9 人负责行人的流量计数，另 18 人负责静态活动的记录。行人计数法一共记录到 36429 人次的动态活动，取得了令人满意的操作效果；活动注记法的方案设计则不太成熟，记录下来的静态活动图纸精度不一，难以整理。第二次调查的时间在 2009 年 7 月，由笔者本人进行，主要进行了四块内容的工作：(1) 以非结构观察法对主要开放空间的调查；(2) 对区域北部的"抄近路行为"进行了追踪；(3) 对基地内开放空间的使用情况进行了深度访谈；(4) 对基地的各种实体环境要素进行调查。资料的分析解读工作以及设计改造建议的提出是伴随着本文写作的整个过程而进行的。笔者从理论书籍中汲取的养分与一手调查获取的经验相互对照，为理性思辨提供了较好的基础；各种提高调查方法"适用性"的设想在实践中得到了检验。

该片区南北长约 2km，东西宽约 1.5km，以河流、轻轨和主干道作为自然边界来确定分析区域的范围，东至曲阳路和四平路，西至东江湾路和宝山路的轻轨线，北靠大连西路，南到海伦西路旁的河流，具体范围如图 7-1、图 7-2 所示。这一块区域的城市肌理非常丰富，南部以 20 世纪 30～40 年代形成的里弄式住宅为主，北部以 50～80 年代建成的工人新村为主，其中夹杂着 90 年代以后发展起来的新式封闭住宅小区。基地内多伦路、山阴路、溧阳路和鲁迅公园一带在城市风貌、历史建筑和历史人文等方面具有较高的价值，是上海市的一处重要历史文化街区。四川北路是上海市市级商业街。基地内的主要开放空间包括：鲁迅公园、海伦西路旁沿河小游园（共 3 处）、多伦路步行街。另外还有 2 处步行化的小街段：长春路北段、山阴路 274 弄。

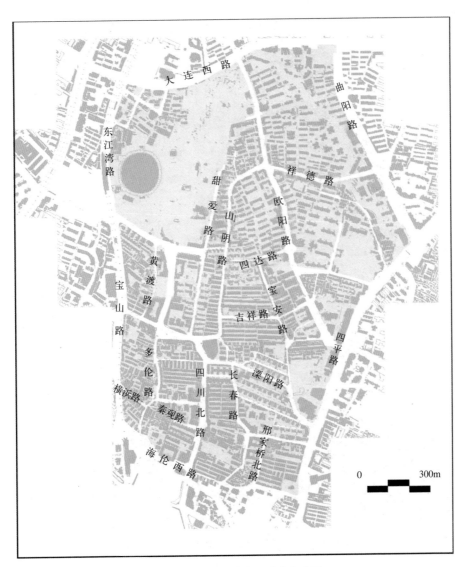

图 7-1　调查区域地图及路名索引

175

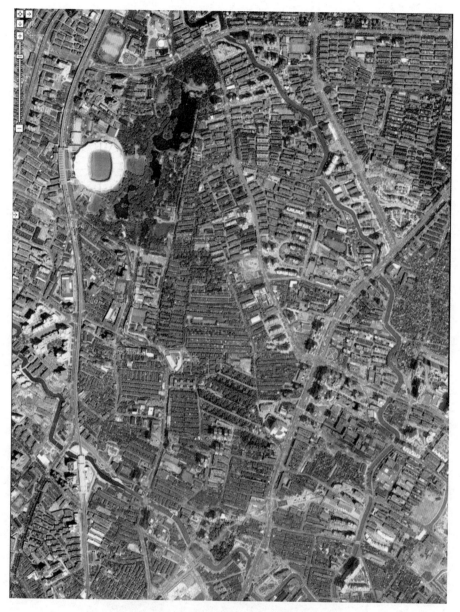

图 7-2 调查区域航拍图（来源：Google map）

7.1 行为与认知调查

7.1.1 动态活动

对动态行为的调查采用的是行人计数法。在取得场地的现状地形图后①，笔者对场地进行了初步的考察。将整个片区根据单个调查人员有能力负责的范围，划分为 A 到 I 共计 9 个次级分区。在分区内推敲各个步行人流观察点的位置，使其能覆盖大部分具有代表性的地点，并使调查人员的时间得到最经济的利用，也就是说能使调查员在途中花费的时间较短（图7-3）。由于一些主干道车行道非常宽，调查员不可能同时看到两侧人行道通过的行人，因此在这些路段安排了 2 个观察点。例如分区 A 中，大连西路和曲阳路段就设置了 4 个观察点。在后面的成果分析时，它们收集到的数据将合并为一个点统计。

图 7-3　观察点编号索引

① 在此要感谢上海市虹口区城市规划管理局为本次调查提供了地形图资料。

在正式调查前，笔者主持了一场讲座，对调查人员进行培训，以图文并茂的PPT明确了调查的目的、内容和方法，并进行现场答疑。在2007年6月14日下午，进行预调查，使调查人员有时间熟悉基地。他们要完成表7-1，并对行人计数法进行现场操作，测试在1小时内记录9个观察点5分钟的行人流量是否可行。笔者按照其反馈的意见对部分观察点设置进行了调整，使调查的节奏适中，调查员能够顺利地完成调查任务。

情况描述表格示意（A区）　　　　　　　　　　　表7-1

观察点	代号	路名	人行道(m)	自行车道(m)	机动车道(m)	土地使用	界面
A1	1	欧四小区敬老院前通道	4	0	0	居住	实墙
A2	2	裕群公寓入口通道	6	0	0	居住	实墙
A3	3	欧阳路	3	3	2	商业	店面房
A4	4a	大连西路(北侧)	3	4	4	居住、办公	实墙
A5	4b	大连西路(南侧)	3	4	4	居住、办公	实墙
A6	5a	曲阳路(西侧)	5	4	4	居住、公建	通透围墙
A7	5b	曲阳路(东侧)	5	4	4	居住、公建	通透围墙
A8	6	兴业公寓南边通道	5	0	0	居住、公建	通透围墙

考虑到限制条件，正式的行为观察工作只进行了一天[①]。2007年6月16日是星期六，天气情况多云转晴，温度20～27℃，北风3～4级转东北风3～4级。9个观察员每人负责8～9个观察点，从早上8：00到下午5：00，一共记录了79个观察点的动态行为，总计36429人次。整个白天对行人流量的取样共计8次，每次记录5分钟内路过行人的信息。取样时间段分别是：上午8：00～9：00，9：00～10：00，10：00～11：00；中午11：30～12：30，12：30～13：30；下午14：00～15：00，15：00～16：00，16：00～17：00。中间留出了半小时的午饭时间。

调查员使用的"流量计数表"包括了以下3部分内容。表格的抬头是记录者的姓名、记录时间和观察区域。表格的主要内容是根据年龄属性（青少年/成人/老人）以画"正"字的方式记录通行人数。为了了解残疾人的出行情况，特别又列出一列单独计数。不计算8岁以下年幼儿童人数的

---

① 学生平时要上课，只有周末有全天的时间作调查。如果是实践中的调查工作，为了避免数据的偶然性因素，最好在周末和工作日各选择1天作调查。

做法是遵照空间句法的做法（Grajewski and Vaughan，2001）：在现实生活中，家长一般不会让年幼儿童独立出行，因此记录的行人人数要排除 8 岁以下的儿童。另外，笔者还要求调查人员简略记录他们所理解的行人的社会属性。主要是本地居民、工作者、游客，抑或是混合人群。路过车辆的情况也以分类的方法作记录，分为 4 种程度：没有车辆、少量（间距大于 20m）、一般（间距在 10 米左右）、很多（间距在 5m 以内）。每一轮观察，调查人员将把 8 ～ 9 处观察点的情况填写在一张表中，每人各需要 8 张表格（图 7-4）。

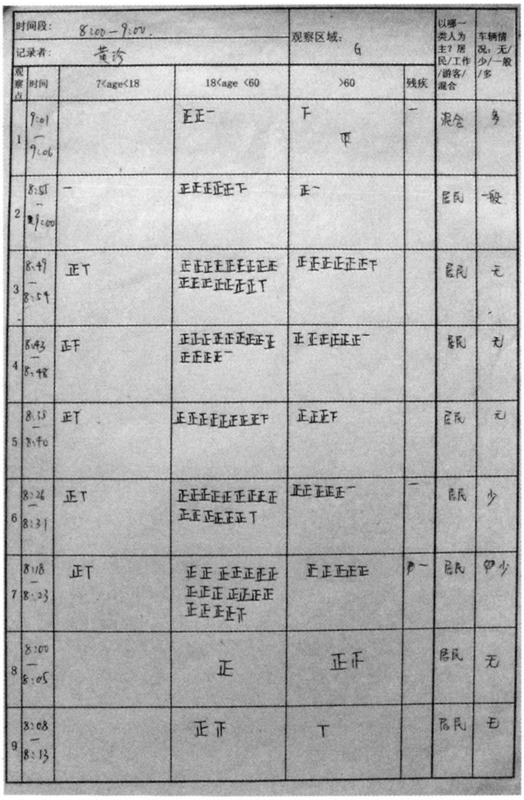

时间段：8:00－9:00.				观察区域：G		以哪一类人为主？居民/工作/游客/混合	车辆情况：无/少/一般/多
记录者：黄玲							
观察点	时间	7<age<18	18<age <60	>60	残疾		
1	9:01－9:06		正正一	下	一	混合	多
2	8:55－9:00	一	正正正正正下	正一		居民	一般
3	8:49－8:54	正T	正正正正正正正正正 正正正正正正正T	正正正正正正下		居民	无
4	8:43－8:48	正下	正正正正正正正正正 正正正正一	正正正正正正一		居民	无
5	8:35－8:40	正T	正正正正正正正正下	正正正下		居民	无
6	8:26－8:31	正T	正正正正正正正正正 正正正正正正T	正正正正正一	一	居民	少
7	8:18－8:23	正T	正正 正正正正正 正正正 正正正正 正正正正下	正正正正正	一	居民	少
8	8:00－8:05		正	正下		居民	无
9	8:08－8:13		正下	T		居民	无

图 7-4 流量计数表

9 个观察者一共记录了 79 个观察点的情况，扣除人行道双边的记录，一共得到 68 个路段的行人流量。观察到的行人总数达 36429 人次。将记录下来的流量换算成每小时人数的指标，以 MapInfo 软件的“thematic map”指令把行人流量以颜色渐变的形式显示出来，得到步行者分布情况（图 7-5）。对这张图的视觉检验可以发现，四川北路是片区内最主要的行人通道，4 个该街道上的观察点都以红色显示，表明其流量在每小时 2000 人以

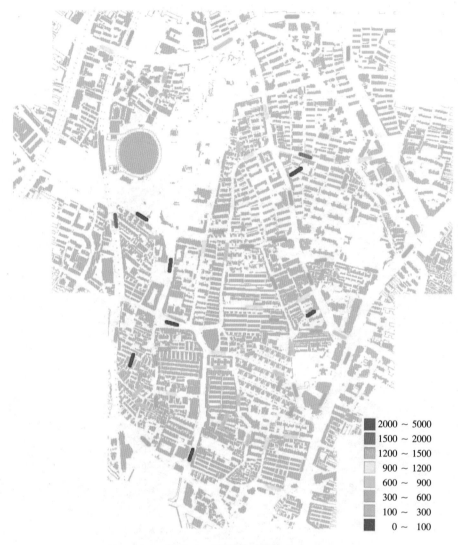

■	2000 ~ 5000
■	1500 ~ 2000
▨	1200 ~ 1500
▨	900 ~ 1200
▨	600 ~ 900
▨	300 ~ 600
▨	100 ~ 300
■	0 ~ 100

图 7-5　步行者分布情况

上。次一级的步行者流量发生在祥德路、宝山路、多伦路以及山阴路与甜爱路之间的一条不知名的小路上，其流量都在每小时 1200 人以上。我们把该小路称为"山阴路 274 弄"，将在下面的静态活动调查部分详细审查。

统计分析发现，行人数量按时间维度的分布成一个下凹的弧形（图 7-6）。早晚出行的步行人流比中午略多一些。这可能是源于气候的影响，周末的出行时间比较自由，早晚出门活动会凉爽一些。再查看不同时间段年龄类型的分布结果，可以发现各个时间段不同年龄群体的混合比例是类似的，早晨出来的老人稍多一些（图 7-7）。

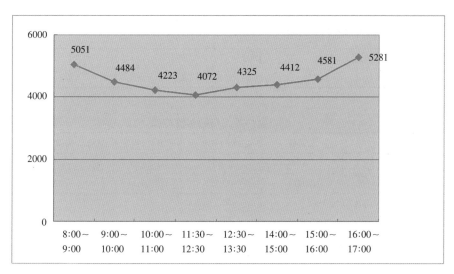

图 7-6　步行人数按时间维度的分布

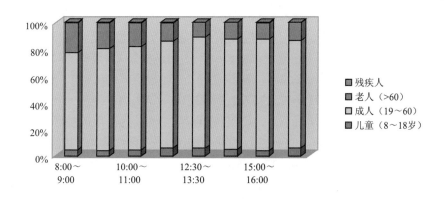

图 7-7　各个时间段不同年龄群体的混合比例分析

　　步行者年龄的构成情况如下：8 ～ 17 岁的青少年为 4.9%，18 ～ 59 岁的成年人为 79.3%，60 岁及以上的老人为 15.6%（表 7-2）。单独看这个数据没有什么意义，但把它与上海统计年鉴的资料相比较（表 7-3），就能发现一些问题。由于动态活动调查的观察对象不包括 8 岁以下的年幼儿童，把残疾人单独出来计数，两组数据的统计口径不一，其比较有一定难度。但两组记录中的成年人与老人之间的比例是具有可比性的。在虹口区的户籍人口中，成年人口是老年人口的 3 倍。而在调查区域的行人取样中，成年行人是老年行人的 5 倍。这个数据的比较说明，就调查区域出行的人口构成而言，老年人要远远少于成年人。导致这种现象的原因有很多，包括有一部分老年人丧失了出行能力，也有可能是因为现有步行出行的设施（包

<table>
<tr><td colspan="6" align="center">步行者年龄构成分析</td><td align="right">表7-2</td></tr>
</table>

	总人数	8~17岁	18~59岁	60岁以上	残疾人
行人(人)	36429	1802	28884	5675	68
行人百分比（%）	100	4.9	79.3	15.6	0.2

<table>
<tr><td colspan="5" align="center">虹口区户籍人口的年龄构成</td><td align="right">表7-3</td></tr>
</table>

	总人数	0~17岁	18~59岁	60岁以上
户籍人口(万人)	78.96	7.66	53.83	17.47
百分比（%）	100	9.7	68.2	22.1

（来源：上海统计局，2008）

括人行道、斑马线）不利于老年人的使用，阻碍了他们的出行意愿。

　　笔者把成年人与老人的人数比例作为指标，对每个观察点的数据进行了审查，寻找人口构成远离平均值的路段（图7-8）。分析发现，东江湾路两侧的观察点 H1、H2（1122∶89=13）是该项指标最高的路段。现场再考察发现，东江湾路正在修路，步行条件很差。因此，尽管它们是去地铁站的必经之路，但老人、小孩和残疾人会尽量避免路过那里。该项指标较低的路段是祥德路 B2 观察点（gate 8），南山阴路支路 C9 观察点（gate 22），吉祥路 D3 观察点（gate 25），四川北路 F9 观察点（gate 47），多伦路 G7 观察点（gate 54）。现场再考察发现，B2、D3、F9、G7 观察点所在街道段的生活性气息很浓（图7-9），C9 观察点是当地人会使用的捷径。就公平和社会交往原则而言，这些路段的使用情况要好于区域内的其他路段，能促进社会的融合。这些数据为今后的优化设计提供了依据。

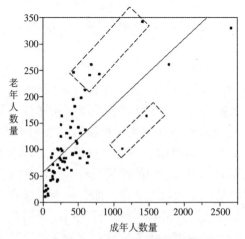

图7-8　人口构成异常的路段
（横轴代表成年人数量；纵轴代表老人数量）

图 7-9　生活性街道祥德路实景

　　参考盖尔事务所的做法，笔者又对四川北路和多伦路进行了重点分析。四川北路由于历史原因，该街道并不是笔直的，而是由几条成角度的街段构成。本调查在上面一共设置了 4 个观察点，共计观察到行人 8415 个（图 7-10）。四川北路日间高峰通行量每分钟 107 人，低谷通行量每分钟人 31 人，平均 50 人。把两侧人行道宽度之和记为 10m，高峰时刻每分钟每米有 11 人通过。平均每分钟每米有 5 人通过。该步行密度是比较恰当的，小于每米宽度每分钟通过 13 人的拥挤现象下限值。对比调查得到的总体行人观察数据，发现四川北路的步行者构成比例并不合理，其中老人和残疾人的比例很小。这说明该路段应该加强无障碍设计，以体现城市设计的公平与公正原则。

　　多伦路是调查区域内一条重要的步行街，长 472m，宽 11 m 左右。该街道

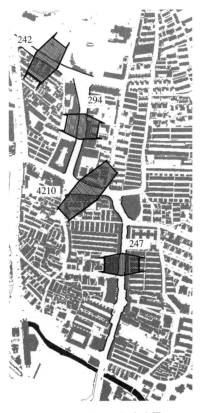

图 7-10　四川北路流量

主要由两段构成，北侧的一段长 280 m，南侧的一段长 190 m。本调查在上面设置了 2 个观察点，一共观察到 437 个行人（图 7-11）。多伦路日间高峰通行量每分钟 28 人，低谷通行量每分钟人 9 人，平均 20 人。换算为每米的数据，平均每分钟人每米通过 1.8 个人通过。多伦路的实际通行量远低于其通行能力，说明这条街道的使用还有不少潜力可挖。对比调查得到的总体行人观察数据，多伦路上的步行者构成中，老人、小孩、残疾人的比例相对较大。说明这条步行街的使用情况较好，能满足多种人群的使用。

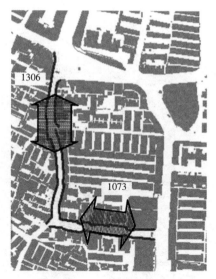

图 7-11　多伦路流量

7.1.2　静态活动

2007 年的静态活动调查要求将调查区域所有公共街道上的站立和坐憩活动都记录下来，一共出动了 18 个调查人员。在预调查阶段，调查员走过一遍自己负责的场地，把固定座椅用铅笔标在图上，复印修改过的地图（用铅笔标好固定座椅）供正式调查时使用（图 7-12）。

由于工作量较大，每位调查员在整个白天取样 3 次：上午 8：00 ～ 11：00，中午 11：00 ～ 14：00，下午 14：00 ～ 17：00。估计大约 2 小时能完成一轮的记录工作。活动注记法将记录站立和坐憩的人，等红灯和等公交车这样的必要性活动不作记录。但要记录流动小摊贩的摊位和活动情况。静态活动记录以符号区分活动类型：站着的人用符号"×"，坐着的人用符

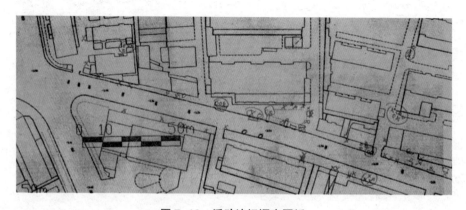

图 7-12　活动注记调查图纸

号"○";以颜色区分人物的社会属性：普通使用者用红色；流动小摊贩的摊位用蓝色矩形表示；小摊贩本人用蓝色符号。如果存在 3 人以上的交流活动则记为社会性活动，用圆圈表示。并要求调查人员简单注明"是谁？在干什么？"

实践证明，该项调查的方案设计不够成熟。调查人员的记录精度不一，数据整理的难度非常大。笔者经过反思，认为该项调查失败的主要原因在于 3 点。首先，调查范围太广，工作量没有合理细分，这样部分调查人员在漫长的纪录过程中会出现懈怠情况，导致结果随意性很大。其次，取得的地形图精度不够，不能反映最新的街道家具细节。虽然在预调查中，对地形图有过修改的阶段，但其精度还是达不到要求。最后，要求记录的细节过多，要同时关注符号和颜色。这种要求对调查人员的脑力要求过高，建议简化记录符号。

笔者将 1 位观察员记录的多伦路早、中、晚 3 个时间段的静态活动整理了出来，一共记录到 166 个活动者，每 100m 平均观察到 35 个静态行为。如果把静态活动图作为人群分布情况的叠加，可以发现多伦路北段和南段的使用频率截然不同。它的南段极少有人停留，仅有一些蓝色小点显示固定售货亭内有工作人员就座（图 7-13）。而参照步行调查的结果可以发现，南段的步行流量小于北段，但区别并没有静态活动那么明显。现场的再考察发现，南段的界面情况和座椅设置情况并不理想（图 7-14），这两者应该是少有行人在此停留的主要原因。

图 7-13　多伦路静态活动图

＋站立的一般活动者　＋站立的小摊贩
○坐着的一般活动者　○坐着的小摊贩
□流动小摊贩的摊位

185

(a) 北段　　　　　　　　　　　　　(b) 南段

图7-14　多伦路实景

　　在2009年7月，笔者又对基地进行了补充调查。这次主要对长春路北段、山阴路274弄这两处步行小街段进行了行为活动的对比研究，对海伦西路旁的小游园、鲁迅公园进行了非结构性观察。在2007年的调查中，长春路北段（观察点F2）和山阴路274弄（观察点C9）这两段步行化小街段的使用情况构成了鲜明的对比。在2009年，笔者对两处进行了复查，分别在早、中、晚，三个时间段取样，发现它们的活动模式没有太大变化。长春路北段尽管拥有气派的步行入口，但实地考察发现，该处的空间使用效率很低，大部分时间只有少量的行人和自行车辆路过（图7-15a）。唯一发现的静态活动是晚上有三五个中老年妇女在此锻炼身体。这种"使用率低下"的问题与该街道段的物质构成情况是分不开的。尽管该处拥有好的历史建筑和好的地面铺装，并排除了车辆的干扰；但是这里没有可以吸引人的活动，也没有设置座椅。山阴路274弄的步行入口限定十分简陋（图7-15b)，铺地也是简单的柏油路。然而它内部拥有丰富的活动，早上有卖早点的，其他时段有一些小摊贩，还有一些居民搬来椅子坐着聊天，因此它在整天的任何一个时段都拥有丰富的静态活动。

(a) 长春路北段步行街　　　　　　　　(b) 山阴路274弄

图7-15　步行化小街段使用情况对比

这两条街道的使用情况对比为第 4 章提出的需求金字塔层次关系提供了极好的例证。两条街道由于步行化都实现了对金字塔低端安全需求的满足。由于长春路北段没有提供任何活动的触媒（小店或是座椅），它就没能满足位于中端的社交需求。因此，尽管它对金字塔顶端审美需求的满足要比山阴路 274 弄好得多，但是它吸引的自发性活动要远远少于后者。

7.1.3　抄近路行为

在 7.2 节的空间分析中，我们会发现区域北部的街坊尺寸要比南部街坊大得多。另一方面，这些街坊中的住宅用地基本都是采用封闭式管理模式。这两种因素结合起来就造成了一种在居民日常生活中十分突出的异用行为：抄近路现象（图 7-16）。

图 7-16　抄近路行为示意：翻越围栏
注意图片左侧有一个"禁止跨越"的标志，这再次说明异用行为是很
难通过道德宣传和管理在短时间得以改善的

以基地东北侧街坊 A 为例，该街坊主要由居住性地块构成，被南北向的河流划分为两部分（图 7-17）。由于规划中连接东西两侧的公共桥梁一直没有建成，该街坊中间的东西向次干道就一直没有成为现实。而另一方面，该街坊东南侧的欧阳花苑内部存在一座连接东西两侧的桥梁。如果使用这座小区内部的捷径，周围居民的出行要方便得多。因此，很多居民为了减少出行距离，经常会穿越这个封闭式住区，这就引发了很多矛盾。在访谈中，笔者了解到，该小区内部业主与周围的居民之间发生过激烈的冲突事件。周围居民频繁地使用该小区内部道路作为到菜场和一个公交站点的捷径，于是内部的部分业主和保安考虑到安全问题将侧门用锁锁住。最

后抄近路的人采取了爬围墙甚至是砸锁取道的过激行为。目前作为妥协的结果，该小区侧门安装了只能由行人通过的旋转铁门（图7-18）。值得指出的是，这种只能供行人通过的旋转铁门可以看作上海人处事智慧的体现，在各种类型的小区都有普遍的运用。这种灵活的处理手段，既能方便小区内部人员的出行，又可以部分地屏蔽外人进入所带来拥挤和吵闹，是封闭式小区管理这种大环境气氛下的权宜之计。

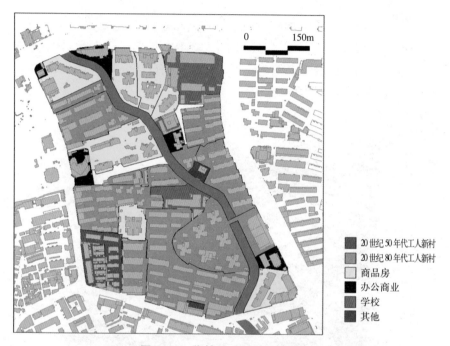

0   150m

■ 20世纪50年代工人新村
■ 20世纪80年代工人新村
□ 商品房
■ 办公商业
■ 学校
■ 其他

图 7-17   街坊 A 土地使用情况

图 7-18   小区侧门旋转铁门

笔者采用动线观察法和访谈法整理了基地中使用最为频繁的5处捷径，分别是：鲁迅公园北侧门、鲁迅公园东侧门、欧阳花苑西侧门、虹仪小区祥德路出口、振大公寓祥德路出口（图7-19）。路程分析发现，这5处场地不抄近路要走的平均路程是抄近路路程的4.5倍。

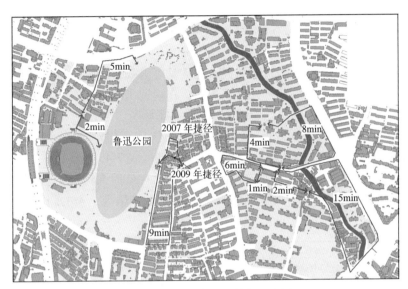

图7-19　基地内5处捷径示意图

粗线表示捷径，细线表示不使用捷径需要行走的路程

另外，根据2007年和2009年的观察，鲁迅公园东侧门捷径还有所改动。2007年，鲁迅公园的使用者由祥德路取道甜爱公寓的内部道路进入公园，甜爱公寓为了制止这种抄近路行为专门设了一个门岗。而在2009年，捷径向南移，借用了里弄住宅的支路。而该支路两侧的住户也得到了好处——它变成了一个热闹非凡的早市菜场(图7-20)。这种改动体现了城市自组织的能力。

(a) 2007年

(b) 2009年

图7-20　鲁迅公园东侧门捷径更替

7.1.4　认知调查

笔者采用有结构访谈调查法，对开放空间的使用者进行了调查。调查的地点是鲁迅公园、多伦路以及海伦西路小游园这3处主要的开放空间，被访人数共30个。由于采用了配额抽样法，男女比例控制为1∶1，青年人、成年人和老年人的比例为6∶12∶12。在访谈中笔者发现，使用者的社会属性分布极为广泛，使用者的收入情况分布较广，具有较好的融合度。开放空间的使用者主体是附近的居民，尤其是老人和带幼龄儿童的妇女。开放空间还为弱势群体（如外来务工人员、在附近工地上班的建筑工人、来上海探亲的内地中学生等）提供了休息和娱乐场所。

访谈基本按照提纲进行，收集3方面的信息：开放空间使用情况、认知（满意度和需求），以及被访者的社会属性（表7-4）。为了避免被访者的抵触情绪，特别把关于具有私密性的问题放在最后询问，经过一段时间较为融洽的谈话，这时被访者会比较愿意回答收入情况之类的问题。

访 谈 提 纲　　　　　　　　　　　　　　　　　表 7-4

开头	你好，我是同济大学的学生，在进行虹口区城市环境的研究，想对你做一个简单的调查。可以吗？
使用情况	请问您住在这个小区吗？或者是在附近工作？(游玩、其他……)从家到这里的距离大概多远？ 请问您平时多久来一次这个公园？(每天、每周、每个月、很少) 您平时去的比较多的户外场地是哪里？多久去一次？距离大概多远？ 您到这儿来的主要目的是什么？(健身？玩？顺路？其他？) 您出来走走时会碰到熟人吗？或者是特地约好见面吗？
认知	您觉得这附近的城市环境怎样？(活动场地够不够？质量好不好？是否安全？满意程度如何？) 这个地方你最喜欢的特点是什么？最不满意是什么？有什么好的改进意见？
被访者社会属性	最后我还想了解一下您的个人资料：性别、年龄、工作类型、收入情况、家庭住房面积。谢谢!

开放空间使用情况调查发现，鲁迅公园的使用者覆盖范围最广。有一部分使用者在路上花费的时间要大于1个小时。而多伦路以及海伦西路小游园的使用者主要是附近的居民。另外，使用频率与到达场地的距离成反比关系，每天都光顾开放空间的使用者，一般距离场地的路程在20分钟以内。而距离场地的路程在半小时以上的使用者一般光顾的频率在每个月1次或者更少。另外，对很多老年人而言，公共空间成为生活的一种必需。公园是他们家以外的第二场所，有很多人每天都去甚至一天去两次。部分

老人反映，他们家附近没有合适的活动场地，所以会乘坐公交车到鲁迅公园活动。

活动者到开放空间的目的包括：散步、健身、看风景、休息等。其中，有部分游客在四川北路的商业街购物，到鲁迅公园稍作休息。开放空间对社会交往有明显的促进作用。首先，很多定期的活动在开放空间发生，如鲁迅公园里有合唱团、武术协会、羽毛球运动等组织，其他开放空间有打牌、下棋、买菜等周期性的活动(图7-21)。其次，一些开放空间的常客常常会遇到熟人，这种偶遇给他们带来很多惊喜。很多人由于经常见面会逐渐成为朋友。

图7-21　多伦路、海伦西路小游园、鲁迅公园的丰富活动

通过对满意度的提问发现，满意度和个人经历的联系过于紧密，因此并不能得到比较客观的答案。例如，多伦路一位90岁老人认为她最满意的是卫生情况。她解释到，与她年轻的时候相比，市政卫生要比以前(四五十年前) 好得多了。而一位外来务工人员表示对海伦西路小游园的质量非常满意，对开放空间的数量分布情况也非常满意，而他作出这样评价的参照系是他的家乡。无疑，上海的公共空间品质对比内地的乡村要好得多。另外发现的一种规律是，偶尔光顾的使用者与常客相比，前者的满意度普遍要高一些。这可能是由于常客对场所的期望值更高所导致的。关于安全感，使用者的评价都比较高。不过在夜晚，鲁迅公园是不开放的。海伦西路小游园里没有灯光照明，对使用者造成了困扰。

本项访谈的重点在于三个具有启发性的问题：这个地方你最喜欢的特点是什么？最不满意是什么？有什么好的改进意见？笔者试图通过这些问题，获取对设计最为相关的信息。偶尔光顾的使用者对这些问题的回答往往比较勉强，而不少开放空间的常客则会给出颇有见地的意见。最为集中的意见是对座椅的抱怨 (图7-22)。多伦路可以坐的椅子太少。在其南北两端路的转角以前有3张椅子，现在只剩1张了，一直没有人来替换。这个问题被很多居民所抱怨。海伦西路小游园尽管有很多座凳，但是没有靠背，十分不舒适。大部分使用者对鲁迅公园的座椅数量没有疑问，但有使用者指出，上一次树木修剪的工作做得极不成功。一些枝丫被剪掉后，很多椅子暴露在太阳下面，有椅子的地方没有树荫，有树荫的地方没椅子。遮阴避雨的需求也常常被提到。海伦西路小游园由于历史不长，树冠小，遮阴情况不好，新式的膜结构亭子也遮挡不了夏季强烈的阳光。鲁迅公园躲雨的地方过少，一位合唱团的成员指出一旦下雨，不光人没地方躲，昂贵的器材也没地方放。噪声的问题也属于前三位的问题。很多使用者指出海伦西路小游园过境交通的声音太吵闹，鲁迅公园过分喧哗。一位老年男性指出，鲁迅公园早上跳舞的高音喇叭太吵，本来规定 9：30 就应该结束的，但实际上常常会跳到 10：30。管理人员为了搞创收，不遵守自己定下的规则。还有一些使用者会特地避开喧哗的地点，寻找安静的角落。其他还被提及的问题包括，卫生情况不好，空气不太好等等。

图 7-22　多伦路、海伦西路小游园、鲁迅公园的座椅情况

最后，本次访谈工作还使笔者对"公众咨询疲劳"（consultation fatigue）现象有了亲身的体会。在访谈中，有一部分使用者对访谈有抵触的情绪，以一位年长上海市民为例，在深入的交流之后笔者发现他对环境改造有非常中肯的意见，然而在一开始，他却这样表示："你是学生，现在过来问我的意见，我就聊聊天和你说说。但是，政府要管的事太多了，反映情况也是白反映，没用的。"在伦敦开放空间战略中谈到，公众咨询要注意让人们知道如何去了解咨询的结果，以避免产生公众咨询疲劳（Mayor of London and CABE Space，2009）。而据笔者考察，我国很多大型公众意见调查都做不到这一点。以武汉两江四岸滨水区城市设计公众意见调查为例，它前期的宣传工作很有声势，当地 9 家主流媒体都报道了活动情况，然而其后续工作却缺乏力度。在两江四岸滨水区城市设计专版网页上，有一个非常简略的初步结论，成果展示部分则一片空白 ①，没能详细解释公众

---

① 据笔者 2010 年的检索，武汉规划资讯网上依旧显示："规划设计正在进行中，成果将于 2009 年初进行展示。"http://www．plan-consulting．cn.

的具体意见，更无法考证调查的结论对设计决策产生了什么真切的影响力。这种现象是比较普遍的，如果不作出及时的修正，会对公众参与的积极性造成极大的打击。

7.2 实体环境要素调查

7.2.1 城市肌理分析

笔者采用街坊面积大小分析法对城市肌理作了分析。在 GIS 的平台上使用 Thematic map 的工具根据街坊面积大小给它们上色。由于本区域大地块非常多，在 6 个等级的基础上增加 1 个等级一共分为 7 等：0 ~ 2000m²，2000 ~ 8000 m²，8000 ~ 16000 m²，16000 ~ 32000 m²，32000 ~ 64000 m²，64000 ~ 128000 m²，>128000 m²。

128 000 ~ 1000 000
64 000 ~ 128 000
32 000 ~ 64 000
16 000 ~ 32 000
8 000 ~ 16 000
2 000 ~ 8 000
0 ~ 2 000

0   300m

图 7-23　城市肌理分析（现状）
按照街坊面积大小以红色到蓝色的渐变着色

可视化分析显示，街坊大小变化存在非常明显的趋势——由北往南逐渐变小（图 7-23）。其中南部的城市肌理十分致密，历史保护区的里弄形

193

成的街坊宽度基本在二三百米左右。居民的日常出行就非常方便，不需要绕路在 10 分钟内就可以抵达各种设施。而区域北部则存在 3 个尺寸偏大的街坊（显示为深蓝色），平均边长在五六百米左右，这意味着行人要走七八分钟的步行时间才可以到达下一个街角的转弯口。鲁迅公园所在街坊的周长为 2700m，它既是一个宝贵的城市绿肺，但也是一个巨大的障碍物。管理部门针对这个问题在管理上作出了一定的调整。目前一共有 5 个门开放，方便使用者就近进入公园：大连西路入口——北门，甜爱之路入口——南门，甜爱路入口——东门，甜爱路入口——东小门，虹口体育馆——西门。

另外两个街坊则是以居住功能为主。现场核查发现，街坊内部的地块多为 20 世纪 90 年代前、新中国成立后开发的住宅区。由于当时的小区并不存在封闭式管理的习惯，地块与地块之间往往由围墙隔离，小区内部有非常多的出入口以供通行。然而从 20 世纪 90 年代后期开始，封闭式管理成为一种惯例。于是老式小区的很多出入口被封闭起来以节约管理费用，很多通道成为半公共道路，这样就人为地造成了步行可达性的急剧降低（图7-24）。除了上文所述的抄近路行为所造成的冲突和矛盾以外，还形成了一些尴尬的孤岛性地块——即指必须穿过其他小区的内部道路才能接触城市公共道路的地块（图 7-25）。这些孤岛性地块不但造成了错综复杂的关系，对公共基础设施的管理而言也是极其不利的。例如，图中所示的地块 5 是虹口区教育学院附属中学，然而从祥德路到该中学还要经过一段小区内部道路。该路段的卫生状态和铺砌质量都不甚理想，与外面整洁的道路形成了鲜明的对比（图 7-26）。

● 42（全天开）
✳ 4（只能人行的铁转门）
✚ 17（被锁住的出入口）

图 7-24　小区的 3 种出入口

图 7-25　孤岛性地块

图 7-26　通向小学的小区内部道路

　　由于大型街坊的存在，点到点的直线距离与实际距离之间存在极大的差别。如图 7-27 所示，A 点尽管在理论上属于地铁站点的 500m 服务区内（粗实线），然而其实际步行距离（细实线）却是理想状况的 3 倍。如果能使用其他小区的内部道路，情况会好一些（虚线）。这种街道网路渗透性的不足造成部分居民难以接近公共设施，有损公平原则。因此，要使公共资源达到最大限度地使用，在设计中改善路网的通达性非常关键。

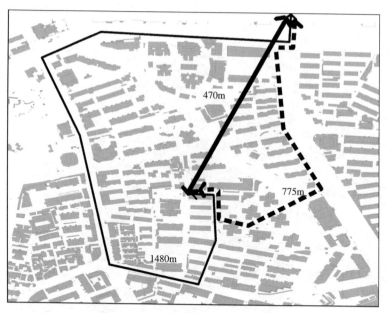

图 7-27　A 点到地铁站点的可达性分析

7.2.2　街道空间的组构分析

笔者使用线段角度模型对基地进行了分析。由于基地中的很多道路在严格意义上属于小区内部道路，而这些内部道路在实际情况下常常是作为公共道路使用的，因此在轴线图绘制时对两种情况都进行了建模，称之为只含公共道路街道模型（pub-only）和包含半公共道路街道模型（semi-pub）两种。

在 pub-only 的模型分析中，1600m 半径选择度度量着色图显示出四平路和四川北路的空间重要性（图 7-28）。这种分析结果与车行交通的模式有类似之处。在 semi-pub 的模型中，800m 半径选择度度量着色图显示，具有空间组构重要性的道路包括：祥德路、山阴路、欧阳路、四川北路、多伦路（图 7-29）。这个结果与观察法记录下来的步行人流分布情况有较好的相似性，证明了街道空间组构塑造步行人流的作用力。仔细阅读800m 半径选择度度量图，我们会发现四川北路这条曲折的商业街就空间可达性而言，并不是均质的。其北段由于鲁迅公园的阻碍作用，丧失了空间可达性的优势。不过，在现状使用中，该路段的其他特性，如土地使用、街道铺装、标示系统等，弥补了这个弱点。使四川北路北段的人气虽然稍弱于其南段，但还保持在一定的水平上。我们还可以发现，地图上不起眼的山阴路 274 弄，在空间分析后显示出其重要性，它是穿越山阴路西侧狭长地块的唯一通道。因此，在行人流量观察中显示出它频繁使用的强度。与它相对照的长春路北段步行街在组构分析中并没有显示出任何优势，因

图 7-28　pub-only 线段角度模型 1600m 半径选择度度量

图 7-29　semi-pub 线段角度模型 800m 半径选择度度量与实际步行人流比较

此，它上面的行人流量也不大。这两者的实际使用情况与空间组构提供的潜力保持了较好的一致性。

　　选择度度量能帮助设计师更好地理解步行人流分布的模式，而组构分析还可以进一步揭示基地北侧两个大街坊内部街道网络的特性。以东北侧街坊 A 为例，我们建立包括内部半公共道路的街道网模型，以深度值分析结果将街道段着色。外部主干道记为第一步，显示为红色，第二步橙色，第三步绿色，四步以上都以蓝色显示（图7-30）。在这种着色法下，我们能够清晰地辨认由主干道进入小区内部的路径。在很多地方，相邻的空间却由树状的道路系统造成了人为的隔离，绕路现象极其严重。而部分居民不满于绕路，发展出一些捷径。除了上面提到的欧阳花苑旋转铁门以外（虚线黑圈1），虹口区教育学院附属中学西侧还有一扇上锁的铁门（虚线黑圈2），据访谈了解的信息，有部分居民持有该铁门的钥匙。

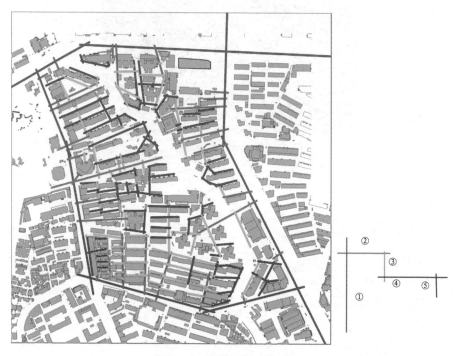

图 7-30　街坊 A 深度值分析

7.2.3　街道段的可步行性分析

　　街道段的可步行性审计需要的工作量非常大，是个人没有能力从事的。这一小节将就步行道的连续性和宽度作一些探讨。基地内四平路为城市主干道，曲阳路为城市次干道，其余道路为城市支路和小区内部道路。

　　如果不计入城市道路改建的情况，主干道上步行道的连续性和宽度情况都比较好。然而在城市支路中，很多步行道的连续性情况不佳。这种情况主要由四方面原因导致（图7-31）。首先，城市旧区的道路本来就比较狭窄，铺设人行道后由于私有宅基地的限制导致了很多瓶颈。其次，很多商铺形成了占用人行道空间增设摊位的习惯。此外，临时小摊贩占据人行道营业的现象也时有发生。再次，由于本区域的人口密集，居民的生活空间有限，很多本应在室内发生的活动被移到室外，在人行道上形成了许多临时障碍物。最后，在商业区很多顾客都是依赖自行车出行的，而不少区域没有考虑自行车停车的空间，这样也导致了人行道的堵塞。

(a) 宽度瓶颈

(b) 居民活动

(c) 商贩活动

(d) 自行车停车占用步行道

图 7-31　人行道的各种问题

　　特别要指出的是，由于这些障碍物的存在一般会被看作是临时的，所以不会在地形图上显示出来。如果设计师仅仅就地图分析步行道宽度情况，不进行实地考察，他们是觉察不到步行道所存在的严重问题的。以山阴路为例，它的日间每小时平均流量为 765 人，两侧人行道宽合计为 3.2m。如果不考虑临时性的障碍物，其平均每分钟每米通过量为 4 人，属于比较适宜的范围。然而，实地观察发现该条道路多处存在局部堵塞的现象。阿兰·B·雅各布斯（2009：附录）在其书中指出，他所记录的步行宽度是"有效"宽度，即实际使用的人行道宽度。因此，分析街道段可步行性时一定要注意实际可用宽度和理论可用宽度之间的区别。

　　在步行道实际宽度不够的状况下，行人就只好使用车行道。对车流量不高的道路而言没什么关系，但对机动车流量较高的地区而言，问题就比较严重了。笔者没能取得该区域人车相撞的数据。但是如果能取得该数据，相信它一定会与步行道实际宽度不够的地点显示出较大的相关性。然而，城市的问题是复杂的。商贩、临时小摊贩对公共空间的侵占既造成了安全的隐患，但也是城市活力的重要来源。城市设计宜与城市管理相结合，创造性地解决这种冲突。

7.3 设计改造建议

7.3.1 步行网络

根据调查的结果，本文整理出两类改造建议：近期与中远期目标。其中近期目标不涉及街道模式的改造，因此不涉及拆迁，对居民生活的影响小，主要包括以下四项内容。（1）参考行人计数法的分析结果，在四川北路、东江湾路等路段加强无障碍设计，为老人、小孩和残疾人提供更好的出行环境。（2）改善一些半公共道路的铺装，调查发现有好多属于老式小区的半公共道路由于缺乏维护资金，铺装和卫生条件极差。而它们在使用上却具有公共性，急需得到改善。（3）对步行道过窄的路段，查看其拓宽的可能性，并规范小摊贩的空间使用范围。（4）对使用频繁的山阴路274弄，改善其铺装。将它与鲁迅公园正门东侧停车场共同考虑设计，增加其可识别性，利于进入鲁迅公园的寻路行为。

中远期目标则通过设置新的步行联系，以改善街道网络的渗透性。本着最小代价最高收益的原则，笔者发现有6处改造工作能够细分过大的街坊，使基地北侧的城市肌理更加符合人性尺度（图7-32）。其中，第一处是把世博花园西侧的断头路延伸，与四平路421号相交后再往北与祥德路相交。由于改动区域的现状是棚户住宅，这种改造的代价较小，可以一举将所在街坊切分为3块，极大地改善当地的步行出行。第二处需要增设连接东西两边的桥梁，并征用北郊小区和天宝公寓内部的部分道路和花坛面积。另外4处改造可为视为"捷径"的合法化工作，即把一些小区内部的半公共道路转化为公共道路。它们分别是③号（鲁迅公园内部道路与甜爱公寓内部道路）、④号（庐迅大厦地块内部道路）、⑤号（虹口区教育学院附属中学西侧小路）、⑥号位置（欧阳花苑内部道路）。其中③号位置还需增强道路标示系统，⑤号位置还需要拆除一幢临时用房以拓宽步行道。这些改造工作有利于整体利益，但可能会受到被涉及小区居民的抵制。因此城市设计需要灵活地利用置换、补偿等方式，还可以通过研讨会使小区居民获得对改造影响力更全面的认识。另外，这些改造的路段不一定要通机动车，可以采用步行街的形式，这样就可以缓解居民对噪声等负面因素的顾虑。

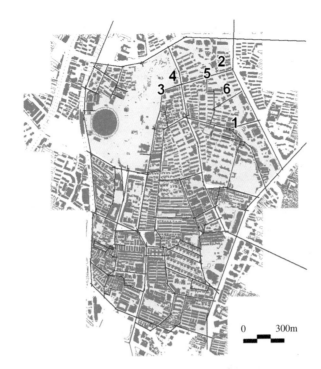

图 7-32　步行网络改造示意图

　　图 7-33 显示了改造后的城市肌理。与现状相比，东北侧的两个大地块得到了细分。尽管鲁迅公园还是一个巨大的障碍物，但由于它在各个方向都有入口，如果加强标示系统，居民就可以充分利用其内部道路出行。上述 6 处较小的改动极大地提升了该区域的可步行性。

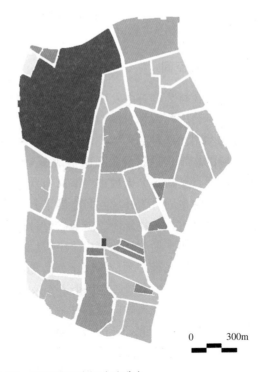

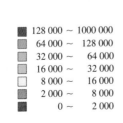

■	128 000 ～ 1 000 000
	64 000 ～ 128 000
	32 000 ～ 64 000
	16 000 ～ 32 000
	8 000 ～ 16 000
	2 000 ～ 8 000
■	0 ～ 2 000

图 7-33　城市肌理分析（改造）

笔者还采用空间句法的计算机模型对路网改造的各个候选方案进行评估。在基地东北角街坊增加的两处步行联系后，把组构模型分析结果以同样的数值范围着色，图 7-34 显示这两条新增的路线将具有非常强的使用潜力，能够增强整体空间的可达性。

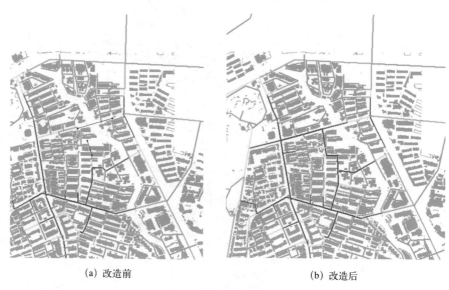

(a) 改造前 　　　　　　　　　　　　　(b) 改造后

图 7-34　线段角度模型

7.3.2　开放空间

我们在行为调查中发现，基地内的各处开放空间都具有较高的使用率，其中鲁迅公园在双休日的容量更是达到了饱和，几乎没有一个角落不受到充分的利用。这种高频率的使用似乎并不受到访谈中使用者反映出来的各种问题的影响。这种现象可以被威廉·怀特（1980）和缪朴（2004）的论断所解释。前者说，大城市中心区有非常多的人口。这种密度会造成很多问题，但它也同时为开放空间提供了大量潜在的使用者。当每小时有 3000 人的流量路过一块场地时，就算在设计中犯下了很多错误，这个地方依然会被频繁使用。后者认为，由于中国城市的高密度人口限制了居民家中的私有空间，居民就必须依赖城市公共场所来进行社交活动。这在一定程度上解释了为什么中国居民使用街道、公园远比在西方频繁。

空间分析发现，本区域的开放空间供给极不均衡。尽管在西部存在鲁迅公园这个受到普遍好评的市级公园，多伦路步行街，以及海伦西路沿线小游园，但基地的东侧几乎没有任何大于 $0.2hm^2$ 的公共空间。唯一的一个例外是绿洲紫荆花园小区外的街角绿地，但这块绿地主要由茂密的灌木组成，可以活动的场地较小。因此，在这片人口稠密的住宅区内，居民们被迫使用机动车道旁的小块场地进行各种活动，如晒太阳、聊天，而不顾严重的噪声干扰和空气污染。这种供给不均衡严重有悖公平和公正的精神。

因此，设计师需要在基地东侧寻找能提供小型绿地的机会。在寸土寸金的旧城区，这样的机会并不多，但其实现将大大改善居民的生活品质。经过对基地内空地的进一步评估，笔者发现两处具有潜力的改造机会（图7-35）。

图 7-35　开放空间的改造机会

其一，在欧阳路的北段，机动车道宽 9m，而其南段的车道放宽到 23m。可以考虑把部分车行道的面积改造为沿街线性小游园。南段加宽的道路对机动车行而言没有太大帮助，但如果结合原有沿街花坛构建线性小游园，则能为周围欠缺户外活动场地的居民提供宝贵的空间。其二，在行为调查中发现，与沙泾港河平行的四平路 421 号现已被居民当作一条重要的捷径使用。该小道平均宽 4m，北段被一小片 1 ~ 2 层的棚户住宅所阻碍，需要取道振大公寓的内部道路才能够到达祥德路。在街道网络的改造中，我们已经建议打通该路段，以获得更好的渗透性网络，而如能结合该工程，把原有棚户区转变成沿河的开放空间，将会取得一片利用率非常高的袖珍沿河公园。

除了增加开放空间的供给，其设计品质的重要性也需要得到重申，尤其需要重新审视评价的视角。我们发现，就铺装和街道家具的质量而言，长春路北段步行街要大大好于山阴路 274 弄。然而后者的气氛和使用情况要极大地优于前者。这说明，界面情况、土地使用、座椅这些支撑人们活动的物质因素非常重要。在它们的需要达到满足前，片面提供美学因素是无助于提升场所感的。

第8章 结论和展望

英国哲学家奥克肖特（Michael Oakeshott）[①] 曾经论述道：大学的任务不仅是保证智力遗产完好无损，而且还包括不断找回曾经失去的部分，恢复曾经忽视的部分，汇总曾经分散的部分，修复曾被破坏的部分，重新思考、重新塑造、重新组织，使知识更易理解、重新发布并重新投入。本研究关注的对象看似平凡，却是设计师创造高品质城市环境所必须依赖的基础理论知识。笔者以特定视角对既有的相关知识进行调整、扬弃和增补，最终完成了研究任务：在社会学调查方法的基础上，将其"转化"成一套适用于城市设计的实地调查方法。经过缜密思考，提炼出四点普适性的转化策略，对本研究开篇提出的适用性调查三项准则的实现进行了回应，提炼了具体调查方法的选用指南。这些"显性化"的经验总结将能推进设计调查知识的传承和更新，最终起到加强设计决策科学性，推进公众参与程度，真正落实以人为本理念的重要作用。

8.1 主要结论

8.1.1 转化工作的普适性策略

在以上章节中，对各种调查方法的细节进行了探讨。由于这些方法都是服务于设计的，需要同时兼顾准确性、有效性以及可行性三项准则，因此它们的转化工作具有共同之处。这些共同点可以被提炼为四点普适性策略：（1）社会性与空间性信息的整合；（2）以目标为导向的信息收集；（3）设计假设的具体化与检验；（4）适可而止的统计分析。它们所分别对应的调查阶段如表 8-1 所列，其具体内容和机理将在下文进行详细剖析。

策略对应的调查阶段		数据收集	表8-1 数据分析与解读
策略1	社会性与空间性信息的整合	●	●
策略2	以目标为导向的信息收集	●	
策略3	设计假设的具体化与检验	●	●
策略4	适可而止的统计分析		●

---

① Michael Oakeshott (1901～1990)，引自邓利维. 博士论文写作技巧 [M]. 大连：东北财经大学出版社：1.

204

1) 社会性与空间性信息的整合

研究和设计工作之间的重大差异之一是对具体空间属性重视程度的区别。一方面来说，在很多传统的社会学研究中，空间只是一种中性的背景，对研究要探讨的社会关系而言无足轻重。因此，空间概念的操作化手段也没有得到充分的发展，比较薄弱。在另一方面，对于城市设计实践而言，其成果不管是设计导则还是三维形态设计，最终都是要落实到空间上的——对物质空间的布局、塑造和控制。对场地内部的不均质性加以恰当利用是设计构思的重要来源之一。在调查中以较高的空间精度记录物质和社会性信息，体现基地内部属性的不均衡性，是非常重要的。因此，服务于设计的调查要特别注意做好社会性信息与空间性信息的整合。只有这样，才能实现调查工作对设计的有效支撑。

针对传统社会学调查在收集空间信息方面的弱点，设计调查从实地收集信息的阶段起，就要注意社会性与空间性信息的整合。不但要记录使用者的个人社会属性、行为、意愿等，还要记录他所在的空间位置。在地图上记录空间信息是较为方便的做法，如果是纯文字的问卷调查，则可以参考5.1节中引用的赵民和赵蔚的做法，用事先分区代号来记录较为详细的地点信息，以便之后从地理学的角度表达和分析数据。在调查的分析和成果表达阶段，整合化的信息最好以图的方式进行表达，把社会性信息通过颜色、标示、柱列等方式标注在地图上。对比传统调查报告中枯燥的文字说明和大量数据表格，这种图示的信息能更容易被人理解，利于资料分析和成果表达。上文所列举的盖尔事务所、空间句法公司的很多案例都提供了好的范例。

当然，整合化的社会性与空间性信息会导致调查工作量的增加。从本研究收集的案例看来，通过GIS平台实现社会性与空间性信息的整合，是一种较为有效的做法。尽管对信息输入和分析人员有一定的技术要求，但可以有效地节约分析和表达的时间，特别推荐选用。一旦在调查工作中实现社会性与空间性信息整合这条策略，对场地的描述将不再是笼统的归纳，而能体现出不同地点之间的差异，调查得到的信息就能更好地为设计所采用。

2) 以目标为导向的信息收集

区别于历史调查和文献调查，对即时性的实地调查而言，可以被收集的信息纷繁复杂、难以穷尽。而实际项目被有限的时间和精力所限制，在保证一定客观性的前提下，其调查必须重视效率原则。因此，与研究调查相区别，设计调查需要做出果断的取舍，只记录那些可能会对设计有支撑作用的信息，即遵循"以目标为导向的信息收集"策略。

如果在收集信息前对得到信息的作用没有大致的估计，就会出现花费大量时间和精力整理出来的数据难以与设计发生联系的情况。比方说，如果调查的主要功能是支持设计构思，而采用了问卷调查法去收集信息①。那么看似科学详尽的大众意见，除了检验设计者本身持有的观念外，并不具有启发性，效果极为有限。我们在工作中常常会遇到这样的情况，某些设计文本在附件中厚厚几页的调查报告看似科学，却和提交的方案毫无关联。这就是没有明确目标指导，盲目进行调查的后果。这种做法不光浪费了人力物力，还导致了一种有害的错觉——调查只是为了装点门面，对设计没什么切实的作用。

因此，需要在制定调查方案前，把调查应该起到的功能清晰化具体化。调查将以何种方式支持设计？是为了寻找证据支持科学决策？为了收集民意进行民主决策？为了启发设计构思？或是多项功能兼而有之？把数据收集的过程看作为初步的信息筛选工作，再根据调查目标选择恰当的方法，这样可以极大地提高调查的效率。不过，设计师还是要做好思想准备，总是会有一些收集到的资料派不上用场。这是因为在设计最终解决方案确定之前，要判断什么问题相关，什么信息可能有用是比较困难的（Lawson，2005：41）。设计师需要通过实践经验、阅读和反思来提高这种判断力。本研究收集并点评的大量实践案例就可以起到较好的辅助作用。

3）设计假设的具体化与检验

调查最重要的功能是支撑设计构思。而该功能的实现是依靠设计假设的具体化与检验所实现的。在3.4节，我们提出了设计假设的概念，即"怎样才能提升现有环境的品质，缩小它与高品质城市环境的差距"。在4.5节"信息解读与设计构思"这一小节，我们又知道可以通过发现使用问题，寻找需求重点，以及判断实体环境与所期望发生的行为和认知模式存在差距的地方，将设计假设具体化。在初步探索阶段推敲具体化的设计假设，再把它们体现在调查提纲中进行系统调查，我们就可以检验这些设想中的问题和机遇是否真实存在。

心理学家阿伯克龙比（Abercrombie）指出，在作观察时人们并不是脑子里空空如也，在他们的价值观和过往经验的基础上，他们会带着一些期望值去看②。因此，在调查提纲中事先限定好这些期望值，明确地要求调查人员去检验各种假设，并不会有损于调查的客观性，反而能提高调查的效率。而通过了验证的问题和机遇将成为设计构思的开始，它们构成了对现

---

① 尤其指封闭式问卷调查。开放式调查要稍微好一点，但其效果远不及访谈，能深入挖掘被访者的态度和意愿。

② Abercrombie, M. L. J. The anatomy of judgement. An investigation into the processes of perception and reasoning[M]. New York:Basic Books, 1960；转引自 Jacobs, A. B. Looking at cities. Cambridge Mass．：Harvard University Press，1985：11.

有环境改善、调整或替换的依据（保罗•D．施普赖雷根，2006）。围绕设计假设所进行的调查与设计行为本身将具有良好的衔接关系。

4）适可而止的统计分析

数理统计是一项调查分析阶段所需要的重要技能，它使得人们能在纷繁复杂的现象中不受偶然性的迷惑，分辨出关键性的规律和特征。当前，从社会学研究到环境行为学研究，定量数理统计成为一种风气，似乎一定要采用复杂的公式和计算才足够科学。城市设计领域的调查工作受到其影响，更青睐那些能收集定量数据的方法，例如结构性问卷调查。然而大部分设计者所具有的统计学知识十分有限，统计模型、SPSS 软件、相关矩阵、T 检验等名词就会令他们对调查工作望之却步，对自己是否有能力着手严谨的调查心存疑问。

然而对设计调查而言，复杂的数理统计技巧并不是必需的。统计分析技术包括单变量分析、双变量分析和多变量分析。其中单变量分析较为简单，是描述性的；后两者要复杂得多，是解释性的。然而，设计调查区别于研究调查，并不需要解释多个变量之间的因果关系，总结出丢失了具体空间信息的抽象规律；它也区别于系统评价中的调查，并不需要用因子分析法求各个影响因素的权重，也不需要寻找"预报因子"。因此，复杂的统计技术看似科学，但对设计并没有什么助益。

对设计调查而言，简单的单变量分析技术能对观察对象作出有效的属性分析，已能基本满足要求，上文的很多案例证明了这一点。另外，还可以学习空间句法公司的做法，采用"定量资料的定性分析"方法，即通过色彩渐变的方法在地图上显示数量大小的变异，这样就可以通过阅读图像直观地发现各种模式和异常现象。统计资料的意义通过图形本身表现出来，其效果有时比文字更为强大（艾尔•巴比，2005：382）。对设计师而言，这也是一种扬长避短的做法，避开自己的数理统计弱项，依靠对图像的理解能力把握基地的特征。

因此，在调查的分析过程中不迷信复杂的统计分析，既能省下不少收集信息和分析信息的时间[①]；又能降低调查工作的门槛，提高设计师作调查的积极性，扩大它的运用范围；还能避免由于对统计学知识一知半解而导致的分析失误[②]。

---

① 例如，威廉•怀特使用简单的图表就说明了与坐憩者数量最为相关的是坐憩设施的长度。他甚至在文中特别解释，他认为这个规律非常明显，并没有必要花费大量时间进行更严密的相关性统计分析来证明这一点。Whyte, W. The Social Life of Small Urban Spaces[M]. Washington, The Conservation Foundation, 1980：26-28.
② 《统计数字会撒谎》一书中给出了很多案例，表明如果不熟悉统计学知识，看似精密的公式推导会造成严重的误导。达莱尔•哈夫. 统计数字会撒谎[M]. 北京：中国城市出版社，2009.

8.1.2　对三项准则的回应

在结尾处我们还要重新回到引言，查看对研究问题所作出的难点剖析是否已得到了明确的解答。在开头，笔者将"适用性"定义为 3 项准则：准确性、有效性以及可行性；并提出由于准确性是社会学调查本身所重视的特性，因此转化工作的重点就在于实现设计调查的有效性与可行性上。由于可行性中控制时间和人力成本的要求与准确性要求存在着天然的矛盾，找到三方面准则的平衡点就尤为关键。

8.1.1 节提出的四点普适性转化策略与社会学研究中普遍认可的三角测量术原则一起，能帮助实现设计调查适用性要求的三个维度。其中，确保准确性维度的主要是"三角测量术"。研究者们认为，通过不同途径的方法检验测量结论，可以弥补不同技巧所隐含的偏见，减少出错概率，达到增加信度的效果。笔者将这条准则引入设计调查，提倡以三种来源的调查方法去探究场地特有的问题和机遇，它们是：通过观察使用者的行为，寻找诸如使用率低下、异用等使用问题；通过对使用者的问询，考察使用需求是否得到满足，并判断需求的重点；通过设计者对场地的独立考察和分析，寻找它与高品质环境物质空间特性之间的差距，以及实体环境与期望发生的行为模式之间的差距。

有效性维度，即怎样才能使调查更好地支持设计的问题获得了三条策略的支撑。首先，由于设计最终要落实到空间，收集信息、分析信息、成果表达的过程中就始终需要注重社会性信息与空间性信息的整合，尤其要小心保留具体的空间信息供设计师细查。这一点与抽象化的研究调查有很大的区别。其次，设计人员应该在一开始就明确期望调查所能达到的功能，以此为目标设计所需要收集的信息。这条策略能产生更明确的行动，将调查成果和设计紧密地联系到一起，避免为调查而调查的误区。最后，以"设计假设"的概念取代"研究假设"在调查过程中的核心地位。提出在这个假设下，调查的任务就是去发现"哪些方面需要作改变"，即发掘场地所特有的问题和机遇。本文提炼了三类信息解读的线索，以生动的案例说明该如何将设计假设具体化并加以检验。

可行性维度则获得了两条策略的支撑。"以目标为导向的信息收集"策略可以帮助实现可行性准则中对效率的追求。对实地调查而言，可以被收集的信息是难以穷尽的，设计调查需要作出果断的取舍，尽量只记录那些可能会对设计具有支撑作用的信息。这条策略需要调查程序设计的配合。在初步探索阶段，设计师最好能以效率较高的方法对场地进行考察，得到对问题和机遇的猜想。在正式调查中对其进行检验，以弥补初步探索中存在的信度疑问。另外，设计师还可以通过适当降低对调查精度的追求而提高效率。牺牲一定的精确度，可以大大缩短信息笔录、输入电脑和统计分析的时间。社会学研究对其调查数据的信度和效度要求非常高，其成本高昂、耗时持久的特点令很多设计师对严谨的调查工作心存畏惧。然而，精度的降低并不一定意味着准确度的降低，文中整理的多项结构性行为观察法在这个方面就作出了很好的表率。"适可而止的统计分析"策略可以帮助实现可行性准则中的技术可行性要求。该策略能破除设计师对复杂梳理统计分析方法的迷思。研究调查和设计调查的任务截然不同，设计师需要关注的是具体的空间，而非统计数字中的抽象空间。探索普适性规律并不是设计师的任务，设计师不必由于要求自己做到研究者的深度，反而对调查具有畏惧情绪。本节所述可以总结为表 8-2 的内容。

调查策略与三项准则 表 8-2

调查策略		准确性	有效性	可行性	
				效率	技术可行
三角测量术		●			
转化策略	策略1：社会性与空间性信息的整合		●		
	策略2：以目标为导向的信息收集		●	●	
	策略3：设计假设的具体化及其检验		●		
	策略4：适可而止的统计分析				●

8.1.3　调查方法选用指南

张钦楠先生谈到（2007：前言），有不少人会对方法学提出不切实际的要求，"以为方法学要取得成功，就必须提出一种单一的、硬性的运作体系，任何设计问题，一进入这一体系，就自然而然地会产生出最佳的结果"。他认为这种单一的、硬性的方法学体系，在工程物设计中或许可行，在建筑设计中却是不可行的。对设计而言，我们需要的是一种随着主体(设计人)和客体（设计对象）而异的、多样的、弹性的运作体系。服务于城市设计的调查方法也是如此。采取何种方法收集资料、分析资料，取决于项目的特性、规模，调查工作的类型和功能，所能支配的人力、物力和时间等因素，根据具体情况灵活确定。选用的调查方法要满足准确性、可行性和有效性的要求。其中，根据三角测量术原则采用多种调查方法，能增加调查的准确性；根据项目的特性、规模等要求选用适宜的方法，能保证调查的可行性和有效性；根据测量精度与效率相平衡的原则进行调查方案的细节设计，能保证调查的可行性。

1）三角测量术下的设计调查

社会学中的三角测量术原则告诉我们，最好的调查往往不是采用某一种方法完成的，而是通过多种方法的合作完成的。这个概念对设计调查而言也同样成立。混合使用多种方法能够能更全面、客观地说明情况，避免对场地特性的误读。设计调查发现场地问题和机遇有三种途径：(1) 通过观察使用者的行为模式，发现使用问题；(2) 通过询问使用者的认知情况和建议，判断需求重点；(3) 依靠设计者对实体环境要素作的现场考察和主位体验，参考设计理论判断环境的品质状况。从主位、客位立场来分，言说类与非参与式观察的方法属于客位立场；参与式观察与实体环境调查属于主位立场（表8-3）。这两种立场的方法各有特色。调查要做到方法的互补，就需要同时兼顾两个方面的途径。

三种途径的调查方法　　　　　　　　表 8-3

		主位立场	客位立场
言说类调查法			●
观察类调查法	参与式观察	●	
	非参与式观察		●
实体环境调查		●	

图 8-1 对本文提出的三类调查对象的信息收集方法与信息解读线索进行了整理。在城市设计实践中，设计师会根据自己的习惯，以其中某一类方法为主，其他方法为辅开展调查工作。对实体环境的分析是传统设计的核心内容，不会被遗漏；有关使用者的调查，有些设计者倾向于收集知觉认知，另一些则倾向于考察真实发现的行为模式，这要视设计者拥有的调查技巧和习惯而定，并没有绝对的优劣之分。然而，在某些项目中，设计者完全不收集使用者的知觉认知或是行为活动的信息，仅仅依靠观察实体环境，凭借自身的经验对使用情况作主观臆测。这种做法形成的推测常常会与真实的情况有很大的差距，会导致设计的失败。

2）方法的适用性评价

恰当选用调查方法需要设计者对不同方法的特性和适用情况有深入的了解。对实体环境要素而言，第 6 章在介绍各种调查方法时已经清楚地提

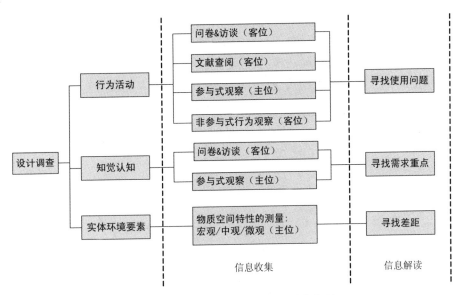

图 8-1　三类调查对象的信息收集与解读

示了所能适用的项目规模和具体对象。对行为和认知对象而言，调查方法的选用范围非常广，较难抉择。笔者参考蔡塞尔（Zeisel，1996）、赵民和赵蔚（2003：38）、朱小雷（2005：70）等学者[①]对各种方法作出的评价，结合本研究的心得，整理了行为和认知对象调查方法的适用性评价表。

在表 8-4 中，不光列出了方法的优点和缺点，还指出了该方法适用项目的规模大小、测量对象、应用前提和适用范围以及推荐的样本规模。特别要指出的是，有些调查方法的缺点是能够靠完善调查方法和程序而得以避免的[②]，该表格就没有把它们列入缺点一栏。在表格中，体现了不同调查方法采集数据所要花费成本的区别。一般来说，就单个样本而言，访谈法、认知地图法成本较高，问卷调查法、结构性行为观察法成本适中，非结构性观察、行为痕迹法、文献查阅法成本较小。因此，各种方法需要采集的样本规模就有很大不同。为了提高效率，应该先采用成本较低的非结构性观察去发现具体的问题和机遇，把这种发现作为设计假设，再选择恰当的结构性调查方法进行复查。

总体而言，不同方法之间的关系是互补而非竞争。例如，相对于问卷和访谈法，观察法可以收集到使用者自己也记不大清楚或是认为琐碎，不

---

① 蔡塞尔对观察实质痕迹、观察环境行为、专题深入访问、标准化问卷、论问题、文献资料这 6 类研究方法作过详细评述；赵民和赵蔚对访谈、抽样问卷、实地观察、文献检索这 4 类社区调查方法作出比较；朱小雷对 10 种建成环境评价方法的性能进行了比较，包括评分型评价法、统计调查评价法、行为测量评价法、建筑游览式评价法等。

② 例如观察法具有的主观性、即时性过强的问题，又比如访谈法获得资料容易受调查员诱导的问题。

值得提及的活动。又比如，从现实意义上说没有一个业主或者使用单位愿意等一年才能获得调查结果，因此观察法就没可能获得季节性差别对使用者的影响，必须通过访问法作补充调查（李道增，1999：174）。另外，对设计措施将引起的使用模式变化，非专业人士并不具备预见能力，这就需要设计师通过参考城市设计理论或是建立分析模型对未来作出判断。每一种单独的调查方法都有与生俱来的特性，套用蔡塞尔的说法，各种方法只有在与其他方法合用时，才会产生各自最大的潜力（Zeisel，1996：104）。

调查方法的适用性评价表　　　　　　　　表 8-4

调查方法		项目规模	对象	优点	缺点	应用前提和适用范围	样本
言说类调查法	问卷法	不限	行为认知	1.匿名性好；2.资料便于统计分析；3.量化结论有说服力	1.空间信息不精确；2.采集资料的信度难以保证	只能检验假设，对设计不具有启发性	大
	访谈法	不限	行为认知	1.采集资料效度较高；2.富有启发性	1.匿名性较差；2.分析工作难度大	对调查人员素质要求高，适用与取样规模小的情况	小
	认知地图法	中小型	认知	空间信息精确	1.费时；2.分析工作难度较高	受调查者要有一定的绘图能力	小
观察类调查法	非结构性观察	中小型	行为	1.高效；2.直接；3.调查成本低	主观性强，无法检验真伪	对调查人员素质要求高，适用于初步探索阶段	普查
	结构性行为观察法 活动注记法	中小型	行为	1.空间信息精确；2.真实客观；3.易于发现问题	资料收集和整理时间成本高	多个调查人员同时采集数据	大
	结构性行为观察法 行人计数法	不限	行为	1.空间信息精确；2.样本量大，能提供使用者性别年龄、构成	无法准确得知行为动机	多个调查人员同时采集数据	大
	结构性行为观察法 动线观察法	中小型	行为	1.空间信息精确；2.真实客观；3.易于发现问题	资料收集和整理时间成本高	可以预计使用者的活动范围	小
	行为痕迹法	中小型	行为	1.非介入性，效度好；2.能察觉发生频率低的现象；3.调查成本低	需要避免误读的陷阱	对调查人员素质要求高，有痕迹可查	普查
文献查阅法		中大型	行为	1.非介入性，效度好；2.调查成本低	1.资料时效性差；2.与需要不切合	有文档记录可查	普查

8.2 主要创新点

8.2.1 揭示了设计调查工作认识的误区

通过文献回顾和分析，可以发现不管是在理论界还是设计界，都存在这样一个认识上的盲点：人们忽视了服务于研究的调查方法与服务于设计的调查方法之间的差异，以为只要向社会学中的调查方法学习，就能改进自己的调查技能。然而，服务于研究的调查与服务于设计的调查之间存在着极大的差异。首先是目标取向的差异，研究调查的目标指向发现规律，而设计调查的目标指向对既有环境的改造；其次是着眼点的差异，研究调查更关注对象的共性特征，而设计调查则关注的是基地的个性特征；再次是调查效率的差异，理论研究所花费的时间和经费比起设计调查而言要充沛得多；最后是调查对象的差异，设计调查比研究调查关注的对象更为集中，它着重考察"可设计"的因素，尤其关注这些因素空间分布的具体情况。这些差异决定了设计调查不能照搬研究中的调查方法，必须通过转化过程才能起到应有的作用。如果忽视这些差异，会导向为调查而调查的误区。

8.2.2 设计调查方法的系统化与更新

笛卡尔在《谈谈方法》（2000：VIII）一书中说，"行动十分迟缓的人，只要始终循着正道前进，就可以比离开正道飞奔的人走在前面很多。"掌握多种调查方法是每个设计师所需具备的基本技能，然而这方面可以查阅的直接相关的文献却不多，与调查方法的重要性不成正比。在间接相关的社会学以及其他研究领域，尽管有很多调查的相关文献，但其中充斥艰涩的术语和数学运算，但距离服务设计的要求还比较远，会令设计师产生畏惧情绪，从而裹足不前。

在哲学家波兰尼认识论思考的启发下，笔者反思了缺少设计调查文献现象的原因：城市设计中的调查方法是一种典型的隐性知识，难以用语言充分表述。有经验的设计师在实践中知道该如何操作，设计师之间也有片段性的经验交流，但是这种知识很少会以系统的方式出现在学术文献中。在这种情况下，新进城市设计师要学习调查方面的技能就有一定难度，只能依靠较为私人的途径学习，或者由自己在实践中摸索，这就知识传播而言是不公平的，对集体来说也是一种很大的损失。此外，不能书面化的调查方法也得不到有效的讨论，要对方法进行更新改进就比较困难。

然而隐性知识并不是绝对地不能言说，本研究就是对隐性知识显性化的一种尝试。本研究首次明确指出设计调查与研究调查之间的区别，从如何支持设计，如何提高可行性的独特视角梳理设计调查的方法和技巧。笔者通过广泛查阅中英文文献，甄别、整理隐藏在优秀调查工作中的关键做法与技巧，对其进行梳理和归纳，并对每一种方法的适用情况作出了点评。这种努力推动了设计调查方法的系统化和更新，加强了城市设计方法研究中的薄弱环节，是研究内容的创新。

8.2.3　环境行为学融入设计构思的新尝试

如何将环境行为学知识与具体设计实践相结合是学术界一个持久的研究方向。中西方的学者在这个方面都做了很多的探索性工作。例如蔡塞尔发展了平面注解行为的技巧，鼓励设计师与研究者之间的合作；拉特利奇提出设计师要把观察作为一种日常生活中的习惯，这样就可以逐步建立个人的潜意识信息库，以便在设计中作出更准确的判断；使用后评价研究（POE）倡导设计师在建成后对设计预想进行回顾和建议。然而，由于设计和研究内在特性的区别，环境行为学与设计实践相结合还是存在一定难度。我国现有的使用后评价大多是纯研究项目，注重解决实际问题的设计师又常常抱怨研究人员提供的知识过于笼统或是模棱两可。于是在某些情况下，环境行为学就沦落到从理论到理论的尴尬境地。在这种情况下，不少学者提出将关注行为与环境互动的理论落实到实践中是城市设计学科发展的方向。

笔者考察了现阶段环境行为学与设计结合的生效阶段，发现它们要么是在设计前期，要么是在设计后期。那么，有没有可能将环境行为学思想融入设计中的构思过程，使它以更为直接明确的方式与设计相结合呢？笔者对传统设计构思的路线图进行了改造，提出其改良版本。改良版的构思路线把场所设计看作有意识探求三类调查对象"升级版镜像"的过程。通过把环境行为学思想有意识地融入实地调查的信息收集、分析和解读过程中，以"环境特性是否支持预想中的行为与认知"作为启发性问题，推动了环境行为学思考与设计构思之间更为紧密的结合。

8.2.4　结构性行为观察法的改良和推广

在当前的设计调查中，较多采用的是问卷调查法、访谈法，辅之以较为随意的观察，很少对行为进行系统的直接观察。究其原因，主要在于以下两点。首先，行为活动的种类纷繁复杂，时间和空间跨度大，通过观察对其进行客观系统的记录有一定难度；如果搬用研究中的调查方法，它们对时间和人力成本的要求很高，是设计实践所无法满足的。其次，即使将行为活动记录下来，其分析和解读的技巧也没有得到充分的发展。在学术研究中，调查成果是用以检验研究假设的；在环境评价研究中，它被用来给予某些评价指标的分值。而调查成果该怎样与设计构思取得直接联系并没有清晰的答案。

本研究通过案例分析、理性思辨和归纳总结，改良了实地观察法的具体操作手法和技术要点，完善了其收集到信息的解读技巧，从而克服了以上两个难题。通过结构性的行为观察法进行调查具有客观、直接、高效的优点。最重要的是，它是独立于问卷、访谈以及设计师主位观察法的调查方法，根据三角测量术的概念，它可以弥补其他技巧所隐含的偏见，减少出错概率，达到增加信度的效果。因此，这种被低估了潜力的调查手段应该在城市设计调查中发挥更大的效力。而本研究对行为观察法的梳理工作就为它的推广打下了扎实的理论基础。

8.3　不足点和展望

8.3.1　研究的不足点

在初始构想中，本研究对设计调查方法的探究应该通过三方面的工作完成：对现有文献的汇总和分析，对调查方法进行试验获得亲身体验，对设计师的访谈以吸收不同来源的经验。在论文写作过程中，笔者发现要对相关的各方面文献（社会学调查方法、环境行为学、空间句法、城市设计理论、设计方法论等）获得深入理解并对之进行批判，建立自身独立的思考框架就已经耗费了非常多的精力。因此限于时间和篇幅，对设计师的访谈工作就没能系统地进行。限于笔者的阅历，本项研究的成果中可能会存在一些具有争议的观点。不过，该项研究作为抛砖引玉之作，应该能推动设计调查方法的更新和推广，促进城市设计更好地实现"以人为本"的良好理念。

8.3.2　今后工作的展望

笔者在本研究的写作过程中，发现了三块在今后值得进行深入研究的内容。首先，需要建立城市公共空间和城市公共生活的调查范例数据库。调查中取得的很多资料如果没有优秀范例为判断提供参照系，就仅仅是没有意义的数字。林奇（2001：81）曾指出，他所倡导的性能指标应该可以用一些现成的数据得出"多或少"的感觉。在本研究引用的案例中，有不少信息的分析工作是以数据横向比较的方式进行的。例如，盖尔事务所拥有自己的国际调查资料库，它常常将项目观察到的数据与范本数据作对比，提出令人信服的结论。既然调查工作对大多数设计都很重要，如果研究者能为设计师提供这样的范例数据库，将能大大减轻设计调查的工作量，从而提高了调查的可行性。

西方完善城市基础资料调查制度比起我国较为成熟（邱少俊、黄春晓，2009）。以美国为例，除了10年一次的人口普查外，还有大量的政府组织或非政府组织负责收集国家或城市的基础资料，并且免费或以相对低廉的价格提供给需要使用的人员。调查结果的数据化和充分共享可以使它们的效能最大化。其结果可以被各方监督，也就提高了公众对建立在调查数据基础上决策的认可度。西方不少学者对调查工作具有很高的热情。例如，阿兰•B. 雅各布斯对世界各地的优秀街道进行了详细的调查，把这些街道的平面与横剖面以相同的比例绘制出来，把实地记录的可比较数据以表格的形式整理出来。他指出，这项研究的主要目标，就是给设计者以及城市的决策者提供伟大街道的相关知识，给他们的工作提供可以参照的目标（2009：267）。由于文化和国情的不同，我国城市急需建立自己的范例资料库。当然，这块工作是单个学者所无法进行的，必须靠科研机构申请国家的科研基金进行。

其次，需要促进调查方法的统一。在社会学调查中，人们普遍认可要对一些重要概念形成通用的测量方法以提高其测量信度（艾尔•巴比，2005：139），这种考虑应该为设计调查所借鉴。另外，这也是学者们共同组建数据库的必要前提。如果各种研究能采用统一方法收集行为和环境的资料，范例数据库就能被慢慢充实起来，为设计者和决策者提供宝贵的参考资料。需要特别注明的是，调查方法的统一要明确到细节。例如在行人计数法中，早上几点开始？晚上几点结束？这些细节不明确，日均人流量数据的比较就没有意义。城市设计领域既有的调查方法或许难以做到标准化，然而如果能促进它们向彼此靠拢，这对比较性研究是十分有利的。在当前的环境行为学研究中，有不少研究案例以各自不同的方法收集数据，其横向比较难以展开，也就没法得到更为有价值的规律，这是非常可惜的。

最后，笔者呼吁对城市公共生活进行长期的追踪性调查。城市设计对环境的改造不是一蹴而就的，而是一个漫长的过程。哥本哈根市就是通过近30年持续不断地努力，才由一个汽车主导的城市转变成令人赞叹的拥有宜人环境的城市的。如果长期坚持以相同的方法对人们的行为、态度以及部分实体环境要素进行调研，就可以显示出城市设计给公众生活带来的巨大改善。英国半官方机构CABE推荐的计算机分析工具包"Spaceshaper"就要求在空间改造的前后都使用这种调查手段，以记录人们对空间改造前后态度的变化，显示城市设计的功效。盖尔事务所在很多城市对人们的行为活动进行了长期的记录和追踪。对比多年前的数据，整个城市公共空间和公共生活的变化就一目了然地显现出来。这种长期的追踪性调查将能帮助政府彰显政绩，提高它进行环境优化改造的积极性，为城市未来的发展提供宝贵的历史资料，还可以增进公众对城市环境改造的了解和关注度 ①。

---

① 哥本哈根市政府交通和规划局局长为《公共空间·公共生活》一书所作的序言。扬·盖尔，拉尔斯·吉姆松. 公共空间·公共生活 [M]. 北京，中国建筑工业出版社，2003：6.

参考文献

[1] Siksna．City centre blocks and their evolution：A comparative study of eight American and Australian CBDs[J]．Journal of Urban Design，1998（3）：253-283．

[2] M. A. Alfonzo．To Walk or Not to Walk? The Hierarchy of Walking Needs[J]．Environment and Behavior，2005，37（6）：808-836．

[3] I. Altman，A. Rapoport，et al.，Eds．Human Behavior and Environment：Advances in Theory and Research（Vol. IV）：Environment and Culture[M]．New York：Plenum Press，1980．

[4] T. Arentze，H. Timmermans，et al．Data needs，data collection and data quality requirements of activity-based transport models[C]//International Conference on Transport Survey Quality and Innovation（Transport Surveys：Raising the Standard）Grainau，Germany．1997．

[5] S. Arnstein．A Ladder of Citizen Participation[J]．Journal of the American Planning Association，1969（35）：216-224．

[6] C. M. B. Arruda．All That Meets the Eye：Overlapping Isovists as a Tool for Understanding Preferable Location of Static People in Public Squares[C]//the Second International Symposium on Space Syntax，Brasilia：University of Brasilia，1999．

[7] C. M. B. Arruda．Urban Public Spaces：A Study of the Relation Between Spatial Configuration and Use Patterns[D]．London：University of London，2000．

[8] C. M. B. Arruda，T. Golka．Public spaces revisited：a study of the relationship between patterns of stationary activity and visual fields[R]．5th International Space Syntax Symposium，2005．

[9] L. J. Beaulieu．Mapping the Assets of Your Community：A Key Component for Building Local Capacity．Southern Rural Development Center，SRDC Publication，2002：227．

[10] R. B. Bechtel，R. W. Marans，et al.，Eds．Methods in Environmental and Behavioral Research[M]．New York：Van Nostrand，1987．

[11] BIAD 方案创作工作室．西单文化广场 [J]．建筑创作，2008（9）．

[12] CABE．Spaceshaper：A User's guidep[EB/OL]．http://www.cabe.org.uk/publications/spaceshaper，2007．

[13] M. Carmona，T. Health．城市设计的维度：公共场所——城市空间 [M]．南京：江苏科学技术出版社，2005．

[14] M. Carmona，T. Health，et al．Public Places，Urban Spaces：the Dimensions of Urban Design[M]．Architecture Press，2003．

[15] S. Carr．Public Space[M]．Cambridge：Cambridge University Press，1992．

[16] F. S. J. Chapin．Human Activity Patterns in the City：Things People Do in Time and in Space[M]．New York：John Wiley & Sons，1974．

[17] City of Portland．Portland Pedestrian Master Plan．Office-of-Transportation，Engineering-and-Development and Pedestrian-Transportation-Program．Portland[EB/

OL]. http://www.portlandonline.com/transportation/index.cfm?c=dhage, 1998.

[18] M. R. G. Conzen. Geography and townscape conservation[C]//Anglo-German Symposium in Applied Geography. H. Uhlig and C. Lienau, Giessen-Würzburg-München (Lenz, Giessen) 1975: 95-102.

[19] V. Cutini. Lines and Squares: Towards a Configurational Approach to the Morphology of Open Spaces[C]//Forth International Symposium on Space Syntax, London: University College London, 2003.

[20] K. Day, M. Boarnet, et al. The Irvine-Minnesota inventory to measure built environments: development[J]. American Journal of Preventive Medicine, 2006, 30 (2).

[21] DCLG. Planning Policy Guidance 17: Planning for Open space, Sport and Recreation[R]. Department for Communities and Local Government, 2002.

[22] M. Denscombe. Ground rules for good research: A 10 Point Guide for Social Researchers[M]. Open University Press, 2002.

[23] C. Frankfort-Nachmias, D. Nachmias. Research Methods in the social sciences[M]. Fifth Edition. London: Arnold, 1996.

[24] P. Geddes. Cities in Evolution[M]. London: William and Norgate, 1949.

[25] Gehl Architects. Places for People[R]. City of Melbourne in collaboration with Gehl Architects, Urban Quality Consultants Copenhagen, 2004.

[26] Gehl Architects. Towards a Fine City for People - Public Spaces - Public Life[R]. London: Transport for London & Central London Partnership, 2004.

[27] Gehl Architects. Public Spaces - Public Life[R]. City of Adelaide, 2002.

[28] J. Gehl. Life between buildings[M]. Copenhagen: The Danish Architectural Press, 1996.

[29] L. Gemzøe. Turning Cities Around[EB/OL]. http://www.hartenecker-hoehe.de/servlet/PB/show/1245651/Session5c_internationaleInnenstadtzentren_Gemzoe.pdf, 2008.

[30] J. Gil, C. Stutz, et al. Confeego: tool set for spatial configuration studies[R]. New Developments in Space Syntax Software, Istanbul Technical University, 2007.

[31] S. Graham, Ed. The Cybercities Reader[M]. London: Routledge, 2004.

[32] T. Grajewski, L. Vaughan. Observation Manual[R]. UCL, 2001.

[33] X. Guo, J. Black. Traffic Flow Causing Severance on Urban Street[M]//Traffic and Transportation Studies (2000), Proceedings of ICTTS 2000, Beijing. 2000.

[34] E. Hall. The Hidden Dimension[M]. New York: Doubleday, 1966.

[35] Haringey Council. Final Local Implementation Plan. Chapter 5 LIP Proposals: Walking[EB/OL]. http://www.haringey.gov.uk/, London, 2007.

[36] B. Hillier. Space is the Machine - a configurational theory of architecture[M]. Cambridge: Cambridge University Press, 1996.

[37] B. Hillier. The architectures of seeing and going[C]// the Fourth Space Synyax Symposium, London, 2003.

[38] B. Hillier. 场所艺术与空间科学 [J]. 世界建筑, 2005 (11).

[39] B. Hillier. 空间句法：一种城市研究范式 [M]// 段进. 空间句法与城市规划. 南京：东南大学出版社，2007.

[40] B. Hillier. Spatial Sustainability in Cities - Organic Patterns and Sustainable Forms[R]. the 7th International Space Syntax Symposium, Stockholm：KTH, 2009.

[41] B. Hillier, S. Iida. Network and psychological effects in urban movement[C]// Proceedings of Spatial Information Theory：International Conference, Ellicottsville, N.Y., U.S.A., 2005.

[42] B. Hillier, M. D. Major. Millennium Bridge[EB/OL]. spacesyntax@jiscmail.ac.uk, 2009.

[43] B. Hillier, A. Penn. Cities as Movement Economies[J]. Urban Design International, 1996, 1 (1)：49-60.

[44] B. Hillier, A. Penn, et al. Natural movement：or, configuration and attraction in urban pedestrian movement[J]. Environment and Planning B：Planning and Design, 1993 (20).

[45] B. Hillier, A. Turner, et al. Metric and topo-geometric properties of urban street networks：some convergences, divergences and new results[R]. the 6th International Space Syntax Symposium, İstanbul, 2007.

[46] B. Hillier, L. Vaughan. The City as One Thing[J]. Progress in Planning, 2007, 67 (3)：205-230.

[47] W. H. Ittelson, L. G. Rivlin, et al. The use of behavioral maps in environmental psychology[M]// H. M. Proshansky, W. H. Ittelson, L. G. Rivlin. Environmental Psychology：Man and his physical setting. New York：Holt, Rinehart and Winston, 1970：658-668.

[48] Jacobs, A. B. Looking at cities[M]. Cambridge, Mass. : Harvard University Press, 1985.

[49] A. B. Jacobs. Great Streets[M]. London：MIT Press, 1993.

[50] J. C. Jones. Design Methods：Seeds of Human Futures[M]. London：Wiley-Interscience, 1970.

[51] JTP. John Thompson & Partners[EB/OL]. http：//www.jtp.co.uk/public/projects. php?id=52.

[52] K. J. Krizek. Portland Pedestrian Master Plan [EDRA / Places Awards - Planning] [J]. Places, 2001, 14 (1).

[53] M. P. Kwan. Constructing Cartographic Narratives of Women's Everyday[R]. 2002.

[54] Lives With 3D GIS[C]//the 98th Annual Meeting of the Association of American Geographyers, Los Angeles.

[55] J. Lang. Urban design：a typology of procedures and products? [M]. London：Architectural Press, 2005.

[56] B. Lawson. The Language of Space[M]. Kidlington：Read Educational and Professional Publishing Ltd., 2001.

[57] B. Lawson. How Designers Think：The Design Process Demystified[M]. Architectural

Press, 2005.

[58] Llewelyn-Davies. The Urban Design Compendium[M]. London：English Partnerships, the housing corporation, 2000.

[59] London Borough of Sutton. Sutton Town Centre Preferred Options Sustainability Appraisal[EB/OL]. London. http://consult.sutton.gov.uk/portal/planning/dpds/ sdpposa?pointId=1234525419060, 2009.

[60] A. Loukaitou-Sideris. Cracks in the city：addressing the constraints and potentials of urban design[J]. Journal of Urban Design, 1996, 1（1）：91-103.

[61] A. Madanipour. Design of Urban Space：an Inquiry into a Socio-spatial Process[M]. New York：John Wiley & Sons Ltd., 1996.

[62] C. C. Marcus, C. Francis, Eds. People places：design guidelines for urban open space[M]. New York：John Wiley & Sons, Inc., 1998.

[63] Mayor of London and CABE-Space. Open Space Strategies - Best Practice Guidance[EB/OL]. http://www.cabe.org.uk/publications/open-space-strategies, 2009.

[64] Mayor of London and Transport-for-London. Making London a walkable city：The Walking Plan for London[EB/OL]. http://www.london.gov.uk/mayor/transport/walking. jsp, 2004.

[65] V. Mehta. Lively streets：Exploring the relationship between built environment and social behavior[D], University of Maryland, College Park, 2006.

[66] G. T. Moore. Environment, Behaviour and Society：A Brief Look at the Field and Some Current EBS Research at the University of Sydney[C]//the 6th International Conference of the Environment-Behavior Research Association, Tianjin, China, 2004.

[67] J. L. Nasar, B. Fisher. 'Hot spots' of fear and crime：A multi-method investigation[J]. Journal of Environmental Psychology, 1993, 13（3）：187-206.

[68] R. Oldenburg. The Great Good Place：Cafes, Coffee Shops, Bookstores, Bars, Hair Salons and Other Hangouts at the Heart of a Community[M]. MARLOW & CO., 1999

[69] RIBA. Architecture Practice and Management Handbook[R]. London, 1965.

[70] D. A. Schon. The reflective practitioner：How professionals think in action[M]. London：Temple smith, 1983.

[71] D. Seamon. The Life of the Place：A Phenomenological Commentary on Bill Hillier's Theory of Space Syntax[J]. Nordic Journal of Architectural Research, 1994（1）：35-48.

[72] H. Shirvani. The urban design process[M]. Van Nostrand Reinhold, 1985.

[73] M. Southworth. Designing the Walkable City[J]. Journal of Urban Planning and Development, 2005, 131（4）：246-257.

[74] M. Southworth, E. Ben-Joseph. Streets and the Shaping of Towns and Cities[M]. Washington, DC.：Island Press, 2003.

[75] Space Syntax Limited[EB/OL]. http://www.spacesyntax.com/en/projects-and-clients.

[76] Space Syntax Limited. Baseline analysis of urban structure, layout and public spaces[EB/OL]. http://www.croydon.gov.uk/planningandregeneration/planningpolicy/ ldf/aap, 2007.

[77] A. Stahle. Place Syntax - Geographic Accessibility with Axial Lines in GIS[R]. the 5th International Space Syntax Symposium，2005.

[78] T. Stonor. Stop that person：Strategic value and the design of Public Spaces[J]. LOCUM DESTINATION，2004（summer）.

[79] Urban Design Associates. The Urban Design Handbook：Techniques and Working Methods[M]. W. W. Norton & Company，2003.

[80] L. Vaughan. The spatial syntax of urban segregation[J]. Progress in Planning，2007，67（3）：199-294.

[81] VivaCity2020. Liveability Surveys[EB/OL]. http://www.vivacity2020.eu/vivacity-toolkit/liveability-surveys.

[82] E. J. Webb，D. T. Campbell，et al. Unobtrusive Measures：Nonreactive research in the social science[M]. Chicago Illinois：Rand McNally，1966.

[83] W. Whyte. The Social Life of Small Urban Spaces[M]. Washington：The Conservation Foundation，1980.

[84] J. Zeisel. Inquiry by Design：Tools for environment-behavior research[M]. Monterey CA.：Brooks/Cole Publishing Company，1981.

[85] J. Zeisel. 研究与设计：环境行为研究的工具 [M]. 台北：田园城市文化事业公司，1996.

[86] 阿尔伯特•J. 拉特利奇. 大众行为与公园设计 [M]. 北京：中国建筑工业出版社，1990.

[87] 阿兰•B. 雅各布斯. 伟大的街道 [M]. 北京：中国建筑工业出版社，2009.

[88] 艾尔•巴比. 社会研究方法基础 [M]. 第 10 版. 北京：华夏出版社，2005.

[89] 安德烈•卡索利. 濒危的街道生活：河内的临街建筑与街头活动 [M]// 缪朴编. 亚太城市的公共空间：当前的问题与对策. 北京：中国建筑工业出版社，2007：154-174.

[90] 保罗•D•施普赖雷根. 城市设计视觉调查 [M]// 唐纳德•沃特森，艾伦•布拉特斯，罗伯特•G. 谢卜利. 城市设计手册. 北京：中国建筑工业出版社，2006：325-342.

[91] 比尔•希利尔. 空间是机器——建筑组构理论 [M]. 北京：中国建筑工业出版社，2008.

[92] 布莱恩•劳森. 空间的语言 [M]. 北京：中国建筑工业出版社，2003.

[93] 布莱恩•劳森. 设计师怎样思考——解密设计 [M]. 北京：机械工业出版社，2008.

[94] 蔡永洁. 城市广场 [M]. 南京：东南大学出版社，2006.

[95] 查尔斯•詹克斯，卡尔•克罗普夫编. 当代建筑的理论和宣言 [M]. 北京：中国建筑工业出版社，2005.

[96] 柴彦威，沈洁. 基于居民移动—活动行为的城市空间研究 [J]. 人文地理，2006（5）.

[97] 柴彦威，沈洁. 基于活动分析法的人类空间行为研究 [J]. 地理科学，2008（5）.

[98] 柴彦威，张文佳等. 微观个体行为时空数据的生产过程与质量管理——以北京居民活动日志调查为例 [J]. 人文地理，2009，110（6）.

[99] 陈红梅. 新西单文化广场盛装亮相 [N/OL]. 北京日报，2009-09-15. http://cyxf.beijing.cn/xxgw/tssyj/n214089527.shtml.

[100] 陈旭锦．重庆人民广场调查及技术统计分析 [J]．建筑学报，1999（4）：25-27．

[101] 陈宇．城市景观的视觉评价 [M]．南京：东南大学出版社，2006．

[102] 达莱尔•哈夫．统计数字会撒谎 [M]．北京：中国城市出版社，2009．

[103] 戴菲，章俊华．规划设计学中的调查方法 2——动线观察法 [J]．中国园林，2008（12）．

[104] 戴菲，章俊华．规划设计学中的调查方法 4——行动观察法 [J]．中国园林，2009（2）．

[105] 戴菲，章俊华．规划设计学中的调查方法 7——KJ 法 [J]．中国园林，2009（5）．

[106] 戴晓玲．空间句法咨询公司访谈 / 部分作品简介 [J]．城市建筑，2005（7）．

[107] 戴晓玲．对英国新城规划的一次重新审视——以斯凯默斯代尔为例 [C]// 规划 50 年——2006 中国城市规划年会论文集（上）．北京：中国建筑工业出版社，2006．

[108] 戴月．关于公众参与的话题：实践与思考 [J]．城市规划，2000（7）．

[109] 德国 SBA 设计事务所．StadtBauAtelier（国外著名设计事务所在中国丛书）[M]．北京：中国电力出版社，2006．

[110] 邓利维．博士论文写作技巧 [M]．大连：东北财经大学出版社，2009．

[111] 邓小慧，鲍戈平．广州人民公园使用状况评价报告 [J]．中国园林，2006，22（5）．

[112] 笛卡尔．谈谈方法 [M]．北京：商务印书馆，2000．

[113] 董菲．城市设计中的公众参与 [J]．城市规划学刊，2009，185（7）：61-65．

[114] 段进．城市空间发展论 [M]．第 2 版．南京：江苏科学技术出版社，2006．

[115] 段进，B. Hillier 等．空间句法与城市规划 [M]．南京：东南大学出版社，2007．

[116] 段进，龚恺等．空间研究 1：世界文化遗产西递古村落空间解析 [M]．南京：东南大学出版社，2006．

[117] 段进，邱国潮．空间研究 5：国外城市形态学概论 [M]．南京：东南大学出版社，2009．

[118] 方顿．独一无二的洛克菲勒中心 [J]．世界建筑，1997（2）：64-65．

[119] 冯维波，黄光宇．基于重庆主城区居民感知的城市意象元素分析评价 [J]．地理研究，2006，25（5）：803-813．

[120] 弗朗西斯•蒂巴尔兹．营造亲和城市：城镇公共环境的改善 [M]．北京：知识产权出版社 & 中国水利水电出版社，2005．

[121] 谷凯．城市形态的理论与方法——探索全面与理性的研究框架 [J]．城市规划，2001，25（12）．

[122] 顾朝林．城市社会学 [M]．南京：东南大学出版社，2002．

[123] 顾朝林，宋国臣．北京城市意象空间及构成要素研究 [J]．地理学报，2001，56（1）：64-74．

[124] 哈维•戴维．后现代的状况——对文化变迁之缘起的探究 [M]．北京：商务印书馆，2003．

[125] 何雪松．社会理论的空间转向 [J]．社会，2006，26（2）．

[126] 赫曼•赫兹伯格．建筑学教程：设计原理 [M]．天津：天津大学出版社，2003．

[127] 黄平，罗红光等，编．当代西方社会学人类学新词典 [M]．长春：吉林人民出版社，2003．

[128] 黄一如，陈志毅. 交通性与居住性的整合——尽端路在美国城郊社区规划中的运用 [J]. 城市规划，2001，25（4）.

[129] 黄一如，王鹏. 居住社区规划领域的新技术与新工具 [J]. 城市规划汇刊，2003（3）.

[130] 黄怡. 大都市核心区的社会空间隔离——以上海市静安区南京西路街道为例 [J]. 城市规划学刊，2006（3）.

[131] 霍耀中，谷凯. 市镇规划分析：概念、方法与实践 [J]. 城市发展研究，2005，12（2）.

[132] 简·雅各布斯. 美国大城市的死与生 [M]. 北京：译林出版社，2005.

[133] 凯文·林奇. 城市形态 [M]. 北京：华夏出版社，2001.

[134] 凯文·林奇. 城市意向 [M]. 北京：华夏出版社，2001.

[135] 克莱尔·库珀·马库斯，卡罗琳·弗朗西斯，等编著. 人性场所：城市开放空间设计导则 [M]. 第2版. 北京：中国建筑工业出版社，2001.

[136] 克利夫·芒福汀. 街道与广场 [M]. 第2版. 北京：中国建筑工业出版社，2004.

[137] 克利夫·芒福汀，拉斐尔·奎斯塔等. 城市设计方法与技术 [M]. 第2版. 北京：中国建筑工业出版社，2006.

[138] 肯尼思·科尔森. 大规划——城市设计的魅惑和荒诞 [M]. 北京：中国建筑工业出版社，2006.

[139] 赖因博恩，科赫. 城市设计构思教程 [M]. 上海：上海人民美术出版社，2005.

[140] 乐音，朱嵘等. 营造商业环境魅力的节点——关于上海南京路步行街世纪广场空间行为的调研分析 [J]. 新建筑，2001（3）.

[141] 李斌. 空间的文化 [M]. 北京：中国建筑工业出版社，2007.

[142] 李斌. 环境行为学的环境行为理论及其拓展 [J]. 建筑学报，2008（2）.

[143] 李道增. 环境行为学概论 [M]. 北京：清华大学出版社，1999.

[144] 李和平，李浩. 城市规划社会调查方法 [M]. 北京：中国建筑工业出版社，2004.

[145] 李津逵，李迪华编. 对土地与社会的观察与思考：景观社会学教学案例（景观设计学教育参考丛书）[M]. 北京：高等教育出版社，2008.

[146] 李晶 编. 社会调查方法 [M]. 北京：中国人民大学出版社，2003.

[147] 李京生，马鹏. 城市规划中的社会课题 [J]. 城市规划学刊，2006，162（2）.

[148] 李雪铭，李建宏. 大连城市空间意象分析 [J]. 地理学报，2006，61（8）.

[149] 李志民，王琰编. 建筑空间环境与行为 [M]. 武汉：华中科技大学出版社，2009.

[150] 梁鹤年. 人家的月亮 [J]. 城市规划，2006（04）.

[151] 梁鹤年. 中国城市规划理论的开发：一些随想 [J]. 城市规划学刊，2009（1）.

[152] 林玉莲. 武汉市城市意象的研究 [J]. 新建筑，1999（1）：41-43.

[153] 林玉莲，胡正凡. 环境心理学 [M]. 第2版. 北京：中国建筑工业出版社，2006.

[154] 刘成. 可防卫空间理论与犯罪防预性环境设计 [J]. 华中科技大学学报（城市科学版），2004，21（4）：88-92.

[155] 刘丛，高庶三等. 城市广场使用情况研究——上海火车站南广场调研分析 [J]. 建筑学报（学术论文专刊），2009（01）：93-98.

[156] 刘栋栋，孔维伟等. 北京地铁交通枢纽行人特征的调查与分析 [J]. 建筑科学，2010（3）.

[157] 刘宛. 城市设计实践论 [M]. 北京：中国建筑工业出版社，2006.

[158] 卢济威. 建筑创作中的立意与构思 [M]. 北京：中国建筑工业出版社，2002.

[159] 卢济威. 城市设计机制与创作实践 [M]. 南京：东南大学出版社，2005.

[160] 卢济威，于奕. 现代城市设计方法概论 [J]. 城市规划，2009，33（2）：66-71.

[161] 芦峰，悄昕. 浅析当前我国城市设计的局限性. 重庆建筑大学学报，2006（02）：11-13，20.

[162] 吕飞，郭恩章等. 茫茫林海·绿色家园——伊春市中心城总体城市设计 [J]. 城市规划，2006（4）.

[163] 罗玲玲，陆伟. POE 研究的国际趋势与引入中国的现实思考 [J]. 建筑学报，2004（8）.

[164] 马璇. 大城市地下空间环境设计的心理影响因素研究——以南京市新街口地下商业步行街为例 [J]. 城市规划学刊，2009，183（5）：90-95.

[165] 迈克尔·索斯沃斯，伊万·本约瑟夫. 街道与城镇的形成 [M]. 北京：中国建筑工业出版社，2006.

[166] 米佳，徐磊青等. 地下公共空间的寻路实验和空间导向研究——以上海市人民广场为例 [J]. 建筑学报，2007（12）.

[167] 缪朴. 城市生活的癌症——封闭式小区的问题及对策 [J]. 时代建筑，2004（5）.

[168] 缪朴. 谁的城市·图说新城市空间三病 [J]. 时代建筑，2007（1）：4-13.

[169] 牛力，徐磊青等. 格式塔原则对寻路设计的作用及寻路步骤分析 [J]. 建筑学报 2007（5）.

[170] 潘海啸. 缝合城市机动性与可持续发展的裂痕 [J]. 国外城市规划，2006，21（1）.

[171] 潘海啸，刘贤腾等. 街区设计特征与绿色交通的选择——以上海市康健、卢湾、中原、八佰伴四个街区为例 [J]. 城市规划汇刊，2003（6）.

[172] 乔恩·兰. 城市设计 [M]. 沈阳：辽宁科学技术出版社，2008.

[173] 邱少俊，黄春晓. 对当前城市总规公众问卷调查热的冷思考 [J]. 现代城市研究，2009（10）.

[174] 邵韦平. 面向新世纪的文化广场——北京西单文化广场城市设计 [J]. 北京规划建设，1998（1）.

[175] 深圳城市规划设计研究院网站. 杭州市公共开放空间系统规划 [EB/OL]. http://www.upr.cn/intro/project_1611.aspx.

[176] 深圳市规划和国土资源委员会网站. 深圳经济特区公共空间系统规划 [EB/OL]. http://www.szplan.gov.cn/main/kjxt/.

[177] 石坚韧，赵秀敏等. 城市开放空间公众意象的影响因素研究 [J]. 新建筑，2006（2）.

[178] 水延凯. 社会调查教程 [M]. 第 4 版. 北京：中国人民大学出版，2008.

[179] 苏建忠，罗裕霖. 城市规划现状调查的新方式——剖析深圳市法定图则现状调查方式变革 [J]. 城市规划学刊，2009（6）.

[180] 苏实，庄惟敏. 建筑策划中的空间预测与空间评价研究意义 [J]. 建筑学报，2010（4）：24-26.

[181] 孙施文. 城市中心与城市公共空间——上海浦东陆家嘴地区建设的规划评论 [J]. 城市规划，2006（8）.

[182] 唐纳德·沃特森，艾伦·布拉特斯等编. 城市设计手册（TIME-SAVER 系列手册）.

[M]．北京：中国建筑工业出版社，2006．

[183] 田英莹．约翰·汤普逊及合伙人事务所访谈 [J]．城市建筑，2007（6）：71-75．

[184] 汪宁生．文化人类学调查：正确认识社会的方法 [M]．北京：文物出版社，1996．

[185] 王伯伟．城市设计中的公共空间及其连接键 [J]．时代建筑，1995（3）．

[186] 王德．南京东路消费行为的空间特征分析 [J]．城市规划汇刊，2004，149（1）．

[187] 王德，叶晖等．南京东路消费者行为基本分析 [J]．城市规划学刊，2003（2）．

[188] 王建国．城市设计 [M]．第2版．南京：东南大学出版，2004．

[189] 王建国．现代城市设计理论和方法 [M]．第2版．南京：东南大学出版，2004．

[190] 王江萍，李弦等．城市社区老年人室外活动场地研究——以武汉市5个居住区为例 [J]．武汉大学学报（工学版），2004，37（2）．

[191] 韦亚平，赵民．都市区空间结构与绩效——多中心网络结构的解释与应用分析 [J]．城市规划，2006（4）．

[192] 闻曙明．隐性知识显性化问题研究 [D]．苏州：苏州大学，2006．

[193] 夏智宏．移动定位与基于手机的位置服务系统 [J]．测绘与空间地理信息，2005，28（1）．

[194] 徐磊青．城市开敞空间中使用者活动与期望研究——以上海城市中心区的广场与步行街为例 [J]．城市规划汇刊，2004，152（4）．

[195] 徐磊青．城市开敞空间中使用者活动与拥挤的研究 [J]．新建筑，2005（3）．

[196] 徐磊青．广场的空间认知与满意度研究 [J]．同济大学学报（自然科学版），2006a，34（2）．

[197] 徐磊青．人体工程学与环境行为学 [M]．北京：中国建筑工业出版社，2006b．

[198] 徐磊青，黄波等．格式塔空间中空间差异对寻路和方向感的影响 [J]．同济大学学报（自然科学版），2009，37（2）．

[199] 徐磊青，杨公侠．环境与行为研究和教学所面临的挑战及发展方向 [J]．华中建筑，2000，18（4）：134-136．

[200] 徐磊青，杨公侠．环境心理学 [M]．上海：同济大学出版社，2002．

[201] 徐磊青，俞泳．地下公共空间中的行为研究：一个案例调查 [J]．新建筑，2000（4）．

[202] 徐善登，李庆钧．市民参与城市规划的主要障碍及对策——基于苏州、扬州的调查数据分析 [J]．国际城市规划，2009（3）．

[203] C.亚历山大，S.伊希卡娃等．建筑模式语言 [M]．北京：知识产权出版社，2002．

[204] 闫整，张军民等．城市广场用地构成与用地控制 [J]．城市规划汇刊，2001，134（4）．

[205] 扬·盖尔．交往与空间 [M]．第4版．北京：中国建筑工业出版社，2002．

[206] 扬·盖尔，拉尔斯·吉姆松．公共空间·公共生活 [M]．北京：中国建筑工业出版社，2003．

[207] 扬·盖尔，拉尔斯·吉姆松．新城市空间 [M] 第2版．北京：中国建筑工业出版社，2003．

[208] 杨保军．城市公共空间的失落与新生 [J]．城市规划学刊，2006（6）．

[209] 杨辰，李京生．城市设计新视角 [J]．城市规划，2003，27（7）．

[210] 杨健，郭建华．长沙市城市意象知觉矩阵分析与聚类分析 [J]．重庆建筑大学学报，2007，29（4）．

[211] 杨俊宴，王建国等．无锡总体城市设计层面的景观控制研究 [J]．城市规划，2009，33（2）：78-83．

[212] 杨滔．空间句法：从图论的角度看中微观城市形态 [J]．国外城市规划，2006（3）．

[213] 杨滔．整体性社会交流的城市空间形态 [J]．北京规划建设，2007（1）．

[214] 杨璇．法国雷恩城市方案体系简介——法国式城市设计案例 [M]// 陈超，王耀武．理想空间 32：个性与创造——中心区城市设计．上海：同济大学出版社，2009．

[215] 姚静，顾朝林等．试析利用地理信息技术辅助城市设计 [J]．城市规划，2004，28（8）．

[216] 伊恩·本特利．建筑环境共鸣设计 [M]．大连：大连理工大学出版社，2002．

[217] 尹稚．北京清华城市规划设计研究院作品集 2[M]．北京：清华大学出版社，2008．

[218] 应四爱，王剑云．居住区公园使用状况评价（POE）应用案例研究 [J]．浙江工业大学学报，2004，32（3）．

[219] 英国利物浦大学城市设计学院．关于上海松江新城居住满意度的调查 [EB/OL]．Ttp://www.askform.cn/44975-53132.aspx，2009．

[220] 于雷．空间公共性研究 [M]．南京：东南大学出版社，2005．

[221] 余柏椿．我国城市设计研究现状与问题 [J]．城市规划，2008（8）：66-69．

[222] 郁振华．波兰尼的默会认识论 [J]．自然辩证法研究，2001（8）．

[223] 袁奇峰，林木子．广州市第十甫、下九路传统骑楼商业街步行化初探 [J]．建筑学报，1998（3）．

[224] 岳瑞芳．北京长安街新地标西单文化广场改造工程完工 [EB/OL]．新华网，http://news.xinhuanet.com/politics/2009-09/14/content_12052147.htm，2009-9-14．

[225] 张剑涛．简析当代西方城市设计理论 [J]．城市规划学刊，2005（2）．

[226] 张杰，吕杰．从大尺度城市设计到日常生活空间 [J]．城市规划，2003（9）．

[227] 张军民，季楠等．临沂人民广场设计回顾与使用后评价 [M]// 荆海英，王耀武．理想空间 35：无覆盖空间之城市广场规划设计与实践．上海：同济大学出版社，2009：10-15．

[228] 张钦楠．建筑设计方法学 [M]．第 2 版．北京：清华大学出版社，2007．

[229] 张庭伟．城市高速发展中的城市设计问题：关于城市设计原则的讨论 [J]．城市规划汇刊，2001（3）：5-10．

[230] 张卫华，陆化普．城市交通规划中居民出行调查常见问题及对策 [J]．城市规划学刊，2005（5）．

[231] 张孜，徐建闽等．基于 WebGIS 的车辆移动定位系统的设计与实现 [J]．长安大学学报（自然科学版），2006，26（2）．

[232] 赵亮．联系城市和水滨：重塑上海外滩的启示 [J]．北京规划建设，2008（3）．

[233] 赵民，赵蔚．社区发展规划——理论与实践 [M]．北京：中国建筑工业出版社，2003．

[234] 赵秀敏．游客行为模式与城市滨水环境设计 [J]．城市问题，2006，130（2）．

[235] 赵子都．黑箱、灰箱和白箱方法：系统辨识的理论基础 [J]．知识工程，1992（2）．

[236] 郑时龄，齐慧峰等．城市空间功能的提升与拓展：南京东路步行街改造背景研究 [J]．城市规划汇刊，2000（1）．

[237] 郑正. 寻找适合中国的城市设计 [J]. 城市规划学刊, 2007 (2).

[238] 中国城市规划学会编. 中国当代城市设计精品集 [M]. 北京: 中国建筑工业出版社, 2001.

[239] 周芃. 上海市乐龄者家居活动方式、社交活动方式调查研究 [J]. 城市规划学刊, 2009 (3).

[240] 周素红, 闫小培. 基于居民通勤行为分析的城市空间解读——以广州市典型街区为案例 [J]. 地理学报, 2006 (2): 179-189.

[241] 朱峰, 徐克明. 苏州市总体城市设计编制过程的探索 [M]// 奚慧. 理想空间 34: 透视城市设计, 上海: 同济大学出版社, 2009: 32-35.

[242] 朱小雷. 建成环境主观评价方法研究 [M]. 南京: 东南大学出版社, 2005.

[243] 朱小雷, 吴硕贤. 使用后评价对建筑设计的影响及其对我国的意义 [J]. 建筑学报, 2002 (5).

[244] 邹德慈. 城市设计概论: 理念·思考·方法·实践 [M]. 北京: 中国建筑工业出版社, 2003.

[245] 邹德慈. 人性化的城市公共空间 [J]. 城市规划学刊, 2006 (5).

[246] 左辅强. 城市公共空间柔性更新研究 [D]. 重庆: 重庆大学, 2006.

后　记

　　尽管人性化已经成为基本常识，但在设计中还是没有得以明显体现，人们仍然长于主张，而短于将理论转变为实践。

——［韩］闵丙昊 2007

　　本书是在我的博士论文基础上修改而成的，讲述的是城市设计领域中的实地调查方法与技术。这个议题乍一眼看并不太起眼，对技术细节的论述也颇有些枯燥。然而，它对人性化理念在设计实践中的落实却非常关键——实地调查建构了城市设计理论与实践之间的桥梁，是将普适性原则转化为具体设计目标和措施，在真实世界中创造出宜人场所的关键性步骤。

　　在学位论文提交后的两年间，不断有学友反馈给我各种读后感，使我在备受鼓舞之余，考虑将它出版，希望能激起学界同仁对这个领域进行更为深入的讨论。我愿衷心感谢以下师长和亲友给我的宝贵建议和帮助。

　　首先是导师郑时龄院士。城市设计领域的研究成果汗牛充栋，怎样才能找到一个自己感兴趣又能有所突破的研究问题？这一直是我梦回萦绕、备受煎熬的难题。回忆论文酝酿期间的几次迷茫，都是先生的评语起到了关键性作用。先生严谨的治学态度、睿智的处事方式都将是我走在未来研究道路上的力量源泉。

　　我要感谢同济大学李立副教授一贯的支持和指导。本研究是他主持的国家自然科学基金（基于复杂适应系统和空间句法理论的村落空间优化方法研究）的一部分内容。其中第七章案例调查属于这项研究的前期工作，得到了同济大学本科学生的协助，同时也要感谢上海市虹口区规划局提供了地形图资料。

　　在写作中期，同济大学卢济威教授对论文选题提出了十分中肯而宝贵的批评意见；加拿大皇后大学的梁鹤年教授对本研究问题是否成立提供了耐心的解释和指导。在写作最低潮时，学长华霞虹、闫宝林、任春阳、吴俏瑶给予了我十分及时的精神鼓励与建议；在初稿形成后，同济大学的徐磊青教授与陈泳教授都对论文提出了很多极具建设性的改进意见；另外，学友都铭、董一平、李红艳、罗长海、张巍、郑卫、汪劲柏、王依明等都曾在不同时期对本文的构思有所助益。

还要深深感谢东南大学的王建国教授、段进教授，上海交通大学的赵国文教授，同济大学的蔡永洁教授和李斌教授，他们作为论文评阅人对本论文提出了很多建设性意见，使作者对本研究主题有了更深的理解。要特别感谢东南大学的程泰宁院士、浙江大学的王竹教授、华中科技大学的洪亮平教授以及同济大学的庄宇教授。他们仔细阅读了成稿后的论文，其中肯的建议为我的后续研究校准了方向，其温暖的肯定给予我继续从事研究工作的信心。

感谢国家自然科学基金的资助使本书得以出版（批准号：51208465）。感谢中国建筑工业出版社的吴宇江编审极为耐心的各种帮助。

最后，我要向我的父母和伴侣表示深切的谢意。是他们细水长流的关爱、鼓励与行动支持，帮助我最终完成了志愿——向未知的知识领域迈出自己的一小步。

戴晓玲

2013 年 4 月于杭州